国家级职业教育规划教材

全国技工院校煤矿技术专业教材（中级技能层级）

液压支架与泵站

（第二版）

人力资源社会保障部教材办公室组织编写

程红伟　主　编

郝成军　主　审

中国劳动社会保障出版社

简介

本教材为全国技工院校煤矿技术专业国家级规划教材，由人力资源社会保障部教材办公室组织编写。教材较为系统地阐述了常用液压支架和乳化液泵站的结构组成、工作原理、使用维护和故障处理，并对新型液压支架和乳化液泵站进行了介绍。教材配有电子课件，可通过职业教育教学资源和数字学习中心（http://zyjy.class.com.cn）下载。

本教材由程红伟任主编，王志学、郭永民、郭永辉参加编写，郝成军任主审。

图书在版编目(CIP)数据

液压支架与泵站/程红伟主编. -- 2版. -- 北京：中国劳动社会保障出版社，2018
全国技工院校煤矿技术专业教材. 中级技能层级
ISBN 978-7-5167-3594-7

Ⅰ.①液… Ⅱ.①程… Ⅲ.①煤矿-液压支架-技工学校-教材②煤矿-液压泵站-技工学校-教材 Ⅳ.①TD355②TD420.7

中国版本图书馆 CIP 数据核字(2018)第 220646 号

中国劳动社会保障出版社出版发行

（北京市惠新东街 1 号　邮政编码：100029）

*

北京市艺辉印刷有限公司印刷装订　新华书店经销

787 毫米×1092 毫米　16 开本　13.25 印张　293 千字

2018 年 10 月第 2 版　　2023 年 1 月第 6 次印刷

定价：26.00 元

营销中心电话：400-606-6496

出版社网址：http://www.class.com.cn

http://jg.class.com.cn

前　言

全国中等职业技术学校煤矿技术专业教材自出版以来，在学校的教学中发挥了重要作用。近年来，随着我国煤炭工业的发展，煤矿企业对从业人员的知识水平和职业能力提出了更高的要求。为了适应这些变化，满足学校的人才培养需求，我们组织了一批教学经验丰富、实践能力强的一线教师和行业、企业专家，在充分调研的基础上，对现有教材进行了修订。

在体系结构上，新版教材仍然按“综合机械化采煤”“综合机械化掘进”“煤矿电气设备维修”和“煤矿机械维修”四个专业方向设计，包括《采煤概论（第二版）》《矿井通风与安全（第二版）》《液压支架与泵站（第二版）》《煤矿电工学（第二版）》《综合机械化采煤工艺（第二版）》《采煤机（第二版）》《综采运输机械（第二版）》《掘进与支护（第二版）》《综合机械化掘进机械（第二版）》《综合机械化掘进工艺（第二版）》《煤矿供电（第二版）》《煤矿电气设备维修技能训练（第二版）》《煤矿机械（第二版）》和《煤矿固定设备维修技能训练（第二版）》。

在内容上，新版教材根据煤炭工业的现状和发展趋势，以及企业的岗位需求做了调整和更新，例如，在相关教材中增加了煤矿环境保护与治理的内容，以及来源于实际生产的案例、技能训练和例题，同时，严格执行国家最新技术标准，体现了行业的新知识、新技术、新工艺、新设备。

在表现形式上，新版教材充分考虑学生的认知规律，注重利用图表、实物照片和案例辅助讲解知识点和技能点，增加教材的亲和力，为学生营造生动、直观的学习环境，激发学生的学习兴趣。

本套教材的修订得到了河北、山西、江苏、山东、河南等省人力资源社会保障部门及有关院校的大力支持，在此，我们表示诚挚的谢意！同时，恳切希望广大读者对教材提出宝贵的意见和建议。

人力资源社会保障部教材办公室

目　录

第一章

液压支架概述

学习目标

1. 了解液压支架的分类、组成、产品型号命名及意义。
2. 掌握液压支架的工作过程。

20 世纪 50 年代，英国首先发明了垛式支架，同时，法国研制出了节式支架。这两种支架的出现，取代了之前落后的木支架和金属支架，是采煤支护设备的一场革命。

20 世纪 60 年代末和 70 年代初，随着液压支架在欧洲使用经验的日益丰富，支架结构也发生了巨大变化。长顶梁、二柱、四柱和多柱四连杆机构的液压支架相继问世。为适应采煤工作面底板不平的特点，底座采用分离铰接式结构；对于松软底板，为减小底板比压，采用接触面积较大的底座；为防止碎矸窜入采区，采用了各种防窜矸的掩护装置。

我国在 1964 年开始研制液压支架，先后研制成支撑、掩护等类型的支架在开滦、大同、阳泉、鹤壁、徐州、义马、淮北等局（矿）进行试验和使用，取得了良好的效果。

进入 20 世纪 70 和 80 年代，我国液压支架又有了新的发展。顶梁不仅实现了“立即前移支护”，而且整个支架安装了电液控制系统，实现了计算机控制与操作。

20 世纪 90 年代以来，我国液压支架的研制工作发展更快，从基本上依靠进口，发展到自行设计、自行制造，而且品种繁多、功能齐全、质量可靠。

为了改进支架的支护性能，提高它对矿山地质条件的适应性，扩大使用范围，延长使用寿命，目前液压支架向着下列几个方向发展。

1. 大力发展掩护式和支撑掩护式支架，逐步减少其他形式支架的应用，原因是这两种支架主要采用四连杆机构，两端和煤壁之间的距离基本保持恒定，支柱支在顶梁上，提高支架的工作阻力。顶梁和掩护梁铰接，避免了两者之间产生的三角区；掩护梁和顶梁的主梁部分均装设侧护板，提高了支架的防护能力；采用整体自移式，便于支架操作和实现自动控制。

2. 着重解决扩大使用范围的问题。为扩大支架适应的高度范围，广泛采用双伸缩式支柱。

3. 采用高压乳化液泵站（简称泵站），以提高支架的初撑力。很多国家使用的泵站压力已达到 30 MPa 以上，开始采用“多芯管”先导式邻架控制的操纵方式，加快移架速度，进一步改善操作条件，简化支架管路系统，便于安装操作。

4. 支架控制向自动控制方向发展。目前，分组程序控制已开始使用，工作面的自动控制已处于研究升级阶段。我国部分地区的长壁工作面已经可对液压支架的各种动作功能进行多种方式的程序控制和性能监测。有的支架采用了电液控制技术，实现了工作面无人化控制。

第一节　液压支架基本知识

一、液压支架概述

液压支架是以高压液体为动力，由若干液压元件（液压缸和阀件）与一些金属结构件按一定连接方式组合而成的一种采煤工作面支护设备，简称支架。它能实现升架（支撑顶板）、降架（脱离顶板）、移架、推动刮板输送机前移，以及顶板管理的一整套工序，并能可靠地支撑顶板，有效地隔离采空区，防止矸石进入工作面，保证正常作业所需的工作空间。

液压支架与采煤机、工作面刮板输送机配套使用，实现采煤综合机械化，解决了综合机械化采煤中顶板管理落后的问题，减轻了煤矿工人的劳动强度，从而满足了工作面高产、高效和安全生产的要求。液压支架总质量和初期投资占整套综合机械化采煤设备的 60%～70%，是现代化采煤技术中的关键设备之一。液压支架实物如图 1—1 和图 1—2 所示。

图 1—1　ZZ5200/22/42 型支撑掩护式液压支架

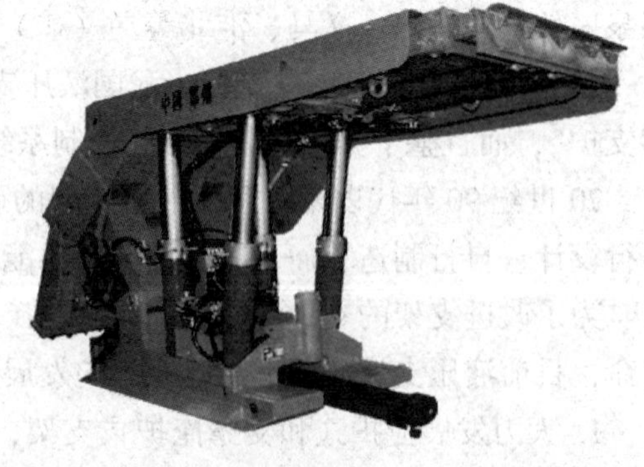
图 1—2　ZF2800/15/24 型轻型放顶煤液压支架

二、液压支架分类

液压支架的种类很多，分类的依据和方法各不相同，下面介绍几种常见的分类方法。

1. 按与围岩的相互作用关系分类

按照液压支架与围岩的相互作用关系不同，可以把液压支架分为支撑式、掩护式和支撑掩护式三大类型。

(1) 支撑式液压支架

支撑式液压支架是在底座上放置几根立柱支撑顶梁，通过顶梁支撑顶板的简单结构基础上发展起来的，是世界上发展最早的一种液压支架。典型的支撑式液压支架如图 1—3 所示，立柱 2 垂直布置在顶梁 1 和底座 3 之间，通过顶梁直接支撑和控制工作面的顶板。其顶梁较长，立柱较多，靠支撑作用维护一定的工作空间，而顶板岩石则在顶梁后部切断垮落。架后的挡矸帘 9 起着防止碎矸石从采空区涌入工作面的作用。这种类型的支架具有较大的支撑能力和良好的切顶性能，因此适用于顶板坚硬完整、基本顶周期压力明显或强烈、底板较坚硬的煤层。但由于立柱垂直布置，所以支架承受水平力的能力差，在水平力的作用下，支架容易失稳。

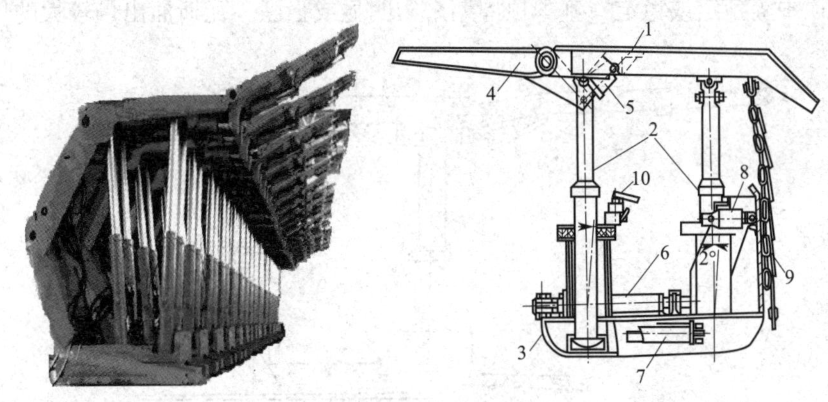

图 1—3　支撑式液压支架

1—顶梁　2—立柱　3—底座　4—前梁　5—前梁千斤顶　6—移架千斤顶　7—推移千斤顶　8—复位千斤顶　9—挡矸帘　10—操纵阀

(2) 掩护式液压支架

掩护式液压支架利用立柱、顶梁来支护顶板和防止岩石落入工作面，如图 1—4 所示。

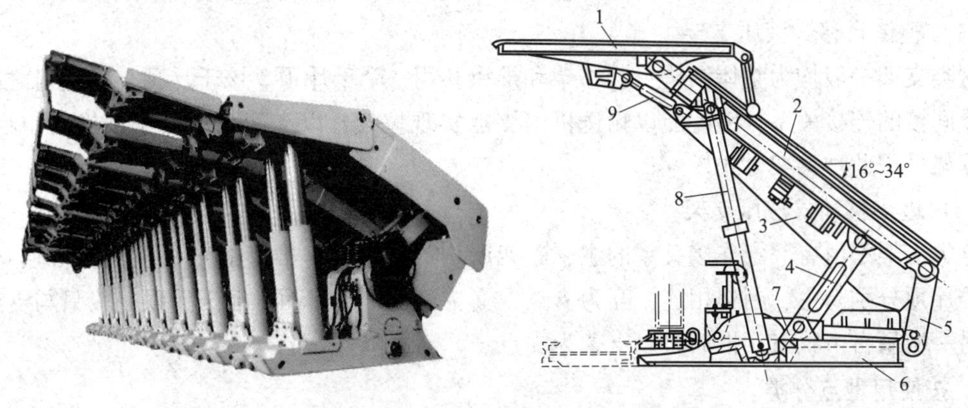

图 1—4　掩护式液压支架

1—顶梁　2—掩护梁　3—侧护板　4—前连杆　5—后连杆　6—底座　7—推移千斤顶　8—立柱　9—限位千斤顶

这类支架的顶梁较短，多数情况立柱只有一排，一般仅有 1~2 根，多呈倾斜布置，直接或与掩护梁一起连接在顶梁上，立柱通过顶梁支撑顶板。掩护梁直接与冒落的岩石相接触，阻止矸石涌入工作面并承受采空区矸石的载荷。这类支架的支撑力小，但掩护性能和稳定性能较好，调高范围大，对破碎顶板的适应性较强，适用于支护不稳定或中等稳定的松散破碎顶板。

（3）支撑掩护式液压支架

支撑掩护式液压支架是支撑式支架和掩护式支架相结合的一种架型，以支撑为主，但同时又具有掩护作用，如图 1—5 所示。这种支架采用了支撑式支架双排立柱支撑顶梁的结构形式（或两根立柱支撑顶梁，两根立柱支撑掩护梁），保留了支撑式支架支撑力大、切顶性能好、工作空间宽敞的优点，采用了掩护式支架坚固的掩护梁和侧护板将工作面与采空区完全隔离开的结构形式，具有掩护式支架防护性能好、结构稳定的优点。因此，支撑掩护式液压支架适用于直接顶中等稳定或稳定、基本顶周期来压明显或强烈、瓦斯涌出量较大的煤层。

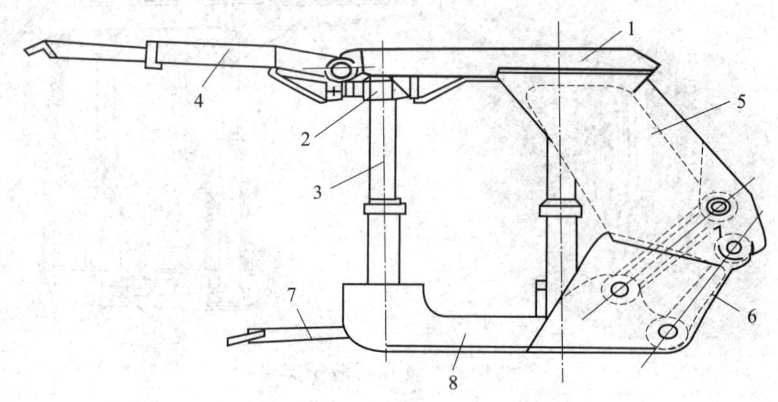

图 1—5　支撑掩护式液压支架

1—顶梁　2—前梁千斤顶　3—立柱　4—前梁　5—掩护梁　6—连杆　7—推移装置　8—底座

2. 按移动方式分类

液压支架按移动方式不同，可分为整体自移式液压支架和迈步移动式液压支架。

（1）整体自移式液压支架

这类支架一般均为整体结构，其移架和推溜共用一个千斤顶。该千斤顶与输送机之间有直接或间接的连接关系，因此能以输送机为支点实现拉架，以支架为支点实现推溜。目前，多数支架采用此种移架方式。

（2）迈步移动式液压支架

这类支架是由有一定连接关系的主、副架所构成，移架与推溜的千斤顶是各自独立的。移架千斤顶分别与主、副架相连，互为支点，交替迈步移动，而推溜千斤顶一般只与支架相连，另一端呈自由状态，推溜时以支架为支点。

3. 按使用地点分类

液压支架按使用地点不同，可分为工作面支架和端头支架。

布置在工作面内，用来支护工作面顶板的支架称为工作面支架（前述均为工作面支架）。

布置在工作面内和上、下巷道连接处的支架称为端头支架。由于端头处机械设备多，顶板悬露面积大，同时又是人员的出入口，所以要求端头支架不仅要有较高的支撑能力，还要保证有足够的空间，不仅要使支架自身能够沿弯曲的巷道前移，还要考虑推移转载机。因此，端头支架在结构上具有其特殊性。

4. 按特种功能分类

液压支架按特种功能不同，可分为放顶煤支架、铺网支架和充填支架。

用于放顶采煤工艺的专用液压支架称为放顶煤支架。它可使支架顶梁上方被矿山压力或其他辅助措施破碎的顶煤通过安装在顶梁上的放煤装置运送到支架下方的刮板输送机中。

具有沿煤层顶板或底板铺设垫网功能的液压支架称为铺网支架。这种支架有独立的铺网、联网作业空间，铺网作业与采煤工序互不干扰，专用的铺网设备能在支架前移过程中自动将网铺设于分层底板。

能够为采煤工作面提供充填作业空间，用于充填法采煤工作面的液压支架称为充填支架。

5. 按控制方式分类

液压支架按控制方式不同，可分为手动控制和自动控制两类。

（1）手动控制方式

手动控制方式有本架控制、单向邻架控制、双向邻架控制等。采用这种控制方式时，支架的推进速度慢，不能保证支架额定初撑力，工人劳动强度高。

（2）自动控制方式

自动控制方式有分组程序控制、先导式程序控制、遥控等。这种控制方式可使支架推移速度提高 3.3~5 倍，提高支架初撑力，明显改善支架对顶板的支护效果，易于实现带压移架，降低工人劳动强度，改善劳动条件，与采煤机和刮板输送机的自动控制系统配合联动，可实现完全自动化的综采工况。

除上面 5 种分类方式外，液压支架还有按立柱的个数分类、按立柱在顶梁与底座之间布置方式分类、按顶梁结构不同分类、按底座结构不同分类和按用途不同分类等分类方式。

第二节　液压支架命名、组成和工作过程

一、液压支架产品型号命名及意义

为了使液压支架的产品型号命名简单易懂，避免不同类型的液压支架型号出现重复现象，造成型号混乱，所以，要对不同厂家生产的液压支架产品型号进行统一命名。液压支架是按我国国家标准《液压支架型式、参数及型号编制》（GB/T 24506—2009）进行设计、制造、命名的。

液压支架型号主要由产品类型型号、第一特征代号、第二特征代号和主参数组成。产品

类型型号主要用大写字母“Z”表示。第一特征代号用于一般工作面的支架时，表明支架的架型结构，用于特殊用途支架时，表明支架的特殊用途。液压支架的第一特征代号见表1—1。第二特征代号用于一般工作面的支架时，表明支架的主要结构特点，用于特殊用途支架时，表明支架的结构特点或用途。液压支架的第二特征代号见表1—2。

表1—1　　液压支架的第一特征代号

用途	产品类型代号	第一特征代号	含义
一般工作面支架	Z	Y Z D	掩护式支架 支撑掩护式支架 支撑式支架
特殊用途支架	Z	F P C T Q	放顶煤支架 铺网支架 充填支架 端头支架 （巷道）超前支架

表1—2　　液压支架的第二特征代号

用途	产品类型代号	第一特征代号	第二特征代号	含义
一般工作面支架	Z	Y	Y 省略 V G	两柱支掩掩护式支架 两柱支掩掩护式支架，平衡千斤顶设在顶梁与掩护梁之间 两柱支掩掩护式支架，平衡千斤顶设在底座与掩护梁之间 两柱掩护式过渡支架
		Z	省略 X G	四柱支顶支撑掩护式支架 立柱“X”形布置的支撑掩护式支架 四柱支撑掩护式过渡支架
		D	D B L G	垛式支架 稳定机构为摆杆的支撑式支架 伸缩杆式（直线型）支架 支撑式过渡支架
特殊用途支架	Z	F	D 省略 Z H Y B L G	单输送机高位放顶煤支架 中位放顶煤支架 四柱正四连杆式低位放顶煤支架 反四连杆大插板低位放顶煤支架 两柱掩护式低位放顶煤支架 摆杆式放顶煤支架 伸缩杆式（直线型）放顶煤支架 放顶煤过渡支架（反四连杆形式，其他形式加补充特征）
		P	Z Y G	支撑掩护式铺网支架 掩护式铺网支架 铺网过渡支架
		C	省略 B G	四连杆充填支架 摆杆式充填支架 充填过渡支架

续表

用途	产品类型代号	第一特征代号	第二特征代号	含义
特殊用途支架	Z	T	P	偏置式端头支架
			Z	两列中置式端头支架
			S	三列中置式端头支架
			Q	前后中置式端头支架的前架
			H	前后中置式端头支架的后架或后置式端头支架
		Q	L	两列式超前支架
			S	四列式超前支架

液压支架型号中的主参数依次用支架工作阻力（立柱工作阻力总值，单位为 kN）、支架最小高度（单位为 dm）和支架最大高度（单位为 dm）三个参数，均用阿拉伯数字表示，参数与参数之间用“/”隔开，支架高度数值出现小数时，最大高度舍去小数，最小高度四舍五入，只保留整数部分。

如果用产品类型代号、第一特征代号和主参数仍难以区别或需强调某些特征时，为了更好地区分支架型号，又增加了补充特征代号和设计修改序号。

补充特征代号根据需要可用一个或两个，以能区别为限，主要表明支架的特殊适用条件、控制方式或结构特点。液压支架的补充特征代号见表 1—3。

表 1—3　　液压支架的补充特征代号

补充特征代号	说明
Q	表示支架适用于大倾角煤层条件
R	用于支掩掩护式支架，表示插底式
D	表示电液控制支架
Z	用于放顶煤过渡支架，表示正四连杆架型
B	用于放顶煤过渡支架，表示摆杆式架型
L	用于放顶煤过渡支架，表示伸缩杆式架型
F	用于端头支架，表示放顶煤端头支架
W	用于超前支架，表示材料巷（机尾）超前支架

液压支架的设计修改序号应使用加括号的大写汉语拼音字母（A）（B）等依次表示。液压支架型号的组成和排列方式如下：

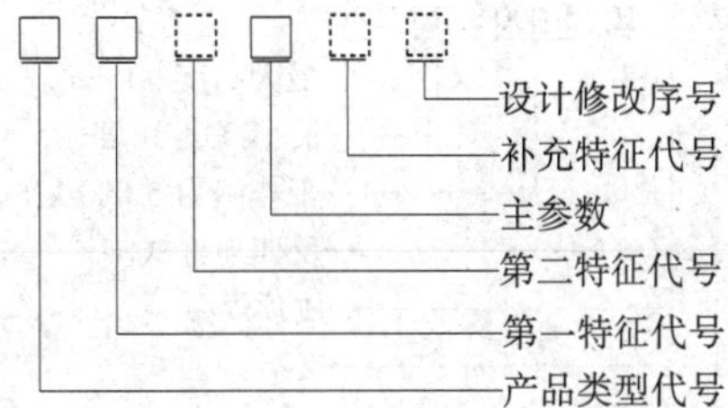

◎ 知识拓展

1. 液压支架型号中的字母一律采用大写字母，其中不得使用“I”和“O”两个字母，以免与阿拉伯数字的“1”和“0”混淆。

2. 液压支架型号中的字母和数字应与汉字大小相仿，不得采用上、下角标。

3. 液压支架型号中不允许以地区或单位名称为特征代号来区别不同产品。

二、液压支架产品型号示例

【例 1—1】 ZZ5600/17/35 型四柱支撑掩护式支架

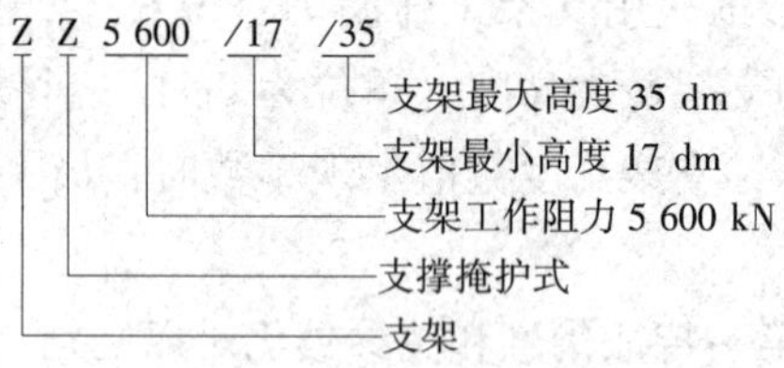

【例 1—2】 ZY5600/20/35D(B) 型两柱掩护式电液控制支架

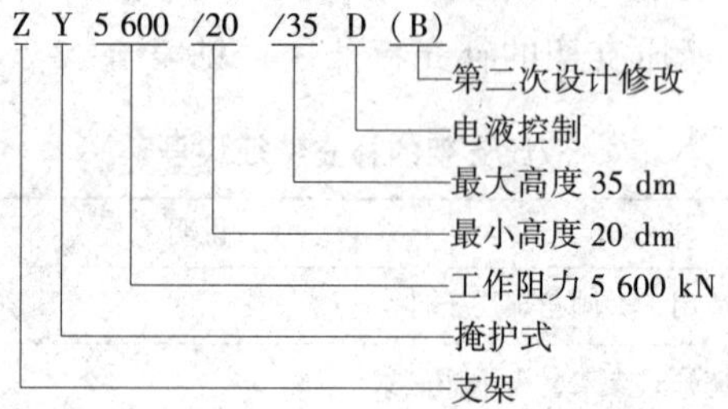

【例 1—3】 ZF6200/18/35Q 型大倾角四柱正四连杆式低位放顶煤支架

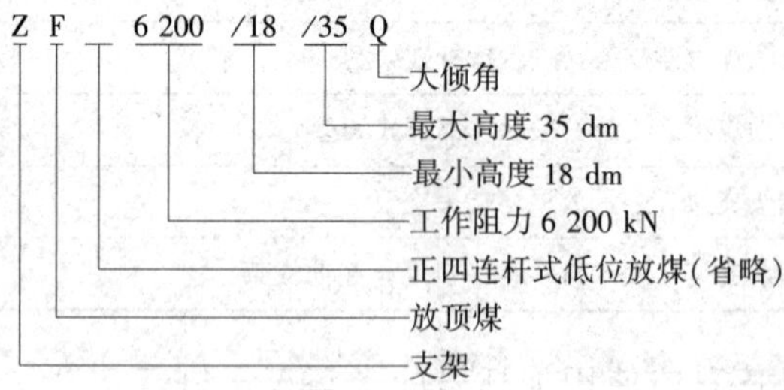

【例 1—4】 ZFH5000/18/30 型反四连杆式低位放顶煤支架

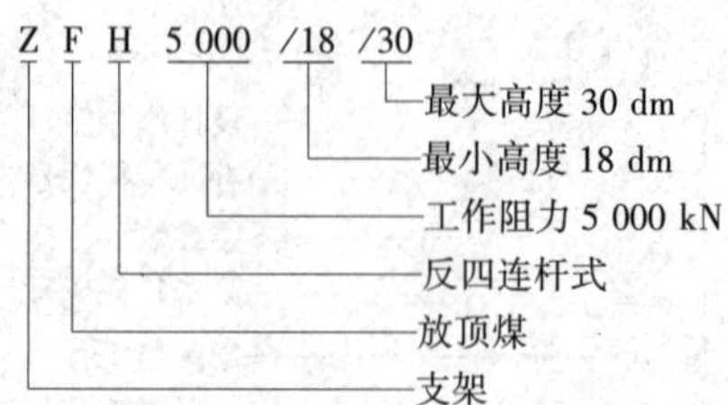

【例 1—5】 ZFG6000/21/35 型反四连杆放顶煤过渡支架

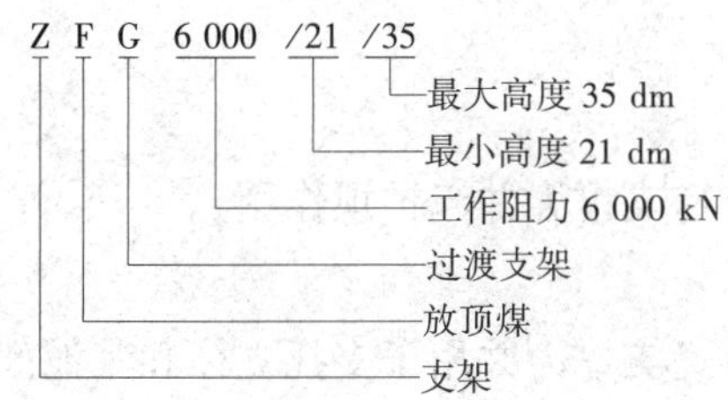

【例 1—6】 ZTZ16000/22/35F 型中置式放顶煤端头支架

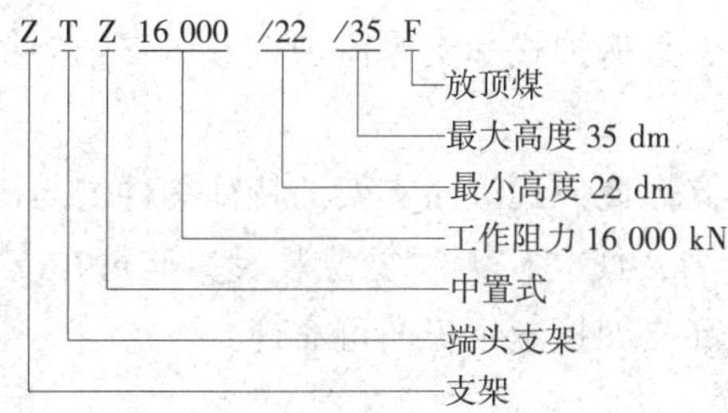

液压支架型号后面加上产品名称就是产品的全称，在正式文件第一次出现时，应写出产品全称。以后在不致引起误解的前提下，可以仅用产品型号或产品名称，也可用产品名称的简称代替产品全称。

三、液压支架组成

液压支架一般由承载结构件、执行元件、控制元件和辅助装置四大部分组成，执行元件和控制元件合称为液压元件，如图 1—6 所示。

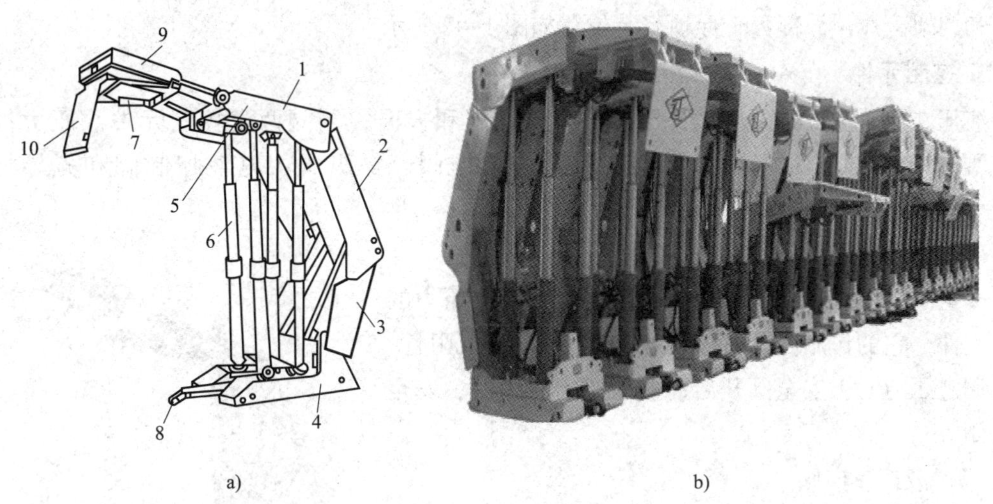

图 1—6　液压支架组成

a）结构图　b）实物图

1—顶梁　2—掩护梁　3—连杆　4—底座　5—侧护板　6—立柱　7—千斤顶

8—推移装置　9—梁端支护装置　10—护帮装置

1. 承载结构件

（1）顶梁

顶梁直接与顶板接触，传递支撑力并起护顶作用。

（2）底座

底座直接与底板接触，传递支撑力并用于支托立柱和其他部件。

（3）掩护梁

掩护梁连接顶梁与底座（或连杆），承受支架水平力和垮落顶板岩石压力，是防止采空区冒落矸石进入支架的构件，是掩护式和支撑掩护式液压支架的特征构件。

（4）前、后连杆

前、后连杆是掩护式和支撑掩护式液压支架的特征构件，与掩护梁、底座铰接形成四连杆机构，既可承受顶板水平力，使立柱无须复位装置，又可在支架升降时顶梁前端正确移动，使梁端距变化较小，提高支架控制顶板的可靠性。

2. 执行元件

（1）立柱

支架上凡是支撑在顶梁（或掩护梁）和底座之间，直接或间接承受顶板载荷、调节支架高度的液压缸称为立柱。立柱是液压支架的主要动力元件，可分为单伸缩立柱和双伸缩立柱两种。

（2）千斤顶

液压支架中除立柱以外的液压缸均称为千斤顶，依其功能不同，可分为前梁千斤顶、推移千斤顶、侧推千斤顶、平衡千斤顶、护帮千斤顶、伸缩千斤顶、防倒防滑千斤顶、抬底千斤顶和调架千斤顶。部分千斤顶安装位置如图 1—7 所示。

3. 控制元件

液压支架的液压系统中主要有压力控制阀和方向控制阀两类控制元件。压力控制阀主要指安全阀，方向控制阀主要有液控单向阀、操纵阀、电液控制阀和先导控制阀等。

（1）安全阀

安全阀是液压支架液压控制系统中限制液体压力的液压元件。它的作用是保证支架具有可缩性和恒阻性。超过调定压力时，安全阀开启；低于调定压力时，安全阀关闭。

（2）液控单向阀

液控单向阀是支架的重要元件之一，它的作用是闭锁并控制释放立柱或千斤顶工作腔液体，使其获得额定工作阻力。

（3）操纵阀

操纵阀在支架液压系统中的作用是使液压缸换向，

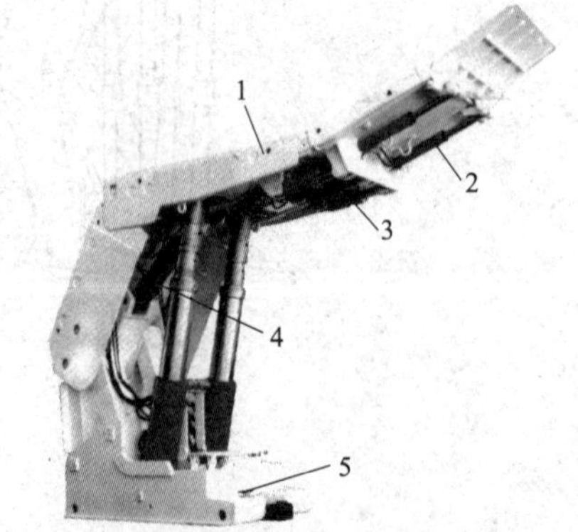

图 1—7 液压支架千斤顶安装位置

1—侧推千斤顶 2—护帮千斤顶 3—前梁千斤顶 4—平衡千斤顶 5—推移千斤顶

实现各种动作。

4. 辅助装置

（1）推移装置

推移装置的作用是推移支架和刮板输送机。

（2）侧护装置

侧护装置布置在顶梁、掩护梁或连杆侧面，起挡矸和防倒调架等作用。

（3）梁端支护装置

割煤后梁端距扩大时，用于及时支护顶板的装置称为梁端支护装置，如伸缩梁、前梁等。

（4）挡矸装置

挡矸装置的作用是防止矸石从采空区涌入工作面。

（5）复位装置

复位装置的作用是保证支撑式支架立柱在垂直顶板的位置，使支架结构稳定且可以抵抗水平分力。

（6）护帮装置

护帮装置在支架前方顶住煤壁，可以防止煤壁片帮或在煤壁片帮时起遮蔽作用。

（7）防倒防滑装置

在支撑面倾角较大（一般在15°以上）时，液压支架需要加设防倒防滑装置。

四、液压支架的工作过程

根据回采工艺对液压支架的要求，液压支架不仅要能够可靠地支撑顶板，而且应能随着采煤工作面的推进向前移动。这就要求液压支架必须具备升降和推移两个方面的基本动作，这些动作是利用乳化液泵站供给的高压液体，通过立柱和推移千斤顶来完成的，如图1—8所示。

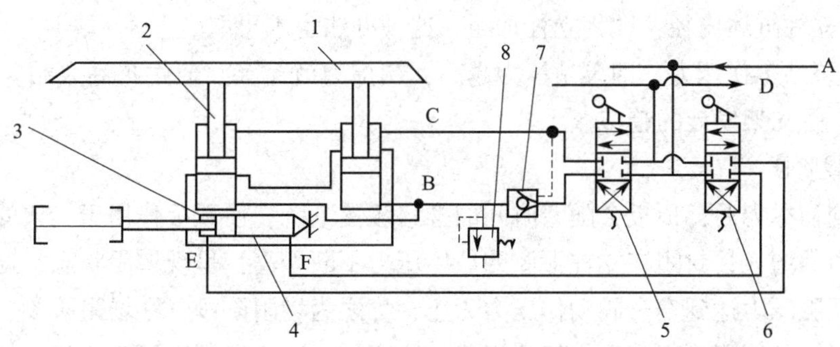

图1—8　液压支架的工作过程

1—顶梁　2—立柱　3—底座　4—推移千斤顶　5—立柱操纵阀　6—推移千斤顶操纵阀　7—液控单向阀　8—安全阀　A—主进液管　B、C、E、F—管路　D—主回液管

1. 升降

升降指液压支架从升起支撑顶板到下降脱离顶板的整个工作过程，包括初撑、承载、降

架三个动作阶段。

（1）初撑阶段

如图 1—8 所示，将立柱操纵阀 5 放到升架位置，由乳化液泵站来的高压液经主进液管 A、立柱操纵阀 5 打开液控单向阀 7，经管路 B 进入立柱下腔。与此同时，立柱上腔的乳化液经管路 C、立柱操纵阀 5 回到主回液管 D。活塞杆在压力乳化液的作用下伸出，使顶梁升起支撑顶板。顶梁接触顶板后，立柱下腔液体压力逐渐升高，压力达到泵站供液压力（泵站工作压力）时泵站自动卸载，停止供液，液控单向阀关闭，使立柱下腔的液体被封闭，这一过程称为液压支架的初撑阶段。此时，立柱或支架对顶板产生的最大支撑力称为初撑力，按下式计算：

$$P_{zc}=\frac{\pi D^2 P_b}{4}\times 10^{-3}$$

$$P_{jc}=P_{zc}n\eta$$

式中 P_{zc}——立柱初撑力，kN；

D——立柱缸体内径或活塞直径，mm；

P_b——泵站工作压力，MPa；

P_{jc}——支架初撑力，kN；

n——每架支架立柱数；

η——支护效率，架形不同，支护效率也不同，主要取决于立柱的倾斜程度，当立柱直立时，支护效率 $\eta=1$。

由此可见，支架的初撑力取决于泵站的工作压力、立柱数目、立柱缸体内径和立柱的倾斜程度。若想要提高支架的初撑力，则需做到以下几点：

1）增加支架的立柱数目，即每架支架的立柱越多，初撑力就越大。但增加立柱数目会使支架尺寸变大，结构变复杂，所以一般不用此办法来实现初撑力的提高。

2）加大立柱缸体内径，即将立柱加粗，这种办法也不可取。

3）提高泵站工作压力，即泵站压力越高，初撑力就越大。通过提高泵站工作压力提高支架初撑力，是支架发展的趋势。

（2）承载阶段

支架达到初撑力后，顶板会随着时间的推移缓慢下沉，使顶板作用于支架的压力不断增大。随着压力的增大，封闭在立柱下腔的液体压力不断增高，呈现增阻状态，这一过程一直持续到立柱下腔压力达到安全阀动作压力为止，称之为增阻阶段。在增阻阶段，由于立柱下腔的液体受压，其体积将减小，支架要下降一段距离，这一段下降距离称为支架的弹性可缩值，这种性质称为支架的弹性可缩性。

安全阀动作后，立柱下腔的少量液体将经安全阀溢出，压力随之减小。当压力低于安全阀的关闭压力时，安全阀重新关闭，停止溢流，支架恢复正常工作状态。在这一过程中，支架由于安全阀卸载而引起下降，这种性质称为支架的永久可缩性（简称可缩性）。

支架的可缩性保证了支架不会被顶板压坏。随着顶板下沉的持续作用，上述的过程重复出现。由此可见，安全阀第一次动作后，立柱下腔的压力便只能围绕安全阀的动作压力而上下波动，支架对顶板的支撑力也只能在一个小范围内波动，可近似地认为它是一个常数，所以可以把这一过程称为恒阻阶段，并把这时最大的支撑力叫做支架的工作阻力。工作阻力表示了支架在承载状态下可以承受的最大载荷，按下式计算：

$$P_{zz}=\frac{\pi D^2 P_a}{4}\times 10^{-3}$$

$$P_{jz}=P_{zz}n\eta$$

式中　P_{zz}——立柱的工作阻力，kN；

P_a——安全阀动作压力，MPa；

D——立柱缸体内径或活塞直径，mm；

P_{jz}——支架的工作阻力，kN；

n——每架支架立柱数；

η——支护效率，架形不同，支护效率也不同，主要取决于立柱的倾斜程度，当立柱直立时，支护效率 $\eta=1$。

支架的工作阻力取决于安全阀的动作压力、立柱数目、立柱缸体内径，以及立柱布置的倾斜程度。显然，工作阻力主要由安全阀的动作压力所决定。所以，安全阀动作压力的调整是否准确和动作是否可靠，对液压支架的性能有决定性的影响。

液压支架承载时，达到工作阻力后能加以保持的性质称为支架的恒阻性。恒阻性保证了支架在最大承载状态下，可以保持在安全阀动作压力范围内工作。由于这一性质是由安全阀的动作压力限定，而安全阀的动作伴随着立柱下腔少量液体溢出而导致支架下降，所以支架获得了可缩性。当工作面某些支架达到工作阻力而下降时（因顶板压力作用不均匀，工作面支架不会同时达到工作阻力），相邻的未达到工作阻力的支架便成为顶板压力作用的突出对象，即将压力分担在相邻支架上。支架互相分担顶板压力的性质称为支架的让压性。让压性可以使支架受力均匀。

（3）降架阶段

降架阶段是指支架顶梁脱离顶板而不再承受顶板压力的阶段。当采煤机截割完毕需要移架时，首先应使支架卸载，顶梁脱离顶板。如图 1—8 所示，把立柱操纵阀 5 的手把扳到降架位置，由泵站来的高压液体经主进液管 A、立柱操纵阀 5、管路 C 进入立柱上腔。与此同时，高压液分路进入液控单向阀 7 的液控室，将液控单向阀推开，为立柱下腔构成回液通路。立柱下腔液体经管路 B、被打开的液控单向阀 7、立柱操纵阀 5 流向主回液管路。此时，立柱下降，支架卸载，直至顶梁脱离顶板为止。

2. 推移

液压支架推移动作包括移架和推移刮板输送机（俗称推溜）。根据支架形式不同，移架和推溜方式各不一样，但其基本原理都相同，即支架的推移动作都是通过推移千斤顶的推、拉来完成的。图 1—8 所示为支架与刮板输送机互为支点的推移方式，移架和推溜共用一个推移千斤顶。该千斤顶的两端分别与支架底座和刮板输送机连接。

（1）移架

支架降架后，将推移千斤顶操纵阀 6 放到移架位置，从泵站来的高压乳化液经主进液管 A、推移千斤顶操纵阀 6、管路 E 进入推移千斤顶 4 左腔，其右腔经管路 F、推移千斤顶操纵阀 6 回到主回液管 D。此时，推移千斤顶的活塞杆受输送机制约不能运动，所以推移千斤顶的缸体便带动支架向前移动，实现移架。当支架移到预定位置后，将操纵阀手把放回零位。

（2）推移刮板输送机

移到新位置的支架重新支撑顶板后，将推移千斤顶操纵阀 6 放到推移位置，推移千斤顶 4 右腔进压力液，左腔回液，因缸体与支架连接不能运动，所以活塞杆在液压力的作用下伸出，推动刮板输送机向煤壁移动。当刮板输送机移动到预定位置后，将操纵阀手把调回零位。

◎ 知识拓展

液压支架的支护方式

按照支架与配套设备之间相互动作的次序不同，支架对顶板的支护方式可分为即时支护和滞后支护两种。即时支护是指采煤机割煤过后，液压支架依照降架—移架—升架—推溜的次序动作，及时支护工作面新裸露的顶板，广泛用于各种顶板条件。滞后支护是指采煤机割煤过后，液压支架依照推溜—降架—移架—升架的次序动作，对顶板的支护有较长的滞后时间，适用于稳定、完整的顶板条件。

思考练习题

1. 什么是液压支架？它的作用是什么？
2. 简述液压支架的分类。
3. 液压支架由哪些主要部件组成？
4. 液压支架工作过程中有哪几个基本动作？
5. 什么是液压支架的初撑力和工作阻力？它们如何计算？
6. 什么是液压支架的可缩性、恒阻性和让压性？
7. 什么是即时支护？什么是滞后支护？
8. 举例说明液压支架产品型号的含义。

第二章

液压支架结构

学习目标

1. 了解液压支架承载结构件的组成和结构特点。
2. 熟悉液压支架常用辅助装置的作用。
3. 能够识读液压元件结构。
4. 掌握执行元件、控制元件、辅助元件的组成和作用。

第一节　承载结构件

液压支架的结构包括承载结构件，辅助装置和液压元件（执行元件、控制元件和其他辅助元件）三大部分。液压支架结构中的第一大组成部分是承载结构件，主要由顶梁、掩护梁、底座和前、后连杆组成。本节将围绕承载结构件各组成部分的特点和工作方式进行介绍。

一、顶梁

顶梁是支架的直接承载部件，对防止顶板冒落具有重要意义。因此，顶梁除具有一定的刚度和强度外，还要求对顶板有较高的覆盖率，以满足支护顶板的需要。此外，顶梁要尽可能适应顶板起伏不平的变化，与顶板的接触性要好，接触力在顶梁上分布应均匀，以防止其因局部受压过大而造成损坏。顶梁还要有较好的稳定性，能有效地支撑顶板。顶梁的结构形式主要有以下几种。

1. 支撑式支架顶梁

支撑式支架最早采用刚性顶梁，即顶梁为一个整体，刚度大，承载能力强，但对顶板的适应性较差。因其对梁端支撑力较大，所以现在仍然在使用。目前除使用整体顶梁外，在顶梁来压缓和、直接顶破碎的条件下还采用如图 2—1 所示的支撑式支架顶梁的结构形式。

(1) 铰接式顶梁

铰接式顶梁由前梁和后梁两部分铰接组成。前梁、后梁分别由前、后排立柱支撑（见

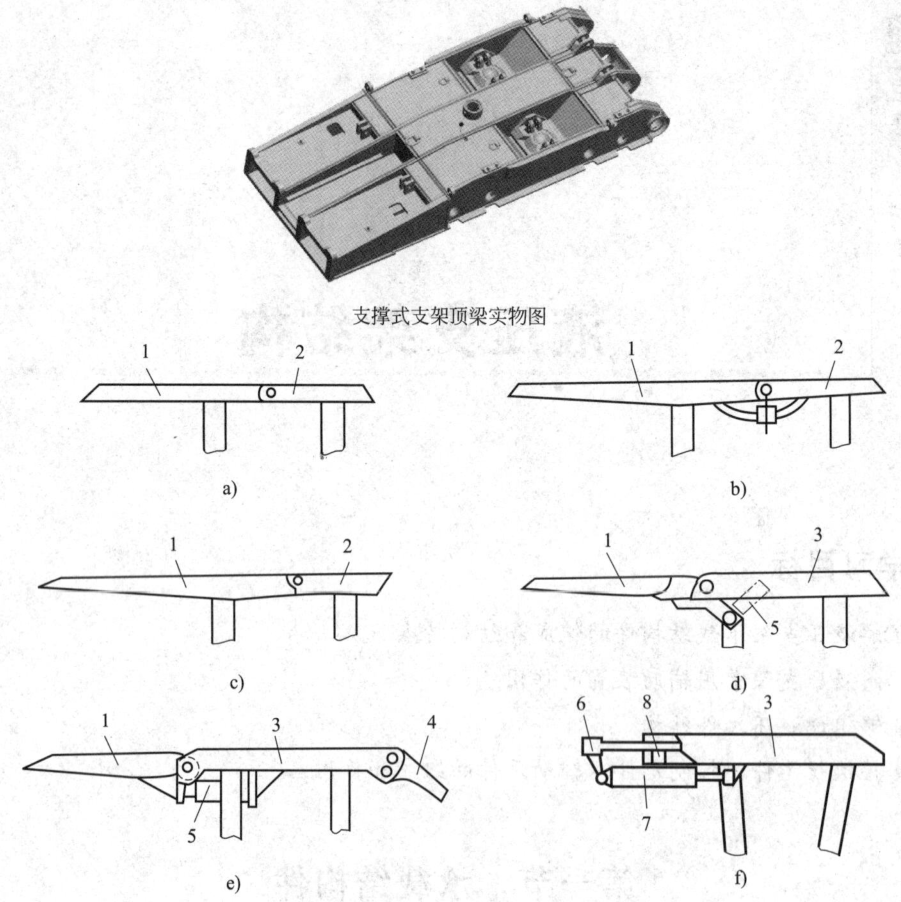

图 2—1　支撑式支架顶梁的结构形式

a）铰接式顶梁　b）铰接式顶梁加垒式弹簧结构　c）棘式铰接结构　d）组合式顶梁

e）组合式顶梁增设尾梁　f）组合式顶梁增设支撑千斤顶

1—前梁　2—后梁　3—主梁　4—尾梁　5—前梁千斤顶　6—前伸梁

7—前伸梁伸缩千斤顶　8—前伸梁支撑千斤顶

图 2—1a)。这种顶梁接顶性好，能适应顶板起伏不平的变化。但当顶板出现凹坑时，顶梁易成“人”字形，影响支撑效果和切顶性能，同时支撑的稳定性变差，连接件易损坏。所以，一般不使用单纯的铰接式顶梁，而采用改进的铰接式顶梁：一种是铰接式顶梁加垒式弹簧结构（见图 2—1b)，这种梁的稳定性较高，切顶性能较强，但这种结构不能解决顶梁前端低头问题，工作面端部顶板支护效果差，现已不再采用；另一种为棘式铰接结构（见图 2—1c)，即顶梁的铰接点在前、后梁上部，铰接点下部做成平整碰头（这种铰接顶梁也称为半铰接式顶梁)，只能使梁两端上翘，而不能下垂，与顶板接触更好，但是当顶板出现凹坑并压在顶梁两端时，该顶梁的连接轴及耳座易被压坏。

（2）刚性主梁与铰接前梁的组合顶梁

综合刚性顶梁和铰接顶梁的优点，把刚性顶梁和铰接悬臂梁组合在一起形成的顶梁称为组合式顶梁（见图 2—1d)。刚性顶梁称为主梁，立柱都支撑在主梁上。铰接悬臂梁称为前梁（或前探梁）。前梁设有前梁千斤顶。前梁千斤顶的一端连接在主梁上，另一端连接在前梁上，用来控制前梁的升、降，支撑靠近煤壁处的顶板，同时还可以调整前梁的上、下摆角，以适应顶板起伏不平的变化。这种顶梁对顶板的适应性较好，目前大多数支撑式支架均采用这种结构的顶梁。

为了使冒落矸石滑向采空区，同时防止大块矸石落下时砸坏挡矸帘，主梁尾部可增设尾梁（见图 2—1e）。尾梁一般采用两个连接点，上部连接销轴，下部连接剪切销。当顶板岩石大块整体垮落时，岩石的下砸力将剪切销切断，尾梁绕连接销轴转动，防止被砸坏。

（3）刚性主梁与前伸梁的组合顶梁

为使支架实现“立即支护”，前探梁要制造得很长，这样就增加了组合顶梁的长度，使控顶距增大。为此，可将前梁做成伸缩梁（前伸梁）安装在主梁内，由伸缩千斤顶控制其伸出和缩回，并在主梁内加设支撑千斤顶，控制前伸梁的承载和卸载（升和降），如图 2—1f 所示。这种由刚性主梁与前伸梁组合的顶梁控顶距小，支架承载能力大，并能用前伸梁临时支护刚开始裸露的顶板，使端部顶板支护及时，有利于端部顶板的管理。

2. 掩护式支架顶梁

掩护式支架顶梁分长顶梁和短顶梁两种，前者立柱多支撑在顶梁上，后者立柱多支撑在掩护梁上。下面介绍几种常见的掩护式支架顶梁。

（1）平衡式顶梁

这种顶梁长度短，为整体结构，顶梁下部与掩护梁铰接，由掩护梁托起支撑顶板，故称为托梁。由于铰接点前后段比例接近 2∶1，使顶梁两端趋近平衡（靠煤壁端稍重），故又称为平衡式顶梁，如图 2—2a 所示。为防止支架下降时顶梁向前翻转，影响下次支撑顶板，在顶梁与掩护梁之间装有机械或液压限位装置。机械限位装置是在顶梁装一限位轴，降架时，限位轴靠在掩护梁上，限制了顶梁的翻转。这种结构的缺点是顶梁转角不能自动控制，矸石滑落得不到正确控制，限位轴容易磨损和切断。液压限位装置是在顶梁和掩护梁之间装一限位千斤顶，利用限位千斤顶的伸缩实现顶梁转角的控制。这种装置可以改善顶梁的初撑状态，但是增加了液压系统的复杂性。平衡式顶梁后部与掩护梁之间形成一个三角区，易被矸石堵塞，影响支护效果。为防止梁后三角区夹矸损坏顶梁或连接件，需在顶梁后部加设挡杆或填塞橡胶辊等。

（2）潜入式顶梁

为克服梁后三角区带来的不良后果，将顶梁后端做成扇形结构。由于扇形结构可陷入掩护梁内，消除梁后三角区，所以称为潜入式扇形封闭结构，这种顶梁称为潜入式顶梁，如图 2—2b 所示。

（3）铰接式顶梁

铰接式顶梁为整体结构，立柱直接支撑在顶梁上，掩护梁通过销轴铰接在顶梁后端，由平衡千斤顶控制顶梁与掩护梁的工作位置，如图 2—2c 所示。这种顶梁支撑力大，稳定性好，具有一定的切顶能力，且消除了梁后三角区。

（4）带前探梁或前伸梁的铰接顶梁

这种顶梁在铰接顶梁的基础上增加了前探梁或前伸梁。前探梁铰接在主梁的前端，由前

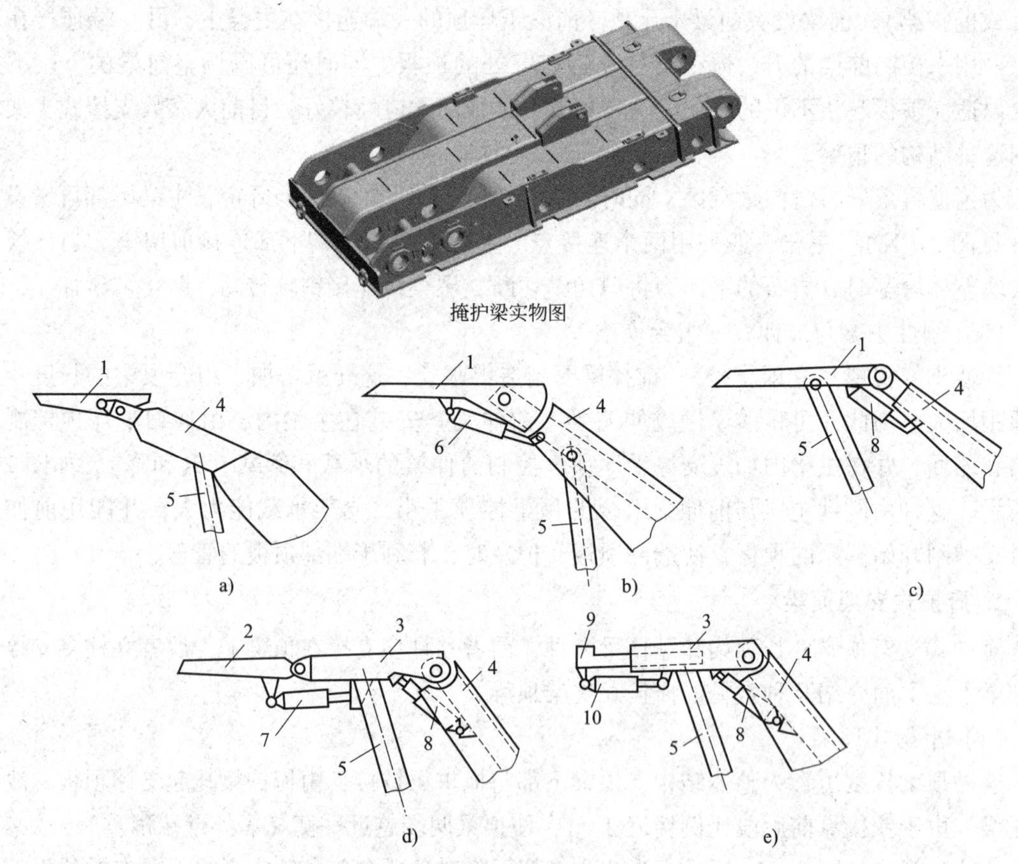

图 2—2　掩护式支架顶梁的结构形式

a）平衡式顶梁　b）潜入式顶梁　c）铰接式顶梁　d)、e）带前探梁或前伸梁的铰接顶梁

1—顶梁　2—前探梁　3—主梁　4—掩护梁　5—立柱　6—限位千斤顶

7—前梁千斤顶　8—平衡千斤顶　9—前伸梁　10—前伸梁伸缩千斤顶

探梁千斤顶控制；前伸梁装在主梁内，由前伸梁千斤顶控制其伸出和缩回。立柱支撑在主梁上。主梁与掩护梁间设平衡千斤顶，以保证主梁与掩护梁的正确工作位置，如图 2—2d、e 所示。这种结构形式的顶梁增大了工作空间和通风断面，工作面端面顶板能得到及时支护，适用范围广，所以应用较多。

3. 支撑掩护式支架顶梁

支撑掩护式支架顶梁和支撑式支架顶梁的结构基本相同，只是在梁上增设了侧护装置。

各类支架的顶梁均为箱式结构，由钢板焊接而成。为增强顶梁的刚度，上、下盖板之间焊有加强筋板。顶梁前端呈滑橇形，可减小移动阻力。

二、掩护梁

掩护梁是掩护式支架和支撑掩护式支架的重要承载构件，其作用是防止采空区冒落矸石涌入工作面，并承受冒落矸石的压力。掩护梁也是钢板焊接的箱式结构，上端与顶梁或主梁铰接，下端多焊有与前、后连杆和底座连接的耳座，通过前、后连杆与底座连接，形成四连杆机构。掩护梁内均焊有套筒，用来固定侧护千斤顶及弹簧，梁上两侧挂有侧护板。有的掩护梁上焊有立柱的柱窝及平衡千斤顶或限位千斤顶的连接耳座。掩护梁有折线型和直线型两种，如图 2—3 所示。

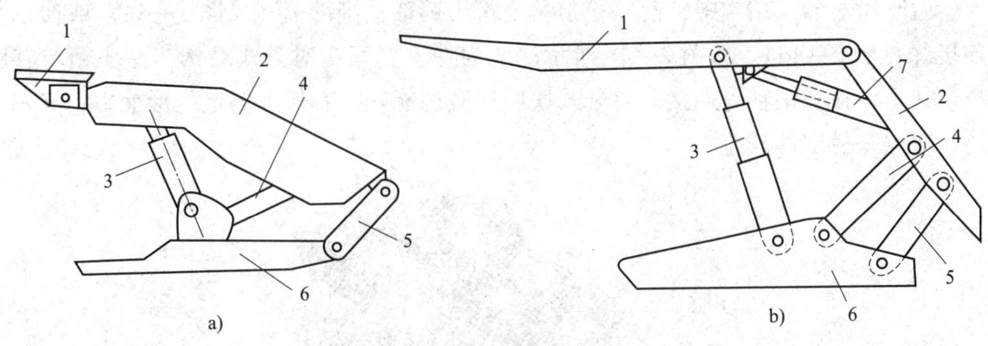

图 2—3　掩护梁

a）折线型掩护梁　b）直线型掩护梁

1—顶梁　2—掩护梁　3—立柱　4—前连杆　5—后连杆　6—底座　7—限位千斤顶

1. 折线型掩护梁

折线型掩护梁的梁体较长，立柱支撑在掩护梁上，梁前端铰接较短的顶梁，如图 2—3a 所示。这种掩护梁承载能力大，掩护面积大，只用于掩护式支架。折线型掩护梁的工艺性差，当支架歪斜时，架间密封性差。

2. 直线型掩护梁

直线型掩护梁的梁体比折线型短，与掩护梁铰接的顶梁较长，在顶梁与掩护梁间要设限位千斤顶或平衡千斤顶。应用这种形式掩护梁的支架，立柱大多支撑在顶梁上（也有支撑在掩护梁上的）。这种掩护梁结构简单、工艺性好，易于加工和运输，所以，多数支架采用此种形式的掩护梁，如图 2—3b 所示。

掩护梁又分为整体式和对分式两种。整体式强度高，稳定性好；对分式构件小，易于加工、运输和安装。

三、底座

支架的底座是将支架承受的顶板压力传至底板并稳固支架的承载部件。因此，底座除满足一定的刚度和强度要求外，还要求对底板的起伏不平有较强的适应性，对底板的接触比压要小；要有足够的空间为立柱、推移装置和其他辅助设置提供必要的安装位置；要便于人员操作和行走；能起一定的挡矸作用并具有一定的质量，以保证支架的稳定性。目前，底座的结构形式有以下几种。

1. 整体式底座

整体式底座是由钢板焊接的箱式整体结构，又称刚性底座。这种底座稳定性好，强度高，不易变形，与底板接触面积大，比压小。如图 2—4a 所示的底座箱体高度大，便于安装立柱的复位装置，底座箱后部具有一定的挡矸作用，前、后座箱中间有人行道，但占用空间大，一般只用于支撑式支架。图 2—4b 所示的底座高度低，占用空间小，一般用于掩护式或支撑掩护式支架。整体式底座的缺点是接地性较差。

2. 对分式底座

为使底座在一定范围内适应底板起伏不平的变化，将底座做成前、后或左、右对分结构。前、后座箱对分式结构中，前座箱与后座箱用销轴直接铰接（见图 2—4c）或通过弹簧钢板连接（见图 2—4d）。如图 2—4e 所示底座为左、右座箱对分式结构，左座箱与右座箱用过桥、弹簧钢板和销轴等连接。对分式底座接底性能好，有较大的抗变形能力，又称半刚性底座，缺点是稳定性较差。

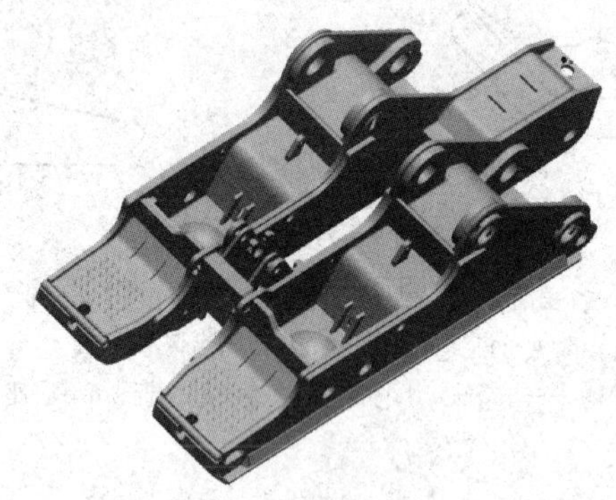

ZY10000/27/56D型液压支架底座

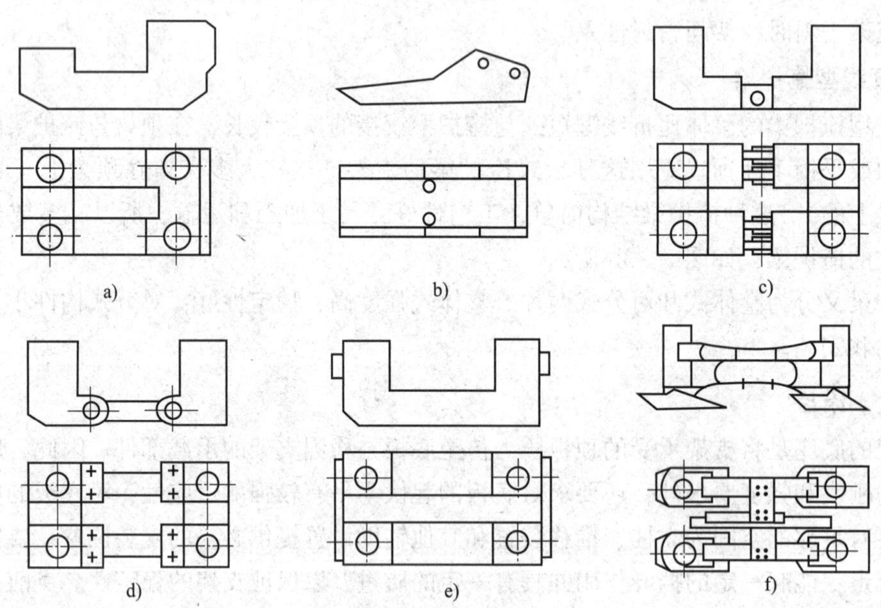

图 2—4　支架底座的机构形式

a）、b）整体式底座　c）、d）、e）对分式底座　f）底靴式底座

3. 底靴式底座

底靴式底座（见图 2—4f）分为 4 个底靴，每个底靴上支撑 1 根立柱，用销轴连接。立柱之间用弹簧钢板连接。这种底座结构轻巧、动作灵活，对底板起伏不平适应性很强，但刚

度和稳定性差，接底面积小，对底板比压大，易压入底板。底靴式底座只适用于底板坚硬且起伏较大的工作面，多用于节式支架。

各种形式的底座前端均做成滑橇形，可减小支架的移动阻力，避免移架时出现啃底现象。底座与立柱均采用球面接触，并用限位板或销轴限位，以防止因立柱偏斜而受到横向载荷，或防止支架升降过程中立柱脱出柱窝。

第二节　辅助装置

根据结构和使用条件的不同，液压支架需要设置必要的辅助装置，以满足支架的工作性能要求。常用的辅助装置有推移装置、护帮装置、复位装置、侧护装置、调架装置和防滑防倒装置等。

一、推移装置

推移装置是液压支架必备的辅助装置，担负着推溜和移架的任务。推移装置由推移千斤顶及其附属装置组成。对整体自移的垛式、掩护式和支撑掩护式支架，移架和推溜动作用推移千斤顶来完成。将千斤顶布置在底座的中部缺口处，两端分别与支架底座和刮板输送机连接。对于节式或各种组合迈步式支架，移架和推溜动作各用 1 个千斤顶来完成。移架千斤顶布置在主、副架之间，分别与两者的底座相连；推溜千斤顶一端与支架相连，另一端与刮板输送机相连。推溜千斤顶是单作用的，它的数量可适当减少，每五六米布置 1 个。推移装置按结构和推移方式的不同，可分为直接推移装置和间接推移装置两种。

1. 直接推移装置

直接推移装置由推移千斤顶 1 和连接头 3 等组成，如图 2—5 所示。图 2—5a 中推移千斤顶的缸体与支架底座 2 连接，活塞杆通过连接头 3 与刮板输送机中部槽连接。这种连接方式称为正装方式。正装方式的千斤顶缸体相对支架不运动，供液接头设在缸体上。千斤顶结构简单，加工容易，成本低。但由于活塞杆伸出支架底座外，其表面容易在推溜和移架中被擦伤或被煤块、矸石砸伤。为了保护活塞杆表面，往往在其外套装一保护罩。图 2—5b 中推移千斤顶的活塞杆与支架底座连接，缸体通过连接头与刮板输送机中部槽连接。这种连接方式称为倒装方式。倒装方式的千斤顶活塞相对支架不运动，活塞杆表面在支架底座内，不容易被煤块和矸石砸伤，但由于供液接头设在活塞杆接头上，增加了千斤顶的复杂程度。

直接推移装置结构简单，连接方便，但存在着推移千斤顶推、拉力分配不合理的问题。为了解决这个问题，有的推移装置采用了移步横梁结构，即在输送机中部槽加设较长的横梁，推移千斤顶通过移步横梁推移输送机，使中部槽受力均匀，不致推坏，但增加了结构的复杂程度，现已很少使用。

为了解决推、拉力分配不合理问题，一般采用如下四种方法：

(1) 采用不同的供液压力。为千斤顶活塞杆腔供较大的液压力，增大其拉架力；为千斤顶活塞腔供较小的液压力，减小其推溜力。由于千斤顶压力液是由泵站提供的，这样就增加了泵站的复杂程度。

(2) 采用差动供液方式。在推移千斤顶液路上装一差动供液阀（交替逆止阀），推溜时，压力液经差动供液阀后同时供入千斤顶两腔，按差动原理推溜，一方面减小了推溜力，另一方面加快了推溜速度。

(3) 采用浮动活塞结构，将千斤顶活塞套装在活塞杆上。当千斤顶活塞腔进压力液时，首先是活塞沿活塞杆滑动；当滑动到千斤顶缸口处不能继续滑动时，活塞杆在压力液的作用下才伸出推溜。此时的千斤顶相当于柱塞式液压缸，其推力大小的计算公式与差动式千斤顶相同。活塞杆腔进液时，活塞沿活塞杆滑动至杆端部，然后通过卡环带动活塞杆缩回拉架，其拉架力不变。

(4) 采用千斤顶倒拉架装置，即间接推移装置。

当前，主要采用后两种方法，前两种方法基本不用。

2. 间接推移装置

将千斤顶伸出的推力作为移架力，缩回时的拉力作为推溜力，即可实现拉架力大于推溜力。这需将千斤顶活塞杆（或缸体）连接在支架底座的前端，而千斤顶的缸体（或活塞杆）通过间接连接机构（长框架或连杆）与刮板输送机连接。这种能够变换千斤顶推、拉力的连接装置称为千斤顶倒拉架装置，或称为间接推移装置。间接推移装置有两种结构形式。

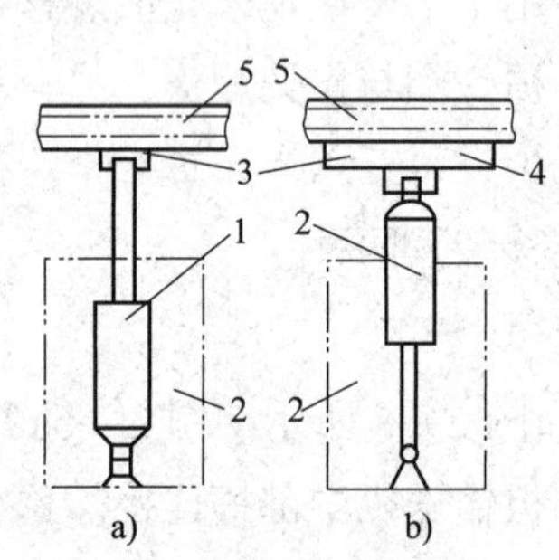

图 2—5　直接推移装置及其连接方式

a) 正装方式　b) 倒装方式

1—推移千斤顶　2—支架底座　3—连接头　4—横梁　5—中部槽

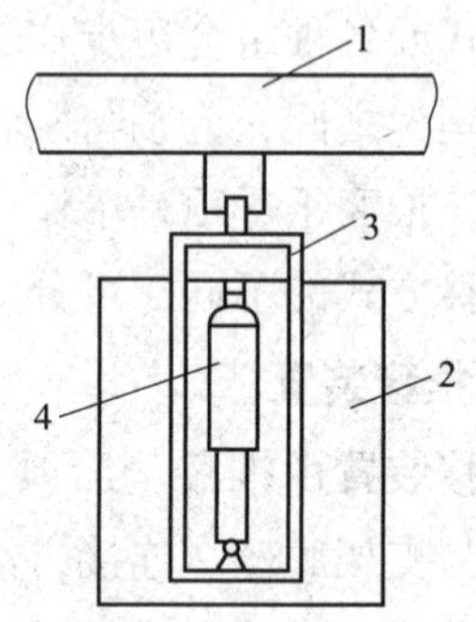

图 2—6　长框架间接推移装置及其连接方式

1—中部槽　2—支架底座　3—推移长框架　4—推移千斤顶

(1) 长框架间接推移装置

如图 2—6 所示，长框架间接推移装置由推移千斤顶 4、推移长框架 3 等组成。推移千斤顶的缸体与支架底座前端连接，千斤顶活塞杆与推移长框架后端连接，推移长框架前端再与刮板输送机中部槽 1 连接。移架时，以刮板输送机的中部槽为支点，当压力液进入推移千斤顶活塞腔使活塞杆伸出时，中部槽以及与中部槽连接的推移长框架、活塞杆不动，缸体带动支架向刮板输送机方向移动。推溜时，以支撑顶板的支架作为支点，当压力液进入推移千斤顶的活塞杆腔使活塞杆缩回时，拉动推移长框架，将刮板输送机推向煤壁。这种推移装置结构较复杂，框架较长，支架移动时底座易啃底。

（2）连杆间接推移装置

如图 2—7 所示，连杆间接推移装置减小了框架长度，利用与千斤顶缸体上固定卡轴 4 连接的连杆 2 来代替推移长框架。这样移架力有一个向上分力，移架时可避免啃底，但连接处受力不好。

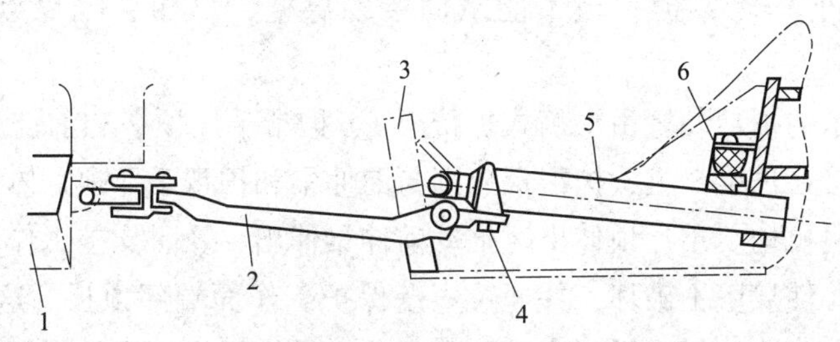

图 2—7　连杆间接推移装置及其连接方式

1—中部槽　2—连杆　3—支架底座　4—固定卡轴　5—推移千斤顶　6—限位橡胶

二、护帮装置

护帮装置安装在顶梁前端下部，一般由护帮千斤顶和护帮板组成。正常情况下，护帮板伸出紧贴煤壁，防止片帮或在片帮时起缓冲作用。当采煤机割到支架前面时，需将护帮板收回，让采煤机通过。支架移到新的工作位置后，重新伸出护帮板，以支护新裸露的煤壁。目前常用的几种护帮装置如图 2—8 所示。

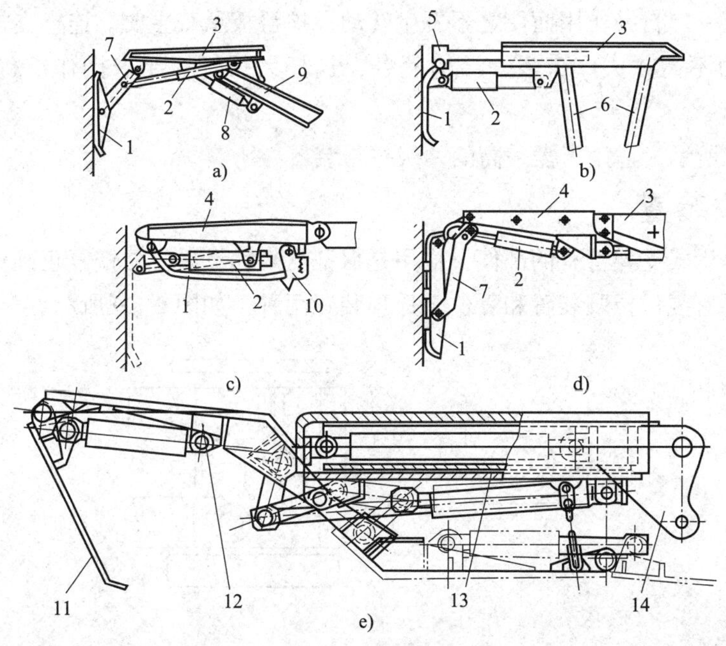

图 2—8　护帮装置

1—平衡式护帮板　2—护帮千斤顶　3—顶梁　4—前梁　5—前伸梁　6—立柱　7—连杆　8—限位千斤顶　9—掩护梁　10—紧固锁块　11—二级护帮　12—一级护帮　13—伸缩梁　14—前梁千斤顶支座

如图 2—8a 所示的护帮装置由平衡式护帮板 1、护帮千斤顶 2 和连杆 7 等组成。护帮千斤顶的缸体铰接在支架顶梁上，活塞杆连接在连杆中部，形成曲柄摇杆机构。千斤顶的活塞腔和活塞杆腔由双向液压锁控制。连杆压着平衡式护帮板贴紧煤壁，保证煤壁在顶板超前压力作用时不片帮。但这种护帮装置在煤体松软、矿压较大的情况下使用时，若煤壁超前松垮，护帮板不能全面接触煤壁，反而会绕铰点转动，失去护帮效果。

如图 2—8b 所示的护帮装置由平衡式护帮板 1、护帮千斤顶 2 和前伸梁 5 等组成。护帮千斤顶的活塞杆连接在顶梁 3 上，护帮板分别与前伸梁和护帮千斤顶缸体铰接，形成平行四连杆机构或曲柄滑块机构。千斤顶伸出时推动前伸梁伸出，及时支护工作面端部顶板；同时将护帮板推向煤壁，使煤壁不破坏，并通过煤壁保护工作面端部顶板。这种装置结构简单，护顶、护帮同时进行，防护能力强，在破碎顶板及松软煤层中使用效果较好，护帮板不会产生空壁转动，但操作较复杂，护帮力较小。

如图 2—8c 所示为带机械锁的护帮装置，该机构为曲柄摇杆机构，护帮板为双铰点，无空壁转动现象。护帮千斤顶的活塞腔由液控单向阀锁紧，收回护帮板时由机械锁锁紧。此装置结构简单、操作方便，但常常因支架移架不到位，使护帮板不能很好地紧贴煤壁，护帮板强度低，变形后收回不能正确锁紧。

如图 2—8d 所示的护帮装置由双连杆铰接，形成双摇杆机构。护帮千斤顶的缸体连接在前梁上，活塞杆连接在短连杆的中间部位。护帮千斤顶伸出或缩回时带动短连杆摇动，使短连杆带动护帮板伸出或收回。护帮千斤顶由双向液压锁锁紧。当护帮板伸出到正确位置时，因四连杆机构有一定自锁作用而使之不发生转动。护帮板承载主要靠连杆支撑，所以护帮千斤顶伸出作用力不需太大。该装置结构复杂，连杆易损坏，要求操作准确，否则无护帮能力。

如图 2—8e 所示为适用于大采高的两级护帮装置。

三、复位装置

复位装置是垛式支架特有的部件，作用是保证支架移设后立柱恢复正确位置。目前采用的复位装置主要有复位橡胶装置和复位千斤顶装置两种，如图 2—9 所示。

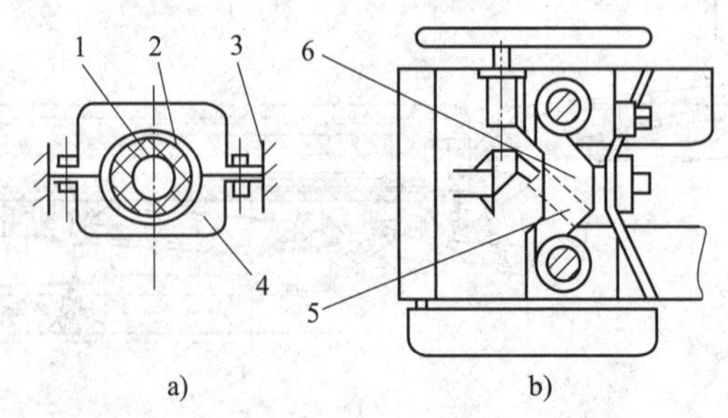

图 2—9 复位装置

a）复位橡胶装置 b）复位千斤顶装置

1—立柱 2—复位橡胶 3—支架底座 4—复位盒 5—复位千斤顶 6—复位梁

1. 复位橡胶装置

复位橡胶装置是由抗推能力为30~50 kN的两个对分半圆环形橡胶块组成，装在支架每根立柱座箱上部的复位盒内，如图2—9a所示。复位装置安装后应使复位橡胶具有一定的预紧力。这种复位装置可防止立柱在任意方向的倾斜，复位效果较好，但复位力较小，橡胶易老化，使用寿命短。

2. 复位千斤顶装置

该复位装置安装在两后柱与座箱后板之间，如图2—9b所示。复位千斤顶一端铰接在支架座箱上，另一端根据左、右工作面的不同斜支在复位梁上，复位梁推着两后柱。复位千斤顶的作用是防止支架在移设过程中立柱后倾。复位千斤顶一般为单作用液压缸，它的液路并联在移架液路中，以便在移架时产生复位力。

实践证明，两种复位装置共同使用时，复位效果较好。掩护式支架靠四连杆机构复位。支架稳定性从结构上靠各部件连接孔和连接销的紧密配合实现，其间距应小于1 mm。

四、侧护装置

侧护装置用于掩护式和支撑掩护式支架，作用是防止架间漏矸和调架。如图2—10所示是常用的几种侧护装置结构形式。侧护装置由位于支架顶梁和掩护梁两侧的侧护板、侧推千斤顶、伸出弹簧等组成。侧护装置的伸缩动作是在支架卸载后进行的，由侧推千斤顶和伸出弹簧控制。

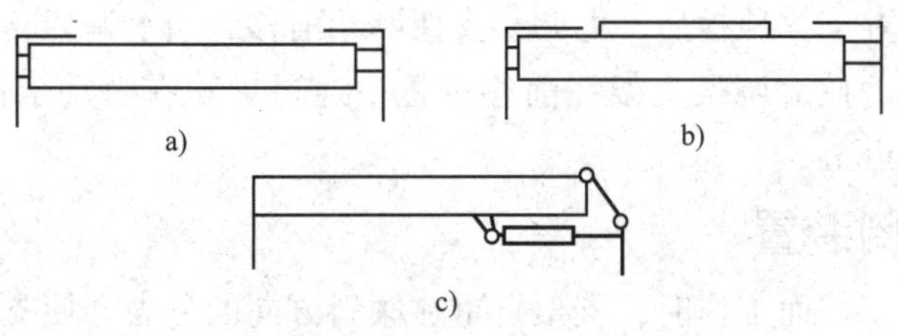

图2—10　侧护装置结构形式

如图2—10a所示，侧护板在顶梁和掩护梁的外侧，这样容易被冒落在大块矸石压住，影响侧护板的伸缩。如图2—10b所示，侧护板在顶梁和掩护梁上的侧护板滑道上移动，这样可避免侧护板直接承受顶板载荷，但也易被冒落矸石压住。上述两种结构的侧护板在支架受偏载时受力较大。为了克服侧护板受力过大易损坏的缺点，将侧护板改成如图2—10c所示的结构形式，但这种结构存在架间侧护板三角带，一方面容易夹入碎矸石，影响架间的密封效果；另一方面支撑完全由侧护板千斤顶实现，侧护板千斤顶的活塞腔液路需加锁紧和限位元件，使系统复杂化。

五、调架装置

在倾斜工作面，液压支架移架过程中的下滑是不可避免的。为了使液压支架沿倾斜方向上移，需设调架装置。对于掩护式和支撑掩护式支架，是依靠侧推千斤顶推动侧护板的侧推作用来实现调架的；而对于支撑式支架，就需设调架装置。

将工作面支架分成若干组，约5~10架支架为一组，每组支架设一对调架支架。位于每组支架倾斜上方的第一架支架为上调架支架，相邻下方支架为下调架支架。上、下调架支架间设置调架装置。

调架装置如图 2—11 所示，它由调架千斤顶 1、导轨 2、滑动卡 3 和滑动卡支撑座 5 等组成。调架千斤顶固定在上调架支架后座箱上部的侧面。滑动卡支撑座固定在下调架支架后座箱的相应部位。导轨的后端铰接在座箱上，中部与调架千斤顶活塞杆铰接。滑动卡一端铰接在滑动卡支撑座上，另一端卡套在导轨上。

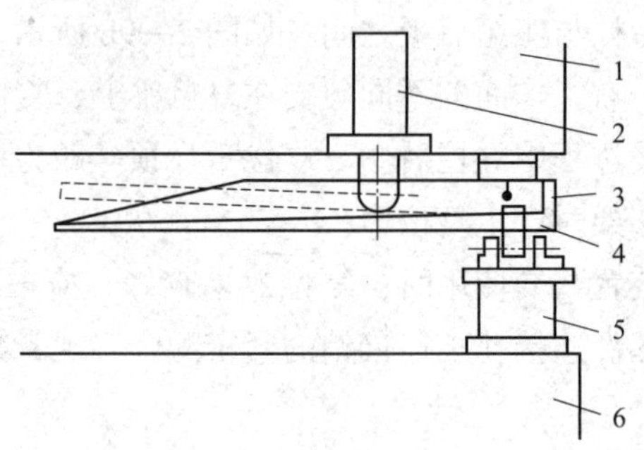

图 2—11 调架装置

1—调架千斤顶 2—导轨 3—滑动卡 4—上调架支架 5—滑动卡支撑座 6—下调架支架

当下调架支架准备前移时，首先应将上调架支架的调架千斤顶缩回，拉动导轨向上倾斜，呈图示虚线位置。下调架支架前移过程中，滑动卡沿倾斜导轨滑动，拖拉下调架支架上移。下调架支架前移并支撑顶板后，上调架支架降架前移。当上调架支架准备前移时，将调架千斤顶活塞杆伸出，使上调架支架在前移过程中通过导轨在滑动卡内滑动而自动向上调直，一次调架量约 70 mm。

六、防滑防倒装置

液压支架在倾斜工作面工作时，支架自重在倾斜方向的分力会使支架沿倾斜下方下滑或倾倒。工作面倾角越大，下滑或倾倒现象越严重。因此，为了保证支架的正常工作，必须采取相应的防滑防倒措施。

当煤层倾角在 12°以内时，为防止支架下滑或倾倒，可把工作面布置成伪倾斜推进形式，即工作面下端超前上端。实践证明，这种方法是有效的。

当工作面倾角较大时，就需采用防滑防倒装置来防止支架下滑和倾倒。

掩护式和支撑掩护式支架由于装有侧护板装置，给支架的防滑和防倒创造了有利条件，只要控制好靠近工作面运输巷的第一架支架（也称为下排头支架），整个工作面支架的防滑、防倒问题就基本得到解决。如果倾角比较大，则将工作面支架分成若干组，分别控制好每组内的下排头支架。

下排头支架的防滑防倒装置如图 2—12 所示。防倒千斤顶 6 的两端分别用圆环链连接于下排头支架的顶梁和上方第三架支架的底座上，利用千斤顶的拉力实现下排头支架的防倒。防滑千斤顶 2 的两端通过圆环链 1 分别连接在下排头支架和第三架支架的底座前部，用拉力防止下排头支架下滑，必要时还可向上调架。为防止下排头支架尾部下滑，在其底座下侧安设了防转千斤顶 3，通过圆环链 5 穿过底座尾部的导向管 4 连接在第三架支架的底座后端，将尾部兜住。

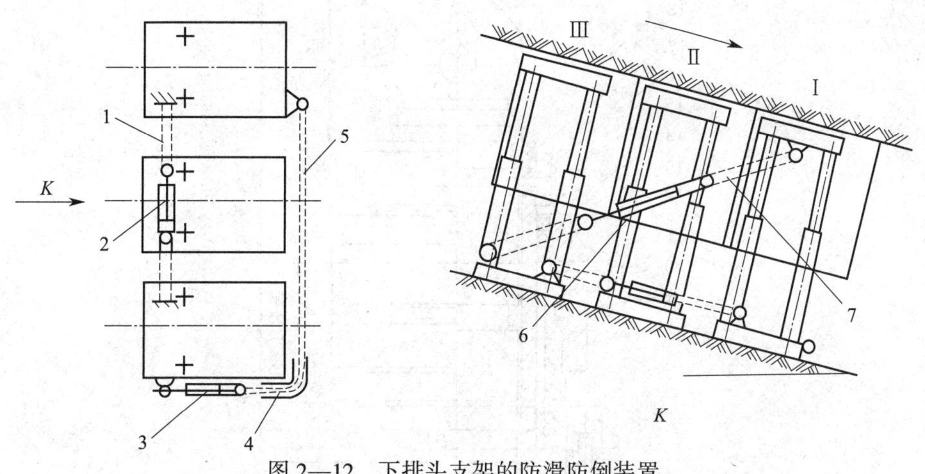

图 2—12 下排头支架的防滑防倒装置

1、5、7—圆环链 2—防滑千斤顶 3—防转千斤顶 4—导向管 6—防倒千斤顶

第三节 执行元件

一、立柱

立柱是液压支架的主要执行元件，用于承受顶板载荷、调节支护高度。国产液压支架中，立柱根据结构的不同大致可分为单伸缩立柱和双伸缩立柱两种。单伸缩立柱有不带机械加长杆和带机械加长杆两种形式。当要求支架调高范围较大时，可选用带机械加长杆的单伸缩立柱，也可选用双伸缩立柱。单伸缩立柱结构简单、成本低，但不如双伸缩立柱使用方便。

1. 单伸缩立柱

单伸缩立柱有单作用立柱和双作用立柱之分。单作用立柱采用液压升柱、自重降柱的工作方式。由于其降柱不采用液压，故对活塞杆表面的精度和粗糙度等要求较低，加工成本低，但是靠自重降柱速度慢，并且整架支架各个立柱不同步，影响工作面快速推进，所以目前应用较少。双作用立柱靠液压力实现升柱和降柱，提高了立柱工作的可靠性，也为支架的遥控和自动控制提供了可能性，因此目前应用较多。

单伸缩立柱主要由缸体、活塞杆、加长杆（不带机械加长杆的单伸缩立柱没有加长杆）、导向套、密封件和连接件组成。如图 2—13 所示为带机械加长杆的单伸缩立柱。

该立柱缸体 1 位于立柱的最外层，一端为缸口，另一端为焊有凸球面的缸底。缸底端焊有与活塞腔相通的管接头，供装接输液软管用。缸底凸球面在组装支架时与底座柱窝接触。活塞杆 7 通过销轴 15、保持套 16、半环 17 与带有柱头的加长杆 18 连接在一起装入缸体中，并可在缸体内上下运动，成为液压缸中传递力的重要组件。活塞杆由柱管和焊接活塞头构成。杆体表面为先镀锡青铜（或乳白铬）再镀硬铬的双层复合镀层，以防止磨损和锈蚀。

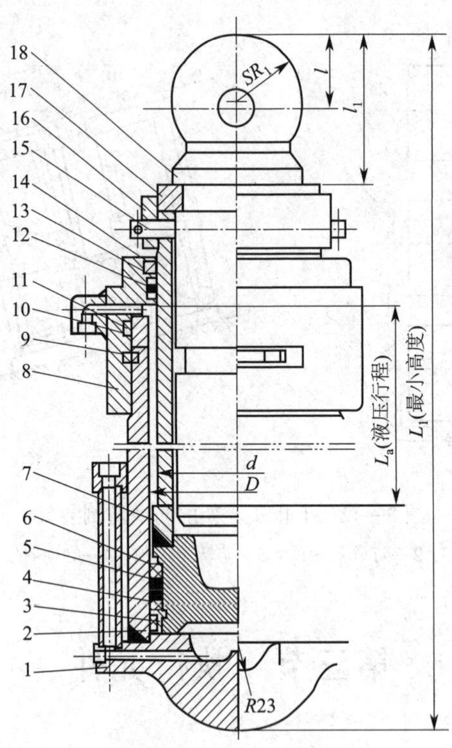

图 2—13　带机械加长杆的单伸缩立柱

1—缸体　2—卡键　3—卡箍　4—支撑环　5—鼓形密封圈　6—聚甲醛导向环　7—活塞杆　8—导向套　9—方钢丝挡圈　10、13—聚甲醛挡圈　11—O 形密封圈　12—蕾形密封圈　14—防尘圈　15—销轴　16—保持套　17—半环　18—加长杆

活塞上装有鼓形密封圈 5，以实现活塞和活塞杆两腔双向密封。为保护鼓形密封圈，在其两侧装有聚甲醛导向环 6，以减少活塞与缸壁的磨损，提高滑动性能。下部聚甲醛导向环靠支撑环 4 支撑。两个半环形卡键 2 将整个密封组件连接在活塞头上，通过有开口的卡箍 3 箍住卡键，以防其脱落。加长杆 18 上的柱头也为凸球面形，与顶梁（也有的与掩护梁）上的柱帽相连。

导向套 8 是活塞杆往复运动时起导向作用的部件。导向套与缸体间通过方钢丝挡圈 9 相连接，并用 O 形密封圈 11 密封。导向套与活塞杆表面用蕾形密封圈 12 密封，并用防尘圈 14 防止外部煤尘进入立柱内。导向套上也焊有一个管接头，供装接输液软管用。一些立柱的导向套上还装有聚甲醛导向环，以减少导向套与柱体间的磨损。

不带机械加长杆的单伸缩立柱的柱头直接焊在柱管端部。单作用立柱导向套上不设置密封元件。

2. 双伸缩立柱

双伸缩立柱由一级缸（或称大缸、外缸）、二级缸（或称中缸、小缸）、活塞杆、导向套、连接件、密封件等组成，如图 2—14 所示。

一级缸的形状、结构及所处位置均与前面所述的单伸缩立柱的缸体相同。

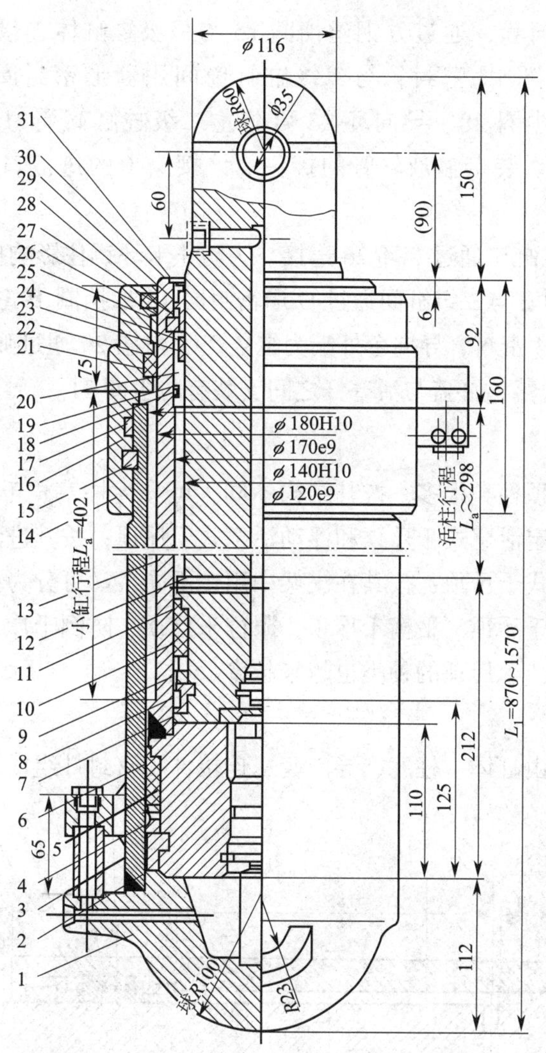

图 2—14 双伸缩立柱

1—一级缸 2、7—卡键 3、8—卡箍 4、9—支撑环 5、10—鼓形密封圈 6、11、25—导向环 12—活塞杆 13—二级缸 14、20—导向套 15—方钢丝挡圈 16、18—O 形密封圈 17、19、22、24— 挡圈 21、23—蕾形密封圈 26—卡环 27—防尘 O 形密封圈 28、31—防尘圈 29—缸盖 30—弹性挡圈

二级缸 13 可在一级缸内上下运动，是液压缸中的主要传力部件。二级缸由缸筒和活塞头焊接而成。缸筒外表面为镀锡青铜（或乳白铬）和镀硬铬的双层复合镀层，以减少磨损和锈蚀。活塞头为卡键式结构（见单伸缩立柱活塞头），其内部装有一底阀（底阀的结构见液压控制元件）。

活塞杆 12 装入二级缸内，可在二级缸内上下运动。活塞杆是液压缸的主要传力部件，由柱体和活塞头两部分组成。柱体表面镀有与二级缸筒表面相同的镀层。球头部位有进液口，可安装管接头。该进液口通过活塞杆中心与二级缸内的环形腔相通。活塞头结构与二级缸活塞头相同。

导向套 14 为外导向套，通过方钢丝挡圈 15 与一级缸缸体连接。导向套与一级缸间用 O 形密封圈 16 加挡圈 17 密封，与二级缸缸筒间用蕾形密封圈 21 加挡圈 22 密封，并装有导向环 25 和防尘圈 28。导向环 25 可防止二级缸缸筒受力膨胀时与导向套“抱住”。导向套上还焊有供装接输液软管的接头。该接头上的进液口也与二级缸和外缸间的环形腔相通。

导向套 20 与二级缸缸口通过卡环 26 连接。为防止卡环锈住影响拆卸，在其外侧装有防尘 O 形密封圈 27。导向套与二级缸间通过 O 形密封圈 18 加挡圈 19 密封，与活塞杆间通过蕾形密封圈 23 加挡圈 24 密封。导向套外端为缸盖 29，缸盖 29 通过弹性挡圈 30 限位，其作用是防止卡环 26 自动脱落。缸盖与活塞杆之间安装有防尘圈 31。

二、千斤顶

液压支架用的千斤顶种类很多，按其结构不同，可分为柱塞式千斤顶和活塞式千斤顶，活塞式千斤顶可分为固定活塞式千斤顶和浮动活塞式千斤顶；按其进液方式不同，可分为内进液式千斤顶和外进液式千斤顶；按其在支架中用途不同，又可分为推移千斤顶、前梁千斤顶、护帮千斤顶、侧推千斤顶、平衡千斤顶、限位千斤顶、防倒千斤顶、防滑千斤顶等。随着支架的功能越来越多，千斤顶的种类也越来越多。

1. 柱塞式千斤顶

柱塞式千斤顶主要由缸体、柱塞、导向套、连接件和密封件组成，如图 2—15 所示。

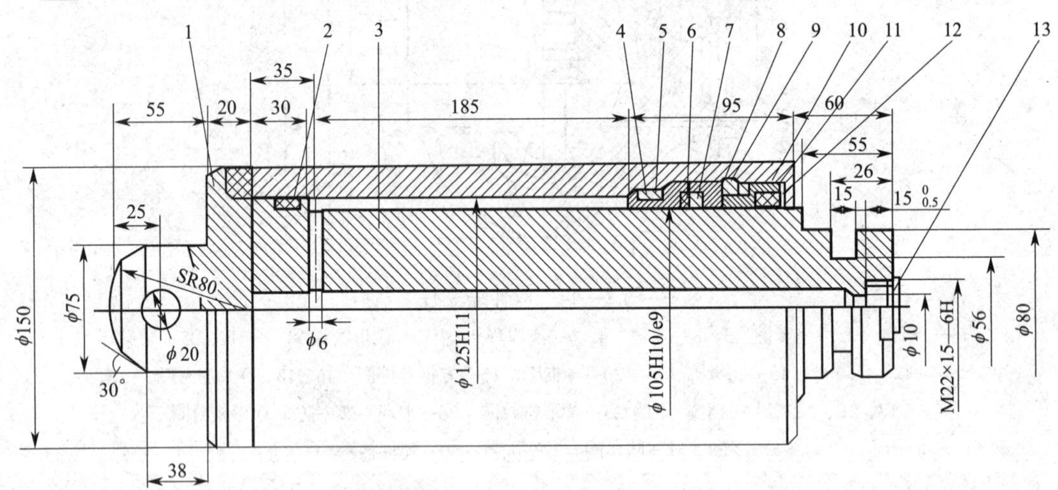

图 2—15　柱塞式千斤顶

1—缸体　2—聚甲醛导向环　3—柱塞　4—O 形密封圈　5—聚四氟乙烯挡圈　6—蕾形密封圈　7—聚甲醛挡圈　8—导向套　9—卡环　10—缸盖　11—弹性挡圈　12—防尘 O 形密封圈　13—塑料帽

缸体 1 由缸底和缸筒焊接而成。缸底端有连接耳座，缸筒的一端为缸口。

柱塞 3 为圆柱体，装入缸体内，其端部外径与缸体内径为动配合，配合部位安装有聚甲醛导向环 2，以防止由于柱塞的频繁动作而引起磨损。由于千斤顶采用内进液方式，因此在柱塞中心开有一纵向长孔作为进液通道。通道上另有一横向孔，通往柱塞与缸体间的环形腔。由于柱塞与缸体间只有导向环，并无密封件，所以缸体与柱塞端部形成的柱塞腔与环形腔是相通的。进液时，压力液进入环形腔的同时也进入柱塞腔，但是由于环形腔远小于柱塞的横截面面积，故不影响柱塞伸出。其伸出作用力为柱塞杆面积与供液压力的乘积。当柱塞在外力作用下收回时，柱塞腔的液体在从输液口排出的同时，也进入环形腔，以减小柱塞收回时的阻力。在柱塞的伸出端还有用于连接的环形槽口。

导向套 8 位于缸口部位的缸体与柱塞之间。导向套与缸体间的密封采用 O 形密封圈 4 和聚四氟乙烯挡圈 5，与柱塞间的密封采用蕾形密封圈 6 和聚甲醛挡圈 7。导向套与缸体通过卡环 9 连接。卡环外侧还装有防尘、防锈的防尘 O 形密封圈 12。缸口最外端为缸盖，缸盖由弹性挡圈 11 轴向固定，可防止卡环自动脱落。

2. 固定活塞式千斤顶

固定活塞式千斤顶由缸体、活塞杆、活塞头、导向套、连接件和密封件等组成，如图 2—16 所示。

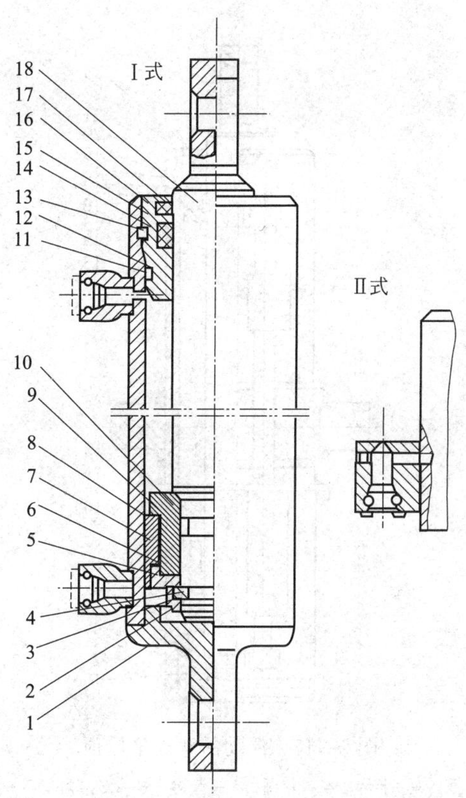

图 2—16 固定活塞式千斤顶

1—缸体 2、10、12、13、15—挡圈 3—保持套 4—半环 5—支撑环 6—活塞头 7—鼓形密封圈 8—聚甲醛导向环 9、11—O 形密封圈 14—蕾形密封圈 16—导向套 17—防尘 O 形密封圈 18—活塞杆

缸体 1 由带有连接耳座的缸底和缸筒焊接而成，缸筒上焊有 2 个管接头口，供装接输液软管用。

活塞杆 18 的一端为连接耳，另一端装有活塞头 6。活塞杆表面为乳白铬和硬铬复合镀层，以防止磨损和锈蚀。

活塞通过半环 4 固定在活塞杆上。为防止半环自动脱落，在其外套装有保持套 3，并由挡圈 2 进行轴向固定。活塞与缸壁之间通过鼓形密封圈 7 密封。为保护鼓形密封圈和减少活塞与缸体的磨损，提高滑动性能，在鼓形密封圈两侧装有聚甲醛导向环 8。靠活塞腔端导向环由支撑环 5 支撑。活塞与活塞杆之间通过两侧带挡圈 10 的 O 形密封圈 9 密封。两侧的挡圈用于防止两侧压力液破坏 O 形密封圈。

导向套 16 位于缸口部位，即缸体与活塞杆之间。导向套与缸体之间通过挡圈 13 连接，并通过 O 形密封圈 11 和挡圈 12 密封。导向套与活塞杆之间通过蕾形密封圈 14 加挡圈 15 密封，并通过防尘 O 形密封圈 17 防止外部煤尘进入液压缸内。

3. 浮动活塞式千斤顶

浮动活塞式千斤顶由缸体、活塞杆、活塞头、导向套、连接件和密封件等组成，如图 2—17 所示。

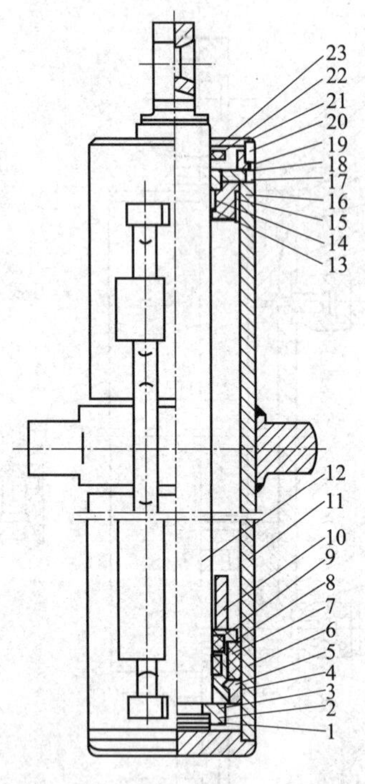

图 2—17 浮动活塞式千斤顶

1、21—弹性挡圈 2—保持套 3—半环 4—卡箍 5—卡键 6—支撑环 7—鼓形密封圈 8、14—导向环 9—活塞头 10—距离套 11、22—缸体 12—活塞杆 13—导向套 15—O 形密封圈 16、18—挡圈 17—蕾形密封圈 19—卡环 20—防尘 O 形密封圈 23—防尘圈

缸体 11 由缸底和缸筒两部分焊接而成。由于这类千斤顶主要用作推移千斤顶，因此缸筒两侧均焊有连接耳轴，以便与底座相连。缸筒的两端焊有两个管接头，供装接输软管用。

活塞杆 12 的一端在连接耳，杆表面为乳白铬和硬铬复合镀层。活塞头 9 和距离套 10 可在活塞杆上来回滑动。为了保证滑动部位的密封可靠，在活塞头与活塞杆之间装有两组位置相对的蕾形密封圈加聚甲醛挡圈（蕾形密封圈与聚甲醛挡圈的结构与导向套上的件号 17、18 相同），这是由于活塞腔进液和活塞杆腔进液时压力方向不同。活塞头与缸壁之间装有两片导向环 8，在两片导向环之间装有鼓形密封圈 7。导向环和鼓形密封圈通过卡键 5 与卡箍 4 固定在活塞头上。

活塞腔进液时，活塞与距离套滑动，当滑动至缸口处时被导向套 13 限位。活塞杆腔进液时，活塞头 9 与距离套 10 的滑动被半环 3 限位。半环 3 通过保持套 2 和弹性挡圈 1 进行径向和轴向固定。

导向套位于缸口部位的缸筒与活塞杆之间。导向套与缸体通过卡环 19 连接，紧靠卡环的是防尘 O 形密封圈 20。导向套与缸壁通过 O 形密封圈 15 加挡圈 16 密封，与活塞杆通过蕾形密封圈 17 加挡圈 18 密封。为减少导向套与活塞杆间的磨损，导向套与活塞杆间还装有导向环 14。

缸盖位于缸口最外端，通过弹性挡圈 21 固定。缸盖与活塞杆间装有防尘圈 23。

三、立柱和千斤顶的外部结构分析

从上文叙述的立柱和千斤顶的外部结构可以看出，它们均由活塞头、缸体、活塞杆、导向套等组成。立柱和千斤顶在结构上的主要差异有以下几个方面：

1. 活塞杆直径的差异

立柱和千斤顶活塞杆直径差别较大。这是因为立柱承受大的顶板载荷，而追降力较小，所以应尽可能增大活塞杆直径，以保证足够的刚度和强度。而千斤顶一般是在保证一定刚度和强度的前提下，按照推拉力的比例来选择活塞杆直径的大小。

2. 外部连接的差异

立柱的缸底和柱头分别安装在底座和支撑在顶梁的柱窝中，一般采用球面形状，一类为凸球面，一类为凹球面，目前多采用凸球面。千斤顶两端连接结构形式很多，常见的有单连接耳、双连接耳、圆柱体、耳轴等。

3. 调节范围的差异

立柱使用过程中要适应煤层的变化，所以调节范围较大，有的立柱制成双伸缩结构。而千斤顶的调节范围较小，均为单伸缩结构。

4. 活塞连接的差异

立柱的活塞一般为整体式结构，即活塞与活塞杆焊接为一体。千斤顶则大多数为组合式结构，即活塞与活塞杆组装在一起，有固定组合和滑动组合两种。采用滑动组合的多是推移千斤顶。

四、立柱和千斤顶的内部结构分析

下面根据立柱和千斤顶的内部结构，对活塞头、导向套及其连接方式进行结构分析。

1. 活塞头

活塞头是液压缸的关键元件，对它的要求是保证密封性能良好，运动面能承受外力的冲击和振动等。

活塞头有焊接（或整体）式和组合（组装）式两种。在活塞上安装导向环与缸体内径配合，导向环多数用聚甲醛材料，也有用铜合金制成。在不承受横向力或横向力很小的情况下，可以用聚四氟乙烯挡圈兼作导向环。

（1）活塞密封

活塞上安装有密封元件。密封元件主要是密封圈。常见的密封圈除了O形密封圈、Y形密封圈、U形密封圈、V形密封圈外，还有鼓形密封圈和蕾形密封圈。

1）鼓形密封圈。鼓形密封圈是由2个U形橡胶圈中间夹1块橡胶压制而成的整体实心密封圈，如图2—18所示。这种密封圈的优点是密封压力高、寿命长、耐磨、结构紧凑，与L形防挤圈配合使用时，密封压力可高达60 MPa以上，适用于立柱和作用力较大的千斤顶活塞上的双向密封；其缺点是摩擦阻力大，制造成本高，所以在压力较小的液压缸中使用较少。

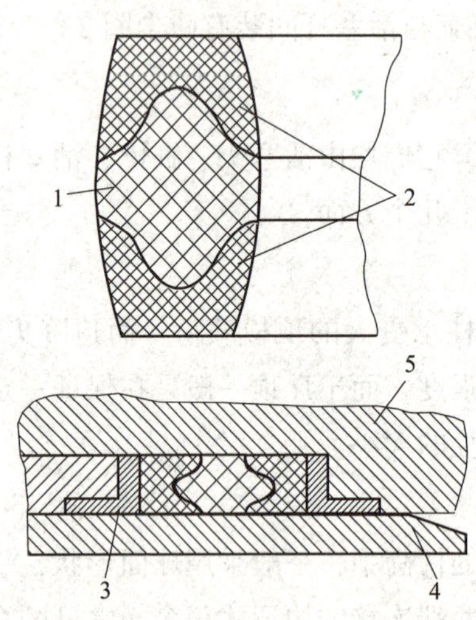

图2—18 鼓形密封圈

1—橡胶 2—U形橡胶圈 3—L形防挤圈
4—缸体 5—活塞头

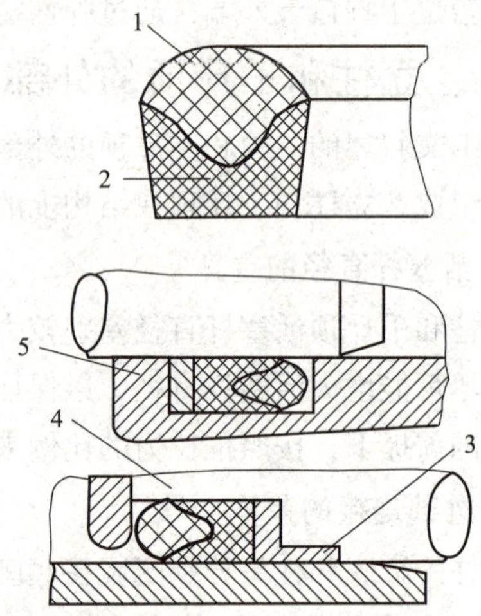

图2—19 蕾形密封圈

1—橡胶 2—U形橡胶圈 3—L形防挤圈
4—活塞头 5—导向套

2）蕾形密封圈。蕾形密封圈是由1个U形橡胶圈和唇内夹橡胶压制而成的单向实心密封圈，如图2—19所示。这种密封圈的特点与鼓形密封圈相同，它适合装在立柱和作用力较大的千斤顶活塞上和导向套上，为单向密封。

（2）活塞的连接方式

立柱和千斤顶活塞的连接方式较多，大体上有压盘加螺钉连接、螺纹连接、卡键连接三类。

1）压盘加螺钉连接。压盘加螺钉连接方式如图2—20所示。大Y形密封圈6与衬环7通过压盘4限位，压盘由4条螺钉9固定在活塞上，其上装有导向环5。这种连接方式简单，但压盘强度较低，适用于单作用液压缸或缩回时压盘受力较小的液压缸。

2）螺纹连接。螺纹连接方式如图2—21所示。图2—21a中，活塞杆2端头加工有螺纹，活塞6及其上的大Y形密封圈7通过螺母3及压盘4固定在活塞杆上。为防止螺母松

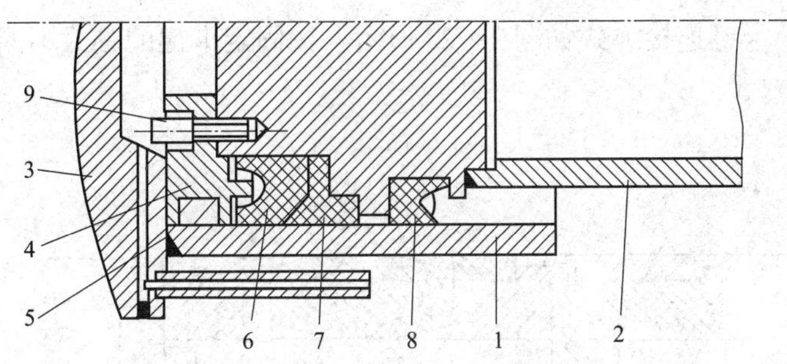

图 2—20　压盘加螺钉连接方式

1—缸体　2—活塞杆　3—缸底　4—压盘　5—导向环　6—大 Y 形密封圈
7—衬环　8—小 Y 形密封圈　9—螺钉

动，在其径向装有防松尼龙堵 12，通过防松螺钉 13 紧固。图 2—21b 中，千斤顶活塞杆端加工有螺纹，活塞 9 及其上的密封元件由螺母 3 紧固。为防止螺母松动，在其后部设有防松螺母 2。螺纹连接强度高、结构简单、活塞无轴向窜动，但使用过程中易自动松动。

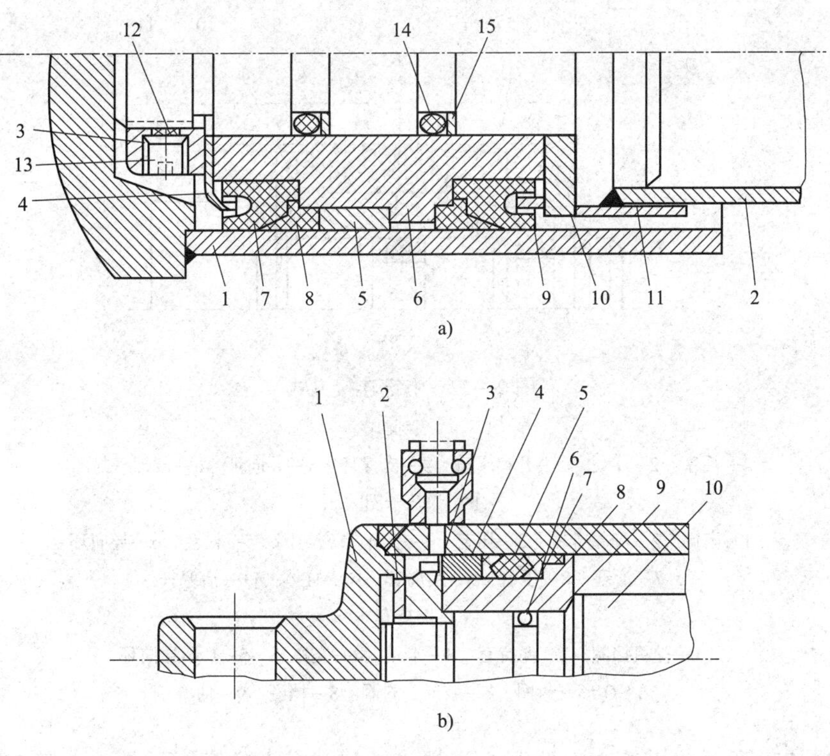

图 2—21　螺纹连接方式

a）立柱活塞

1—缸体　2—活塞杆　3—螺母　4—压盘　5—导向环　6—活塞　7—大 Y 形密封圈　8—支撑环
9—压环　10—挡环　11—距离套　12—防松尼龙堵　13—防松螺钉　14—O 形密封圈　15—挡圈

b）千斤顶活塞

1—缸体　2—防松螺母　3—螺母　4—支撑环　5—鼓形密封圈　6—导向环
7—挡圈　8—O 形密封圈　9—活塞　10—活塞杆

3）卡键连接。卡键连接方式如图 2—22 所示，按固定卡键的方式不同，可分为卡箍式、弹簧卡圈式和保持套式。

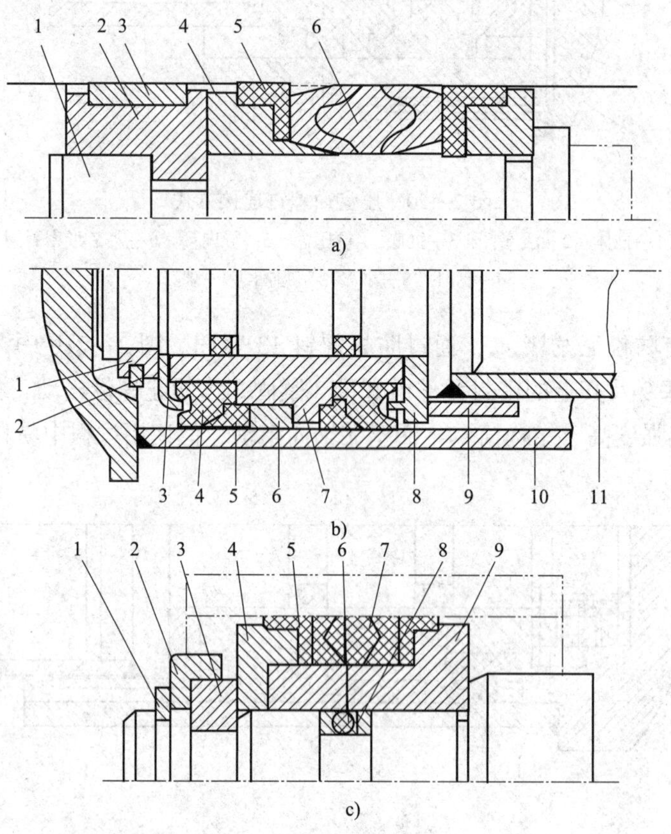

图 2—22　卡键连接方式

a）卡箍式

1—活塞　2—卡键　3—开口卡箍　4—支撑环　5—导向环　6—鼓形密封圈

b）弹簧卡圈式

1—卡键　2—弹簧卡圈　3—压盖　4—大 Y 形密封圈　5—衬套　6—导向环　7—活塞　8—压盘　9—距离套　10—缸体　11—活塞杆

c）保持套式

1—弹簧挡圈　2—保持套　3—卡键　4—支撑环　5—L 形导向环　6—O 形密封圈　7—鼓形密封圈　8—挡圈　9—活塞

如图 2—22a 所示为卡箍式，活塞 1 为焊接结构，其上的密封元件由卡键 2 固定。卡键由两个半圆环组成。为防止半圆环自动脱落，在其径向安装有开口卡箍 3。开口卡箍除固定卡键外，还具有导向作用。

如图 2—22b 所示为弹簧卡圈式，卡键 1 通过压盖 3 将活塞 7 及其安装的密封元件固定在活塞杆 11 上。卡键通过开口的弹簧卡圈 2 固定。

如图 2—22c 所示为保持套式，即卡键 3 的径向移动通过保持套 2 来限制。保持套为整体结构，其轴向位移通过弹簧挡圈 1 限制。

卡键连接方式连接可靠，承载能力大，目前应用较多，但结构复杂。

2. 导向套及其连接方式

导向套位于缸口与活塞杆之间，它上面装有密封元件，分别密封活塞杆与导向套的配合面和缸体与导向套的配合面，密封元件均为单向密封圈。导向套在活塞杆伸出时起导向作用。导向套与活塞杆表面既要紧密接触又要动作灵活，同时还要承受外部载荷对活塞杆的横向作用力、弯曲、振动等。导向套有内导向套和外导向套两种形式。千斤顶和双伸缩立柱二级缸一般均采用内导向套，外导向套一般只用于单伸缩立柱和双伸缩立柱的一级缸。导向套与缸体常用的连接方式有下列几种。

(1) 螺纹连接方式

螺纹连接有内螺纹连接和外螺纹连接两种。外螺纹连接如图 2—23a 所示。在缸体 1 的缸口处加工有外螺纹，导向套 4 加工有内螺纹。内、外螺纹接合后用 O 形密封圈 2 加挡圈 3 密封导向套与缸体配合面。导向套与活塞杆间通过密封圈 5 加挡圈 6 和防尘圈 7 密封和防尘。

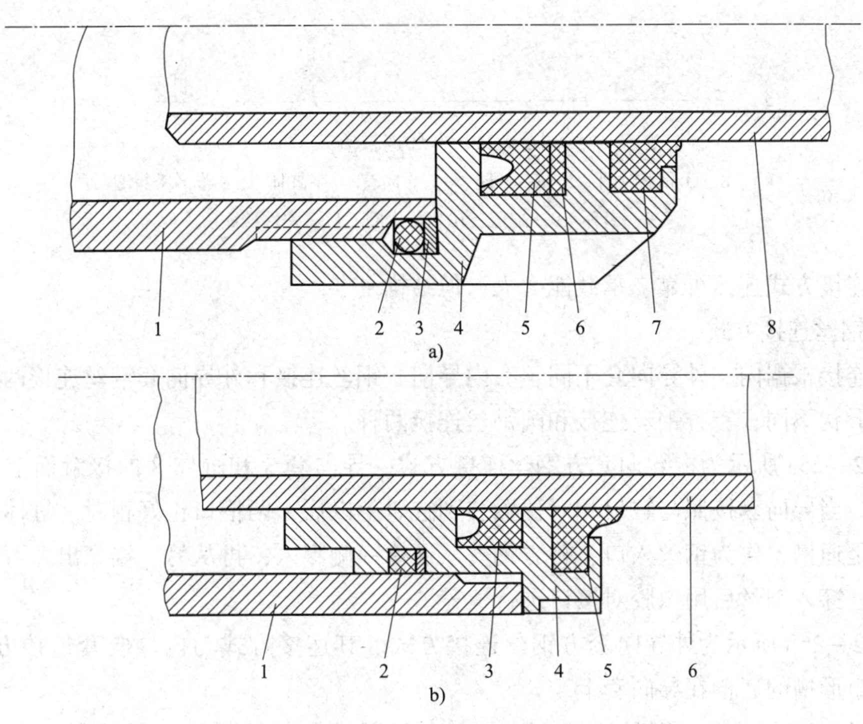

图 2—23　螺纹连接方式

a）外螺纹连接

1—缸体　2—O 形密封圈　3、6—挡圈　4—导向套　5—密封圈　7—防尘圈　8—活塞杆

b）内螺纹连接

1—缸体　2—O 形密封圈　3—Y 形密封圈　4—导向套　5—防尘圈　6—活塞杆

内螺纹连接如图 2—23b 所示。缸体 1 的内表面加工有内螺纹，而导向套 4 上加工有外螺纹。内、外螺纹接合后，导向套位于缸体内表面与活塞杆外表面之间的环形腔内。缸体与

导向套之间通过 O 形密封圈 2 加挡圈密封。活塞杆与导向套之间通过 Y 形密封圈 3 和防尘圈 5 密封和防尘。

螺纹连接方式结构简单、强度高，但在井下使用时间久了易生锈，拆卸不便。

（2）卡环连接方式

卡环连接用于内导向套，也称为三半环式连接，如图 2—24 所示。导向套 3 装入缸体 4 与活塞杆之间的环形腔内后，将 3 段矩形截面的弧形钢块分别放入连接槽口，组成一个卡环 7；然后装入带有 O 形密封圈 8 和防尘圈 10 的缸盖 9，限制卡环径向移动；最后通过弹性挡圈 11 限制缸盖轴向移动。

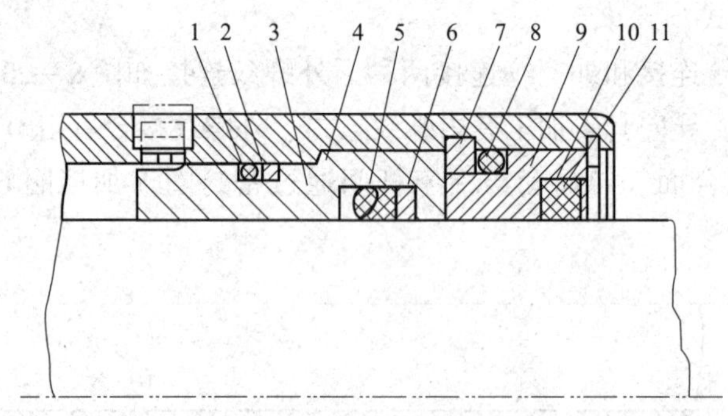

图 2—24 卡环连接方式

1、8—O 形密封圈 2、6—挡圈 3—导向套 4—缸体 5—蕾形密封圈 7—卡环 9—缸盖 10—防尘圈 11—弹性挡圈

卡环连接方式连接可靠、承载能力大，但结构复杂。

（3）钢丝连接方式

钢丝连接根据内、外导向套不同，有内导向套钢丝连接和外导向套钢丝连接两种；根据钢丝断面形状不同，有方钢丝连接和圆钢丝连接两种。

如图 2—25a 所示为内导向套方钢丝连接方式。导向套 3 和缸体 8 的接触面上各开一个形式槽口，当导向套按照与缸口相对位置装到缸口上以后，两槽口正好相对。缸体上的矩形槽有一段是通槽，作为钢丝入口，将方钢丝从通槽一侧穿入，再从另一端穿出即可。为防止钢丝锈蚀，穿入钢丝后用橡胶对接口进行覆盖。

如图 2—25b 所示为外导向套方钢丝连接方式。其连接方式与内导向套连接方式相同，不同的是矩形槽的通槽在导向套上。

圆钢丝连接方式与方钢丝连接方式相似，只不过是钢丝断面有所区别。为了使钢丝拆装方便，将圆钢丝的一端制成钩头，另一端制成直头，并在外环形槽（没有通槽的环形槽）径向打一盲孔。安装时，首先将导向套与缸体的环形槽位置相对，并使通槽口与径向盲孔相对，然后将圆钢丝钩头钩住盲孔，固定缸体，再用专用工具旋转导向套 1 周，使圆钢丝完全旋入环形槽。为了防止圆钢丝钩头在通槽口处脱开盲孔，最好将圆钢丝两端旋离通槽口处。

钢丝连接方式连接简单，但不耐高压。

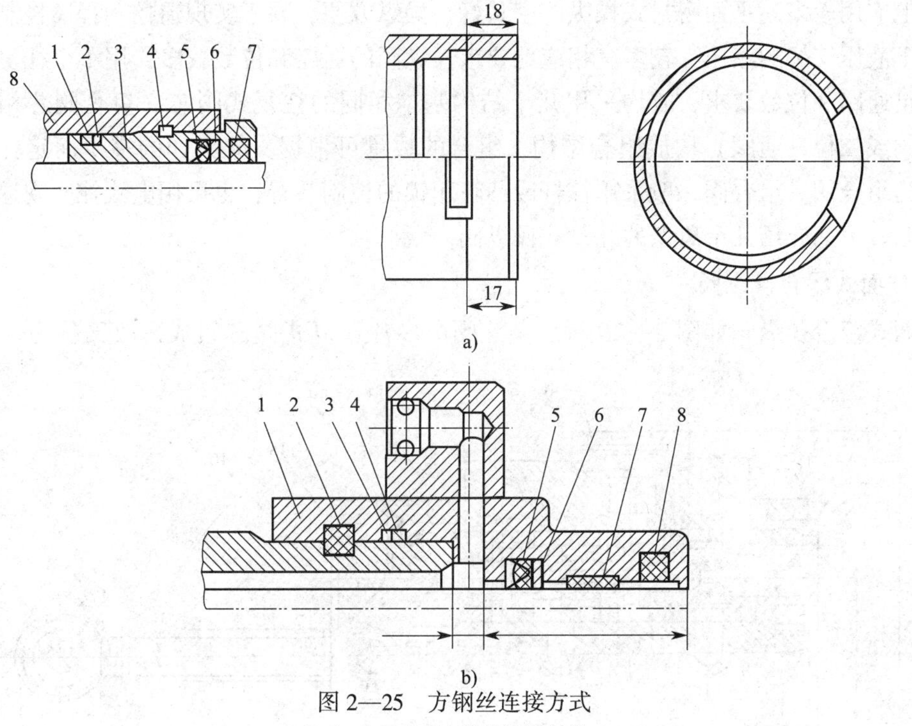

图 2—25　方钢丝连接方式

a）内导向套方钢丝连接方式

1—O 形密封圈　2、6—挡圈　3—导向套　4—方钢丝　5—蕾形密封圈　7—防尘圈　8—缸体

b）外导向套方钢丝连接方式

1—导向套　2—方钢丝　3、6—挡圈　4—O 形密封圈　5—蕾形密封圈　7—导向环　8—防尘圈

第四节　控制元件

一、操纵阀

操纵阀是控制支架各立柱和千斤顶进出油液，完成支架预定动作的操作元件。因此，要求其密封性能好、操纵力大、工作可靠、操作方便。

液压支架的操纵阀按阀芯动作原理不同，分为往复式和回转式两大类；按控制方法不同，分为手控、液控和电液控等类型。

我国当前主要采用的是往复式操纵阀，回转式操纵阀在我国引进液压支架初期曾采用，现已不用。

往复式操纵阀的阀芯元件沿轴向做往复运动，开启或关闭进、出口油路，实现换向作用。

往复式操纵阀种类较多，按阀芯密封部分的形状不同，可分为球阀式、锥阀式、平面密封式和圆柱面密封式 4 种。圆柱面密封式操纵阀由于靠圆柱面的配合间隙密封，配合间隙完全由加工控制，故密封性较差，易引起渗漏，不适用于低黏度的工作液体，在支架上应用较少。球阀式操纵阀和锥阀式操纵阀对液路的开闭动作相当于单向阀，又称为活门式操纵阀，在支架上应用较多。平面密封式操纵阀密封好、操纵方便，易于实现遥控和程序控制。

由于液压支架的液压缸较多，相应地要求操纵阀的通路和位数较多，用1个往复式阀芯难以满足通路和位数要求，故均采用几个结构基本相同的往复式阀芯（每个阀芯相当于一个单向阀或二位三通阀）构成组合结构，组合的数量可根据支架工作的多少而定，组合后的阀称为组合阀。组合阀一般采用杠杆或凸轮闭锁的控制装置，也可用电液控实现遥控和自动化控制。下面介绍几个典型的往复式操纵阀。

1. 球面式组合操纵阀

球面式组合操纵阀如图2—26所示。该阀由多片往复式阀芯组成，故又称为片式组合

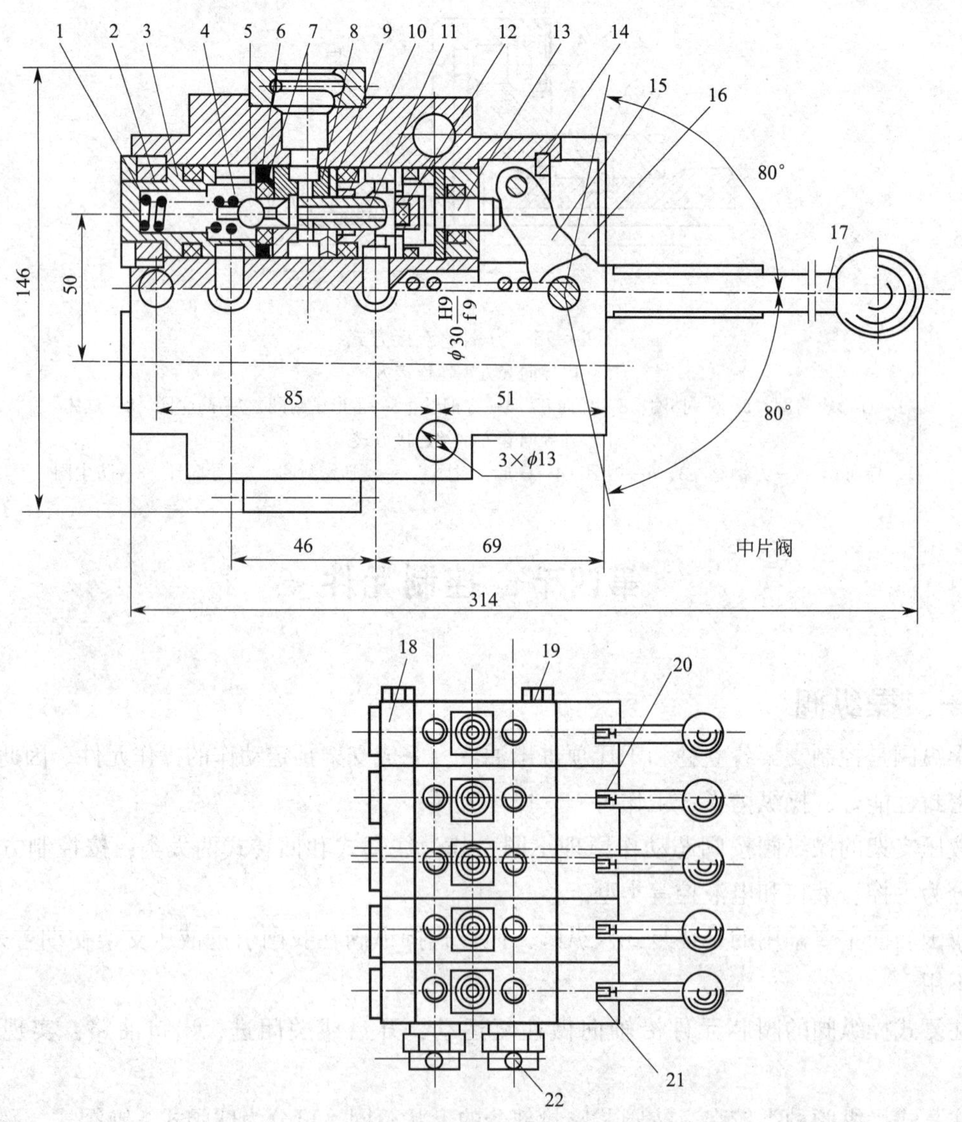

图2—26 球面式组合操纵阀

1—弹簧 2—压紧螺钉 3—端套 4—弹簧座 5—钢球 6—O形密封圈 7—阀座 8—中阀套 9—垫圈 10—上阀套 11—阀柱 12—阀垫 13—阀杆 14—半环 15—压块 16—阀体 17—手柄 18—尾片阀 19—螺栓 20—中片阀 21—首片阀 22—接头

阀。每片阀中装有两组往复式球阀，通过一根杠杆操作。每组球阀是一个二位三通阀，每片相当于一个单向阀。

2. TMZCFD（2）A 型手动换向阀

该类型手动换向阀由片阀组合而成，包括首片、中片、尾片和配液板，公称流量为 200 L/min，公称压力为 31.5 MPa，如图 2—27 所示。“零”位时，手把处在中间位置，阀芯在弹簧力的作用下也处于“零”位，工作口与高压液体隔开，与回液口相通。“工作”位置时，手把处在一侧位置，此时工作口与高压液相通，与回液口隔开，工作口输出高压液体，进入工作状态。

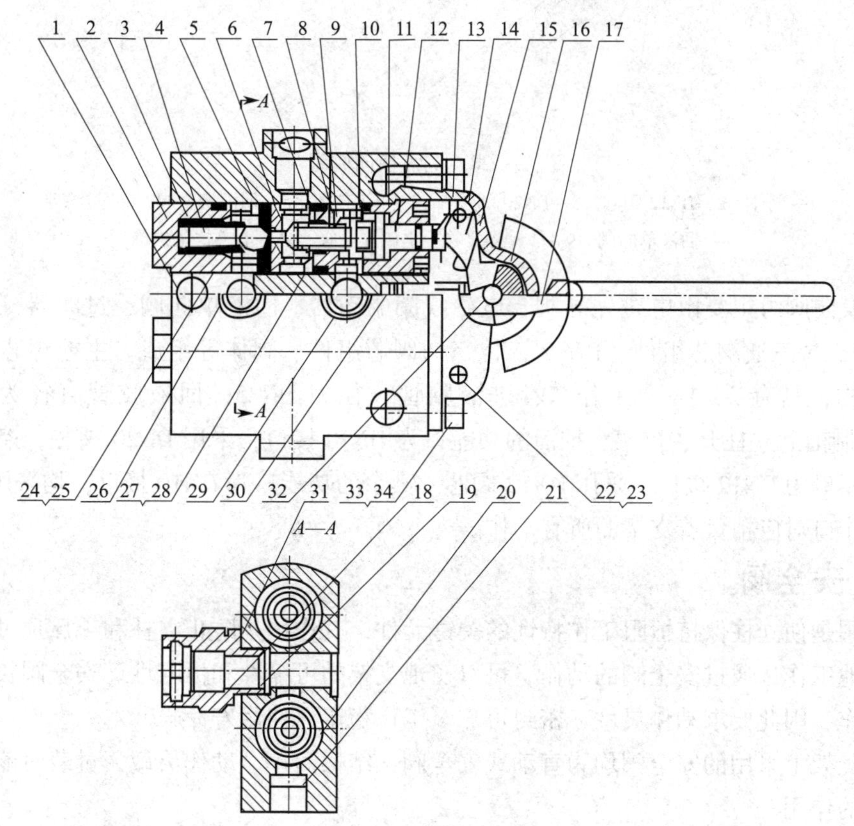

图 2—27　TMZCFD（2）A 型手动换向阀

1—阀体（首片）　2—端套　3、15—弹簧　4—弹簧座　5—阀座　6—中套　7—垫圈　8—上套　9—阀柱　10—阀垫　11—定位套　12—阀杆　13—压块　14—端盖　16—凸轮　17—手把　18—接头　19、33—垫圈　20—堵　21、32、34—螺钉　22—圆柱销　23、24、27—挡圈　25、28、29、30、31—O 形密封圈　26—钢球

3. 电液换向阀

电液换向阀是电液控制系统的控制元件。如图 2—28 所示的电液换向阀组具有 20/14 个工作口，通过 10/7 个电磁先导阀（相当于 10/7 片操纵阀）完成对主阀的电液控制。主阀除通过电磁先导阀进行控制外，在电磁先导阀上还备有手动控制按钮，以方便支架在维修及电控出现异常时进行操作控制。

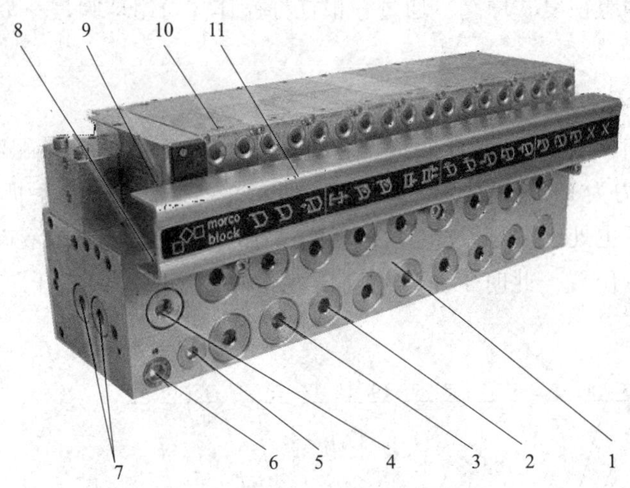

图 2—28 电液换向阀组

1—阀体 2—DN12 阀芯 3—DN20 阀芯 4、7—工艺堵 5—回液安全阀 6—过滤器 8—回液单向阀 9—驱动器 10—电磁先导阀 11—电磁铁防护罩

电液换向阀组主要由电磁先导阀、电磁线圈驱动器、回液单向阀、过滤器、回液安全阀、DN20 二位三通阀芯组件、DN12 二位三通阀芯组件、阀体等组成。主控阀芯采用整体式插装结构，具有 20/14 个工作口，进液胶管直径为 DN25，回液胶管直径为 DN25 转 DN32。控制前后立柱升、拉架、推溜的功能口为 DN20 接口，采用 DN20 阀芯。控制前后立柱降的功能口为 DN12 接口，采用 DN12 阀芯。其余的功能口为 DN10 接口，均采用 DN12 阀芯，各工作口对应担负着支架的所有动作。

二、安全阀

安全阀是使立柱保持恒阻工作特性的关键元件，其作用是防止立柱和千斤顶过载，保证支架安全地工作。通过安全阀的动作，可以实现支架的可缩性和恒阻性。安全阀长期在高压状态下工作，因此要求动作灵敏、密封可靠、工作稳定、使用寿命长。

液压支架上采用的安全阀均为直动式安全阀，结构简单、动作灵敏，过载时能迅速起到卸载溢流的作用。

安全阀工作原理是通过阀口前的液压力与弹性元件作用在阀芯上的力的相互作用，实现阀的开启溢流和关闭定压。根据弹性元件的不同，安全阀可分为弹簧式和充气式两类；根据密封副的结构形式不同，安全阀可分为阀座式和滑阀式两类。

1. 弹簧式阀座安全阀

弹簧式阀座安全阀按密封元件几何形状的不同，可分为球阀、锥阀和平面密封式安全阀 3 种。

这 3 种阀的动作原理相同，结构基本相似。如图 2—29 所示为平面密封式安全阀。该阀的密封元件是阀垫 4，将其装入阀垫座 5 内，并由导杆 6 拧入阀垫座内压紧。通过弹簧 9 的作用使阀垫压在阀座 1 的凸台上，形成硬接触软密封。软密封（橡胶制成的阀垫有弹性，称为软密封）补偿了密封副平面接触的不精确度，从而保证了关闭时密封的可靠性。硬接触（阀垫座与阀座的接触称为硬接触）可限制橡胶阀垫的最大变形量，延长使用寿命。为了防止橡胶阀垫在弹簧作用下嵌入阀座的中心孔内，阀座中心孔内装有带平头的阀针3。当液口的压力大于弹簧弹力时，液压力克服弹簧力把阀垫连同阀垫座顶开，高压液经阀垫与阀座之间的间隙，再经过泄液孔挤开胶套7溢出阀外。弹簧座8起导向作用，使阀垫与阀座准确复位。

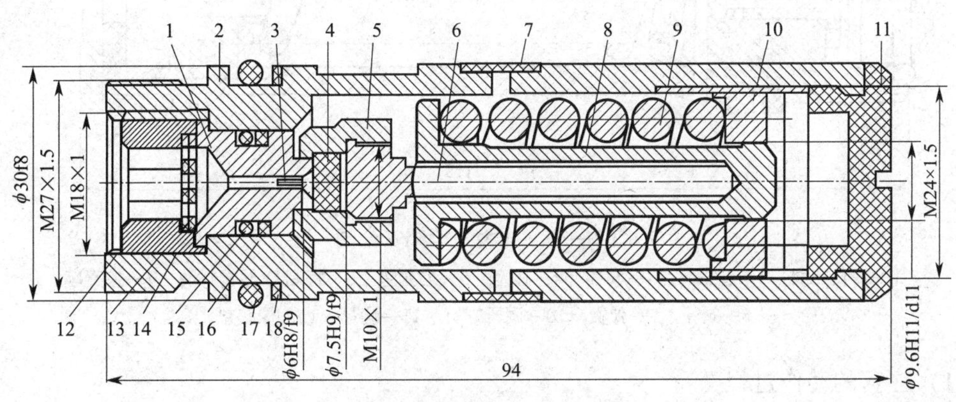

图2—29 平面密封式安全阀

1—阀座 2—阀壳 3—阀针 4—阀垫 5—阀垫座 6—导杆 7—胶套 8—弹簧座 9—弹簧 10—调整盖 11—保护盖 12—固定螺钉 13—过滤网 14—过液板 15、17—O形密封圈 16、18—挡圈

弹簧式阀座安全阀的优点是结构简单、稳定性较好，其缺点有以下几个：

（1）工作时容易产生振动，引起溢流压力波动。使用该阀时，一般都采取减振措施，常用的方法是在阀口前或阀口后设置节流阻尼元件。图2—29中的阀针3就是用来减振的阀前节流阻尼元件。

（2）对工作液体的污染敏感性强。工作液体中的污物颗粒容易沉积在阀芯和阀座之间，使阀失效。所以，弹簧式阀座安全阀中均装有阀前过滤器，图2—29中的过滤网13就是用于过滤的。

（3）安全阀溢流时，阀口流速很大，甚至高达100 m/s，容易冲蚀密封元件，缩短其工作寿命。

（4）对于顺流型阀，随着阀前液压力增高，弹簧力逐渐被液压力平衡，密封副的接触压力越来越小，直到即将开启前降为零，所以阀在即将开启前会有微小的泄漏。

2. 弹簧式滑阀安全阀

弹簧式滑阀安全阀如图2—30所示。它的密封副结构与以普通矿物油作为工作介质的滑阀不同，它不是靠柱塞4与其阀孔内壁的配合间隙密封，而是靠柱塞与特制O形密封圈6的紧密接触来密封。因此，它适合在低黏度乳化液中工作并保证满足完全密封要求。柱塞中心有轴向盲孔与其头部的径向孔相通。特制O形密封圈嵌在阀体3中。当A口液压力对柱塞4的作用力小于由调压螺钉10调定弹簧9的作用力时，弹簧通过弹簧座7把柱塞压入阀体，使柱塞径向孔位于特制O形密封圈的左侧，安全阀处于关闭状态。若A口产生的液压力大于弹簧力，则柱塞右移，使其径向孔越过特制O形密封圈，安全阀开启溢流卸压。

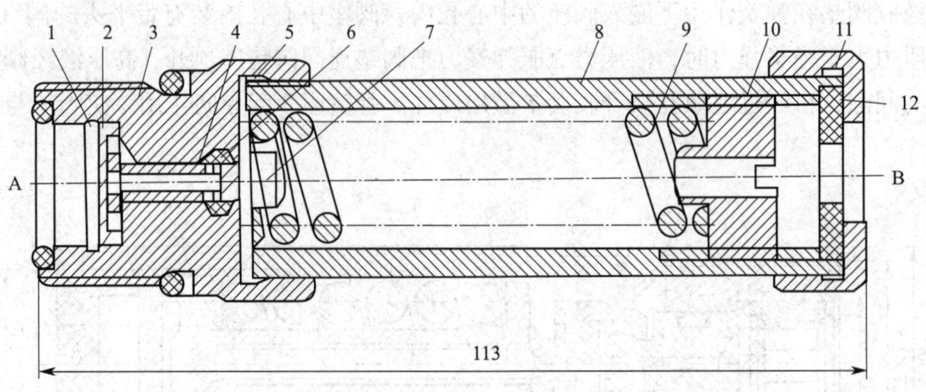

图 2—30 弹簧式滑阀安全阀

1—弹簧挡圈 2—过滤网 3—阀体 4—柱塞 5—尼龙垫 6—特制 O 形密封圈 7—弹簧座 8—阀壳 9—弹簧 10—调压螺钉 11—螺母 12—橡胶垫

（1）柱塞的动作过程

1）柱塞径向孔位于密封圈下侧，如图 2—31a 所示，阀位于关闭状态。

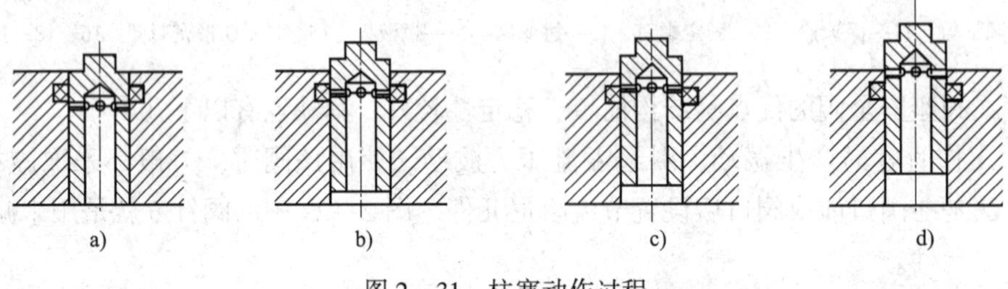

图 2—31 柱塞动作过程

2）柱塞上升到其径向孔正对密封圈，如图 2—31b 所示，阀仍处于关闭状态。由于径向孔内的液压力将密封圈向外推，故密封圈不会被挤入孔中，所以当柱塞继续向上移动时，密封不至于被孔缘擦伤。

3）柱塞继续上升至刚刚越过密封圈，如图 2—31c 所示，阀开始溢流卸压。由于溢出的液体需经过一段柱塞与阀体之间的配合间隙长度（缝隙小，流动阻力很大），所以此时的溢流量很小，起到节流阻尼作用。

4）柱塞径向孔全部位于阀体上部，如图 2—31d 所示，溢流量达到最大值。

（2）弹簧式滑阀安全阀的优点

1）能够稳定工作，溢流范围大。顶板缓慢下沉时，它可以工作在如图 2—31c 所示位置，溢流量很小；顶板急剧下沉时，柱塞径向孔又能很快达到顶端，溢流量达到最大值。

2）高速溢流液不流经橡胶密封元件，因此对橡胶密封元件无冲蚀破坏作用，延长了其使用寿命。

3）特制 O 形密封圈与柱塞之间的摩擦阻力可以起减振阻尼作用，阀的振动较小。

4）密封接触压力不会随阀前液压力升高而减小，因此消除了顺流型安全阀在即将达到调定压力时的渗漏现象。

（3）弹簧式滑阀安全阀的缺点

1）柱塞行程长，要求弹簧的长度相应增加，因此阀的尺寸较大。

2）密封圈与柱塞间的摩擦阻力可能增大启闭压力差。

3. 电液控液压支架安全阀

电液控液压支架安全阀的总体结构如图 2—32 所示，该阀均由阀体、阀芯和弹簧等组成，采用柱塞式结构。

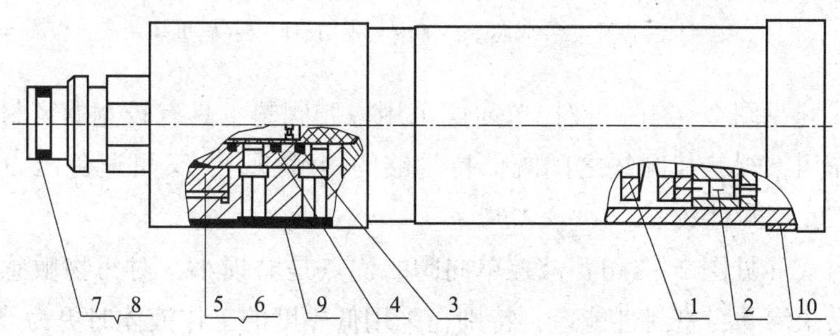

图 2—32 电液控液压支架安全阀的总体结构

1—弹簧 2—紧定螺钉 3、4、5、7—O 形密封圈 6、8—挡圈 9—保护罩 10—底端护罩

该阀为千斤顶闭锁腔封闭压力阀，当闭锁腔压力大于安全阀调定压力时，高压液体推动阀芯压缩弹簧移动，开启泄压，保证安全。其工作过程如图 2—33 所示。

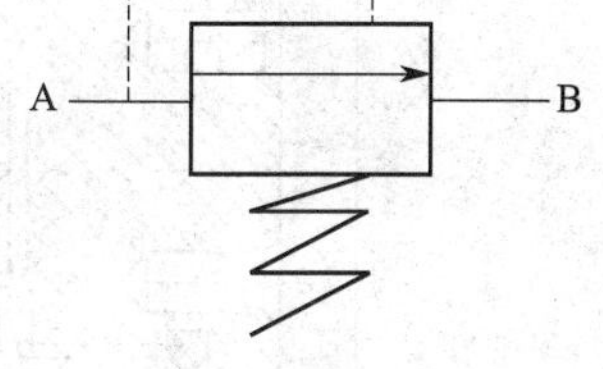

图 2—33 电液控液压支架安全阀工作过程

三、液控单向阀

1. 液压支架常用液控单向阀

液控单向阀是支架控制元件的主要组成部分，用来闭锁立柱或千斤顶工作腔的液体，使之保持一定的压力。当立柱或千斤顶另一腔进液时，同时给该阀的控制腔供液，将阀打开，保证立柱或千斤顶工作腔中的液体回液。液控单向阀质量的好坏直接影响支架动作的可靠性。如果液控单向阀的密封性能不好，锁不住立柱活塞腔的工作液体，顶板来压时，支架就会出现自动下降的现象。因此，要求液控单向阀必须密封可靠，使用寿命长。

目前，液压支架上采用的液控单向阀的结构原理基本相同，主要由单向阀芯和液控顶杆两部分组成。

按单向阀密封副形式的不同，液控单向阀可分为球面密封式、锥面密封式、平面密封式和圆柱面密封式 4 种，如图 2—34 所示。

球面密封式（见图 2—34a）和锥面密封式（见图 2—34b）液控单向阀的优点是结构简单、制造方便，缺点是磨损快且对污物较敏感。因此，在高压系统中使用时，这两种液控单向阀常采用阀套导向和塑料阀座，以提高其可靠性和密封性。

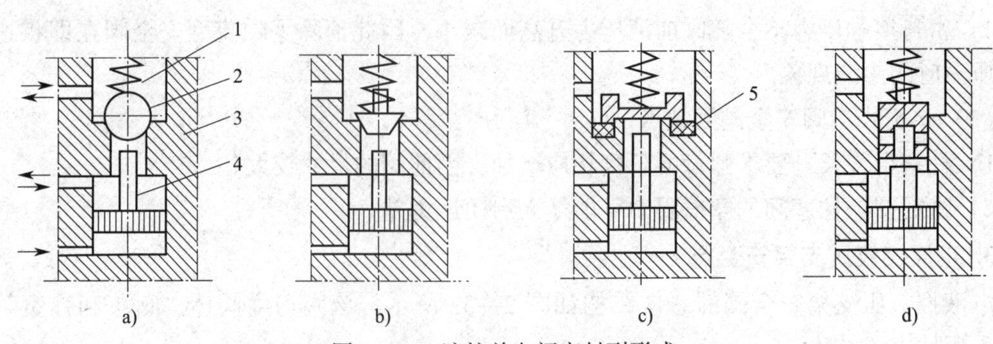

图 2—34　液控单向阀密封副形式

a）球面密封式　b）锥面密封式　c）平面密封式　d）圆柱面密封式

1—弹簧　2—阀芯　3—阀体　4—顶杆　5—阀垫

平面密封式（见图 2—34c）液控单向阀采用橡胶阀垫，具有较宽的密封带，同时，利用阀座的限位作用，阀芯与阀垫之间既保持足够的接触压力，又可避免压力太大而损坏阀垫，故工作可靠，密封性较好。

圆柱面密封式（见图 2—34d）液控单向阀的优点是磨损小，对污物敏感度较小，工作可靠；缺点是易于渗漏，密封性能差，特别在采用低黏度的工作液体时更为严重，使用时常在圆柱面加 O 形密封圈，以增强密封性。

如图 2—35 所示就是目前液压支架常用的 KDF_2 型液控单向阀。

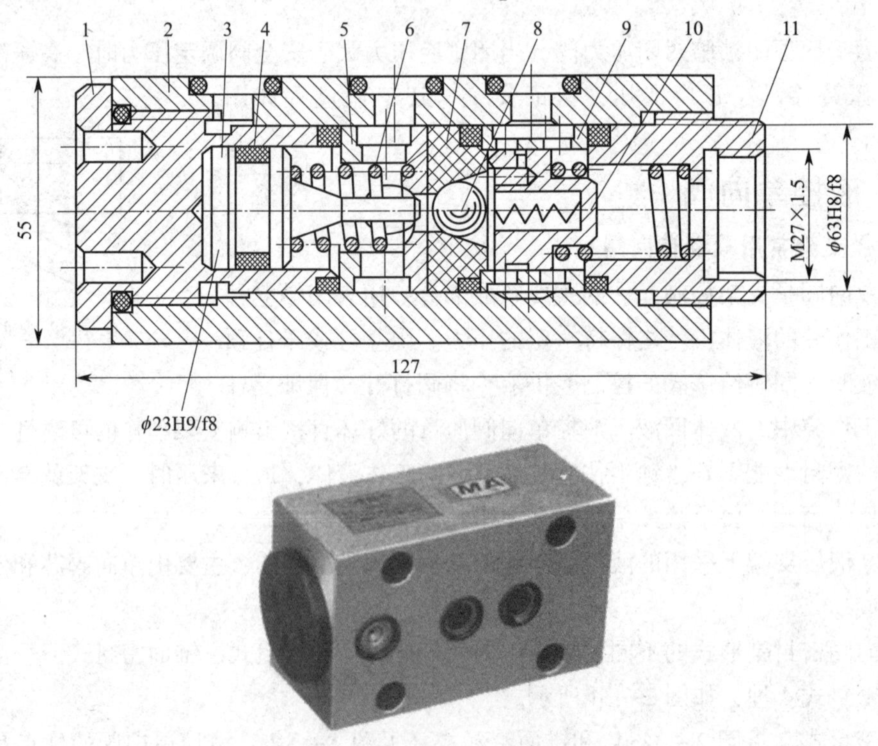

图 2—35　KDF_2 型液控单向阀

1—杆套　2—阀体　3—顶杆　4—O 形密封圈　5—套　6—弹簧

7—阀座　8—钢球　9—压套　10—减振阀　11—端盖

2. 电液控液压支架液控单向阀

以 TMFDY(125/50)A 型液控单向阀为例进行介绍，其总体结构如图 2—36 所示，主要由阀体和阀芯组成，阀芯如图 2—37 所示。

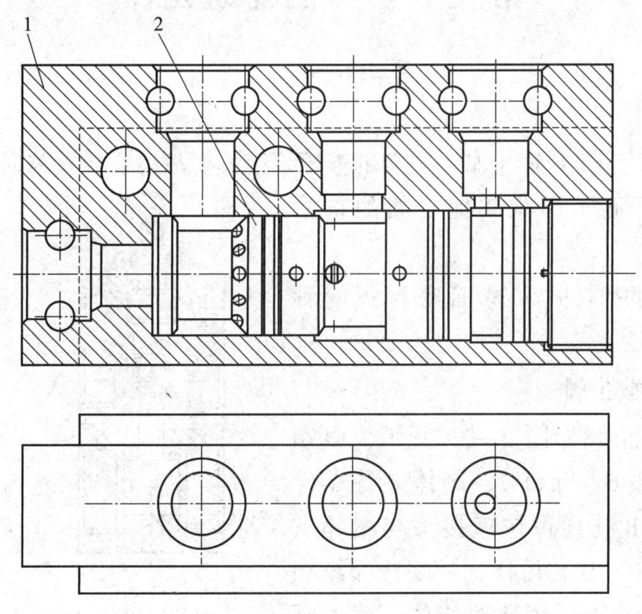

图 2—36　TMFDY(125/50)A 型液控单向阀

1—阀体　2—阀芯

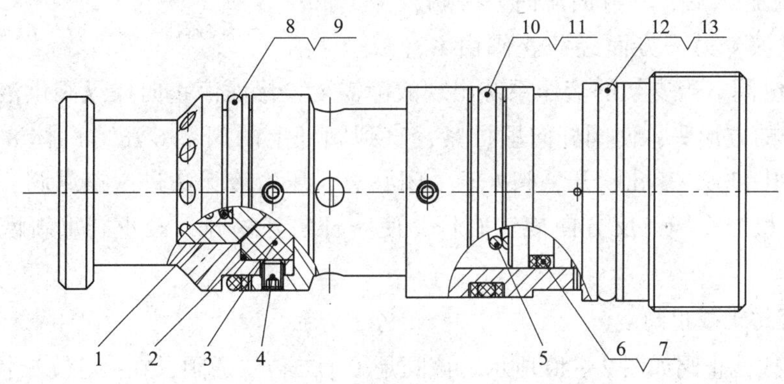

图 2—37　TMFDY(125/50)A 型液控单向阀阀芯

1—小弹簧　2、6、9、10、12—O 形密封圈　3—阀座　4—螺钉　5—大弹簧　7、8、11、13—挡圈

电液控液压支架液控单向阀工作过程如图 2—38 所示，B 口为控制口，A 口接主阀功能口，A1 口接安全阀，A2 口接千斤顶被锁的一腔。A 口供高压液体时，高压液体推开单向阀，直接给千斤顶供液。B 口供高压液体时，单向阀被打开，千斤顶经 A2-A 口回液。

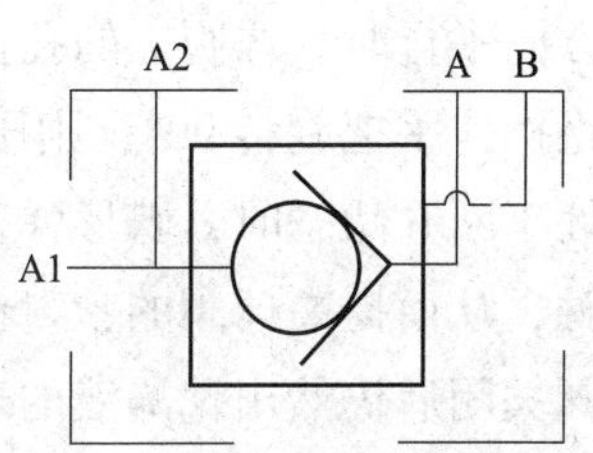

图 2—38　电液控液压支架液控单向阀工作过程

TMFDY(125/50)A 型液控单向阀的公称流量为 125 L/min，公称压力为 50 MPa，工作介质为经过 25 μm 高精度过滤器过滤

后的乳化液，系统工作压力为 31.5 MPa，工作介质温度为 10~50 ℃。

第五节　其他辅助元件

一、截止阀

截止阀的作用是当工作面上某一支架的液压系统发生故障需要检修时，使该支架的液压系统与主管路断开而不影响其他支架的正常工作。

截止阀有平面密封式和球面密封式两种形式。

1. 平面密封式截止阀

平面密封式截止阀如图 2—39 所示，由端盖 2、阀杆 3、阀垫 6、螺钉 7、阀体 8 等零件组成。阀体上 A、B 孔通过快速接头与相邻支架的主管路连接；C、D 孔可任选一端接操纵阀的高压软管，另一端则可用堵头堵住。截止阀正常工作状态是常开的，由泵站来的压力液从 A、B 孔的一端进入后，一方面流向另一端，为下一架支架供液，另一方面经截止阀由 C（或 D）孔供给操纵阀。当支架的液压系统出现故障需要检修而停止向操纵阀供液时，用专用工具转动阀杆的方形头，使阀杆向里拧紧，直到阀杆上的阀垫 6 压紧阀体 8 的内孔平面上，使 C、D 孔和 A、B 孔断开，阀处于关闭状态，压力液无法进入操纵阀，但不影响主管路的供液。检修完毕，反方向旋转阀杆，使阀杆向外松开，截止阀重新恢复正常工作状态。

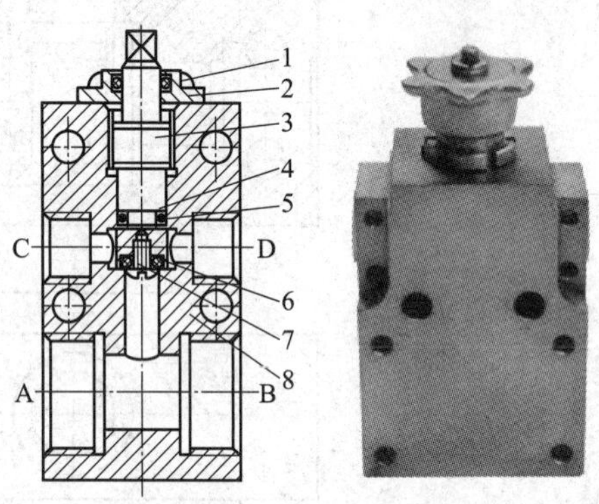

图 2—39　平面密封式截止阀
1—螺钉　2—端盖　3—阀杆　4—挡圈
5—O 形密封圈　6—阀垫　7—螺钉
8—阀体　A、B、C、D—孔

2. 球面密封式截止阀

球面密封式截止阀如图 2—40 所示。该阀是 1 个二位二通阀，在接往支架操纵阀时，需在主进液管上连接 1 个三通。正常工作时，阀处于常开状态，如图 2—40 所示位置。在球阀 14 的中心有一通孔，操作手把 8 可带动球阀转动。当操作手把转动到与阀体中液体流动的方向平行时，球阀上的孔正好可以使液体通过。当支架液压系统出现故障需要检修时，只需将操作手把旋转 90°，则压力液无法通过。该阀的压力液进出口方向不能接反，这是由于阀处于断开状态时，碟形弹簧 16 和压力液作用于阀座垫 15 上，使阀座 11 与球阀之间紧密接触，从而提高球阀的密封性能。若接反，压力液就会使球阀压缩碟形弹簧而离开阀座，造成阀关闭后仍然出现漏液的现象。该阀也可用于主管路中，当主管路出现故障时，通过其切断主液路。

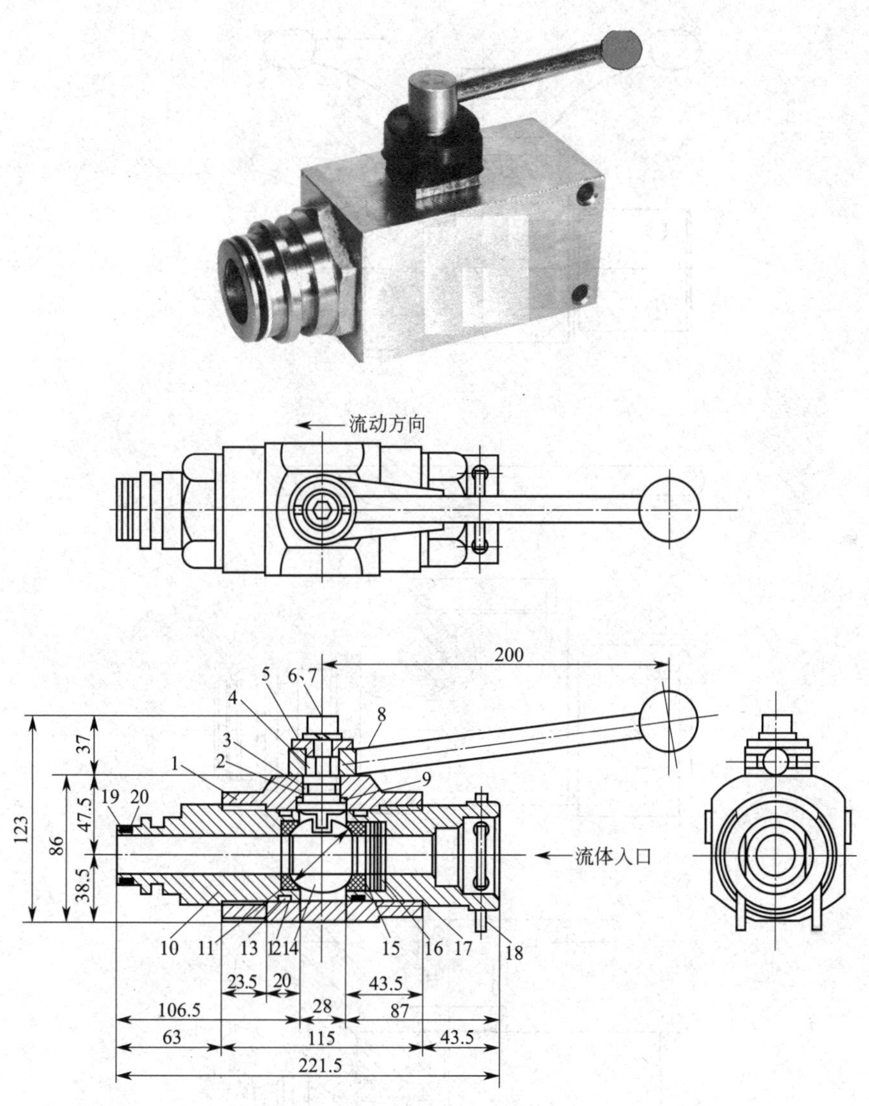

图 2—40　球面密封式截止阀

1—阀体　2、12、19—O 形密封圈　3、13、20—挡圈　4—阀杆
5—方向指示盘　6—螺钉　7—弹簧垫圈　8—操作手把　9—衬垫
10—螺纹接头　11—阀座　14—球阀　15—阀座垫　16—碟形弹簧
17—管座　18—销子

3. 电液控液压支架球面密封式截止阀

电液控液压支架球面密封式截止阀应用于控制开放或封锁液体介质流动。通过控制手柄旋转可实现切断或开放液体流动。控制手柄最大旋转角度限制为 90°，内部构造为平衡设计，使液体可双向流动。

该球阀系列型号有 FJQ160/20、FJQ200/20 和 FJQ250/31. 5，公称流量分别为 160 L/min、200 L/min 和 250 L/min，公称压力分别为 20 MPa 和 31. 5 MPa，工作介质为经过 25 μm 高精度过滤器过滤后的乳化液，温度为 10 ~ 50 ℃。球面截止阀如图 2—41 所示。

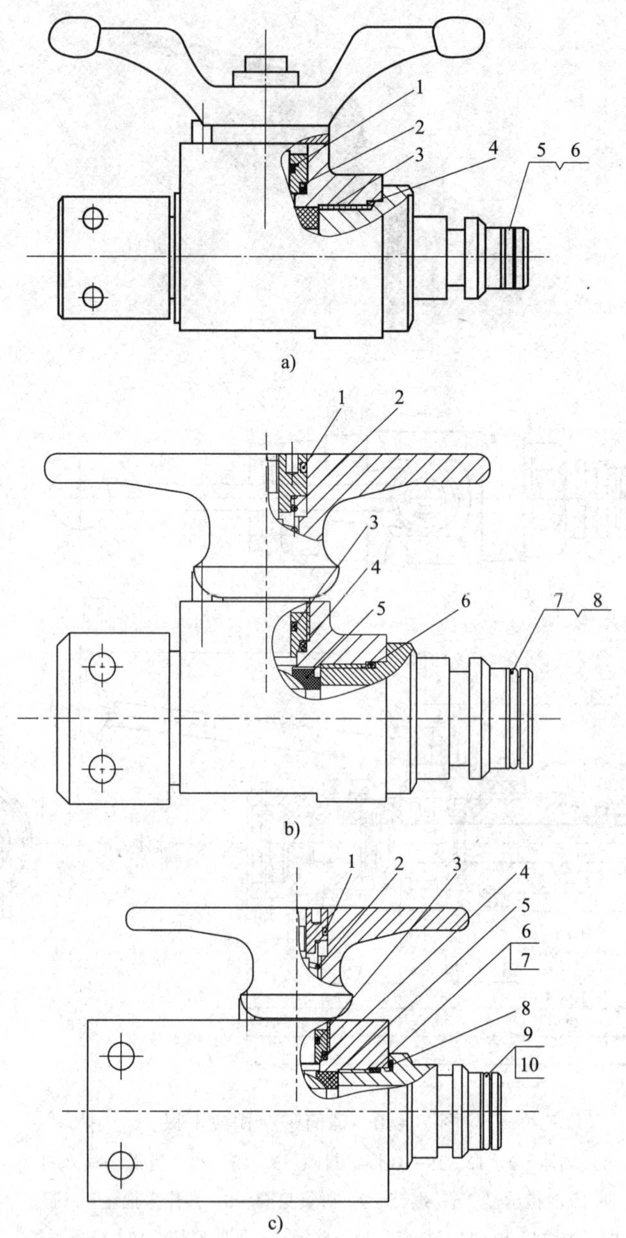

图 2—41 常见球面截止阀

a）FJQ160/20 型球面截止阀

1、2、4、5—O 形密封圈 3—阀座 6—挡圈

b）FJQ200/20 型球面截止阀

1、3、4、6、7—O 形密封圈 2—弹簧 5—阀座 8—挡圈

c）FJQ250/31.5 型球面截止阀

1、3、4、6、9—O 形密封圈 2—弹簧

5—阀座 7、10—挡圈 8—平密封圈

二、回液断路阀

1. 常用液压支架的回液断路阀

回液断路阀实际上是一个单向阀，安装在操纵阀的回液管路上。其作用主要有两个：一是防止主回液管由于相邻支架动作而产生的较高的背压，使液体进入支架液压系统，引起千斤顶误动作；二是支架液压系统检修时，不影响工作面主回液管的液流流回液箱。回液断路阀的结构如图 2—42 所示。该阀由阀体 1、弹簧压座 2、阀座 3、阀座压套 4、阀芯 5 等零件组成。正常工作时，支架回液管的液体可以打开阀芯进入主回液管。检修支架液压系统时，该阀自动关闭，主回液管的液体不会返回支架液压系统中。

该阀也可用于主回液管与主进液管之间，当回液压力因故障增大时，可向主进液管卸压，以保证回液管路不致因背压过大而损坏。

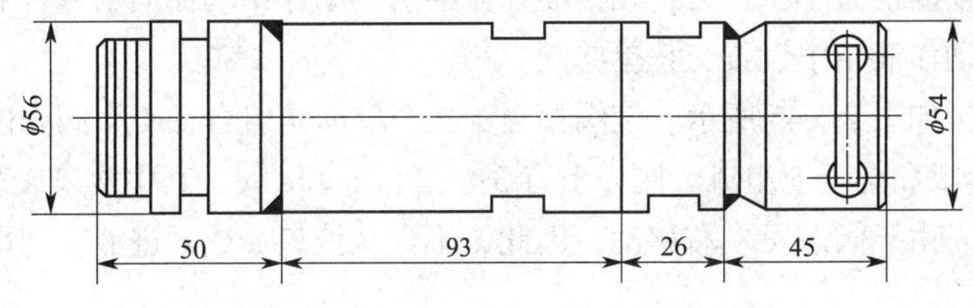

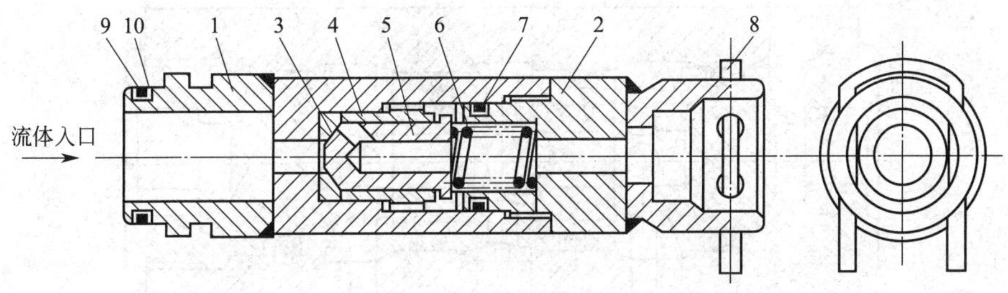

图 2—42　回液断路阀的结构

1—阀体　2—弹簧压座　3—阀座　4—阀座压套　5—阀芯

6—弹簧　7、9—O 形密封圈　8—销子　10—挡圈

2. 电液控支架回液断路阀

以 TMFDD（DN32）电液控支架回液断路阀为例进行介绍，其总体结构如图 2—43 所示。该产品系列代号为 TMFDD（DN32）［FDH800/16］，公称流量为 800 L/min，公称压力为 16 MPa，工作介质为经过 25 μm 高精度过滤器过滤后的乳化液，系统工作压力为 31.5 MPa，工作介质温度为 10~50 ℃。回液断路阀工作过程如图 2—44 所示，相当于一个低压单向阀，该阀设计用于系统回路，液体只能从 P 口（母）向 A 口（公）方向流动，可有效避免回液污染和邻架操作导致本架的误动作。

三、交替单向阀

支架动作中，若两个不同的动作均需携带另一个动作时，或两个动作均需向某一液腔供液时，需设置交替单向阀。例如，在垛式支架的降架和移架两个不同动作中均需携带复位动

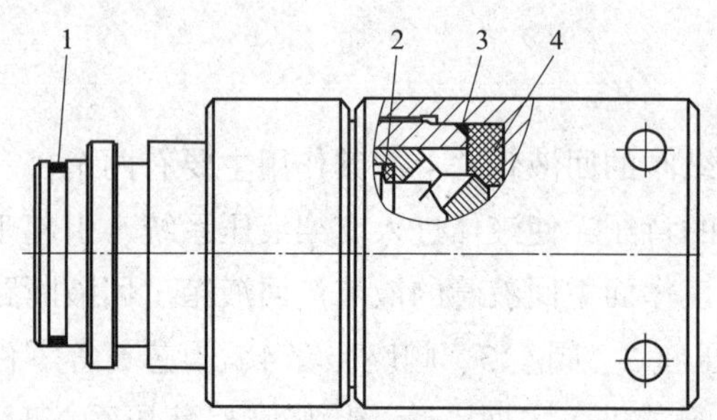

图 2—43 TMFDD（DN32）电液控支架回液断路阀

1、3—O 形密封圈 2—弹簧 4—阀座

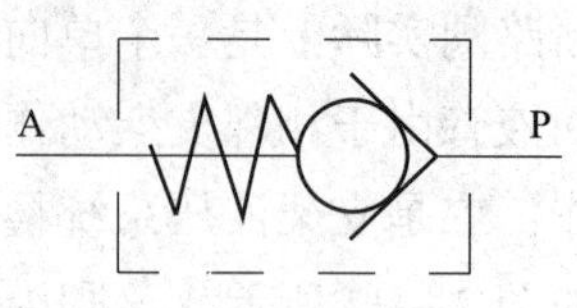

图 2—44 回液断路阀工作过程

作，则需在降架、移架、复位三个动作液路中设置交替单向阀。又如，在差动推移千斤顶中，为了使推移千斤顶的推力小于拉力，在推溜和拉架两个动作中均需向活塞杆腔供液，则需在推溜和拉架两个动作液路中设置交替单向阀。

交替单向阀的结构如图 2—45 所示。该阀相当于 2 个单向阀组合在 1 个阀壳内，主要由阀芯 3、阀座 4、阀套 2 和阀壳 5 组成。阀壳上有 3 个液口 a、b、c，其中液口 a 和 c 为进液口，液口 b 为出液口。由于阀芯可左右移动，因此，不论从液口 a 或 c 进液，均可保持从液口 b 出液。

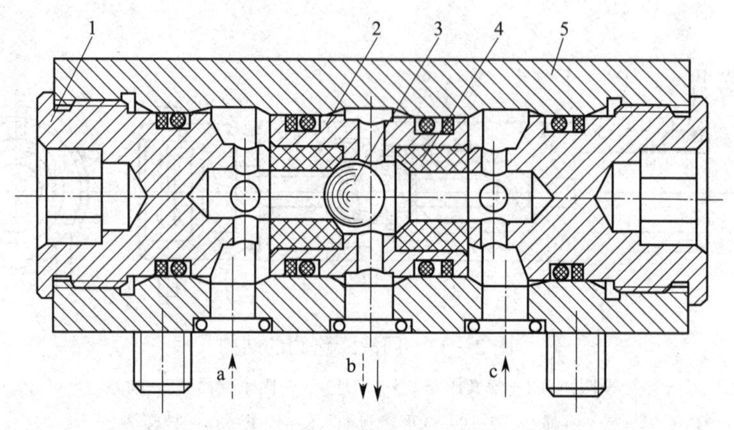

图 2—45 交替单向阀的结构

1—螺母 2—阀套 3—阀芯 4—阀座 5—阀壳 a、c—进液口 b—出液口

四、双伸缩立柱底阀

双伸缩立柱底阀实际上是一个机械控制的单向阀，其结构如图 2—46 所示。

该阀装入二级缸活塞内，由 O 形密封圈 11 和挡圈 12 将一级缸和二级缸活塞腔隔开。上阀体 1 和下阀体 9 通过螺纹连接在一起，并由尼龙稳钉 7 防止其松动。下阀体上装有带 O 形密封圈 2 的阀垫 6，通过弹簧 4 的作用使阀杆 5 的锥面与其紧密接触，形成锥面密封。密封副两侧装有过滤网 3，实现阀的进、回液双向过滤。底盘 13 上有 8 个均布的小孔，一级缸活塞腔的压力液可通过这 8 个小孔进入阀体内，再经过滤网到达Ⅰ腔，然后经阀杆上的径向孔和轴向孔到达Ⅱ腔。此时，如果二级缸完全升起，则一级缸活塞腔的液体压力不断增加。当一级缸活塞腔液体压力大于弹簧力时，压力液打开阀杆与阀垫的密封进入Ⅲ腔；经滤网和

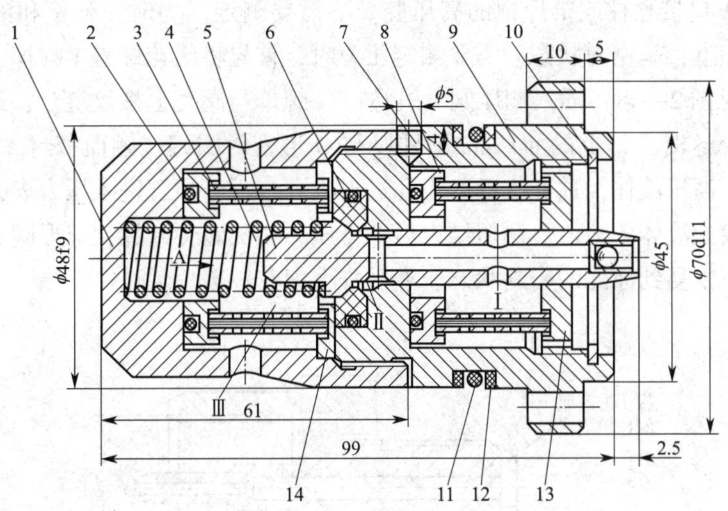

图 2—46 双伸缩立柱底阀的结构

1—上阀体 2、11—O 形密封圈 3—过滤网 4—弹簧 5—阀杆 6—阀垫 7—尼龙稳钉 8—上盘 9—下阀体 10—弹簧卡环 12—挡圈 13、14—底盘

上阀体的径向孔进入二级缸的活塞腔，活塞杆上升。停止供液后，在弹簧力的作用下，锥阀关闭，二级缸活塞腔的液体被封闭，立柱承载而不会自动回缩。降柱时，一级缸活塞腔先回液，当二级缸降到底之后，阀杆碰到一级缸缸底而使阀开启，二级缸活塞腔才能回液，从而使活塞杆下降。

五、测压阀

为了测定立柱和千斤顶高压腔压力的大小，以及定期检查安全阀的开启压力是否符合要求，可在立柱和千斤顶液路中设置测压阀，使其与压力测试仪表配合使用。

如图 2—47 所示为 CYF_1 型测压阀，该阀主要由滚花螺盖 1、压紧螺塞 3、阀壳 4、阀座 7、球形阀芯 8 和弹簧 10 组成。

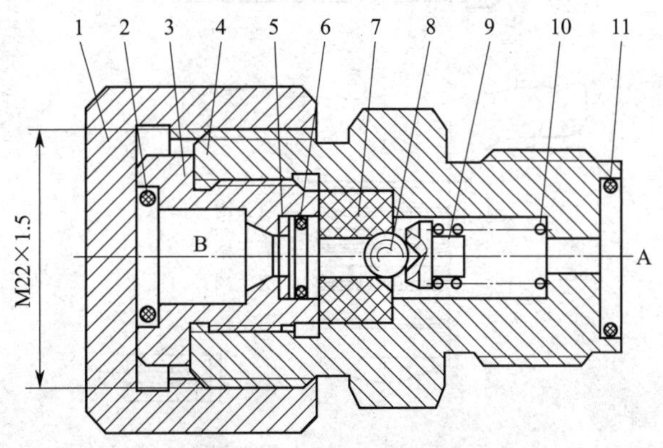

图 2—47 CYF_1 型测压阀

1—滚花螺盖 2、6、11—O 形密封圈 3—压紧螺塞 4—阀壳 5—挡圈 7—阀座 8—球形阀芯 9—弹簧座 10—弹簧

测压阀的 A 口接立柱或千斤顶的高压腔。不需要测定压力时，弹簧和液压力把球形阀芯 8 压紧在阀座上，呈密封状态。需要测定压力时，首先将滚花螺盖 1 拧掉，然后把压力表进液管接头（见图 2—48）插入测压阀 B 孔内，使螺母与阀壳上螺纹旋合，最后转动螺母使顶针逐渐插入。这时，针上的 $\phi4$ mm 圆柱段与 O 形密封圈相接触而密封。继续转动螺母，顶针推开钢球，高压液体经顶针端部的小孔进入内孔，再经导管进入压力表，使之指示立柱或千斤顶高压腔的液体压力值。测压结束后，将压力测试装置卸掉，球形阀芯又在弹簧力和液压力的作用下恢复到原先的密封状态，然后拧上滚花螺盖。

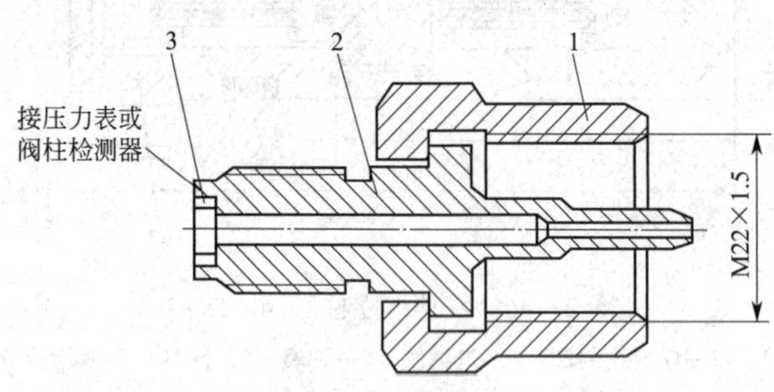

图 2—48　压力表进液管接头

1—螺母　2—顶针　3—O 形密封圈

六、压力指示器

立柱和千斤顶高压腔压力大小除采用压力表测定外，还可采用压力指示器测定。如图 2—49 所示为德国 G320 型支架上的压力指示器。

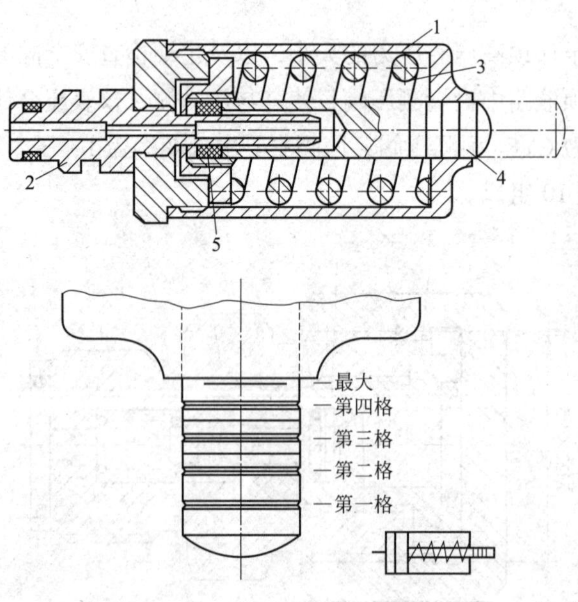

图 2—49　压力指示器

1—壳体　2—管接头　3—弹簧　4—移动指示杆　5—密封圈

该压力指示器主要由壳体 1、管接头 2、弹簧 3 和移动指示杆 4 组成。管接头 2 接至立柱下腔，使高压液体经管接头中心孔进入指示器内，作用于移动指示杆上，推动移动指示杆伸出，通过观察伸出长度来判定立柱下腔高压液体的压力大小。移动指示杆上加工有刻度，第一格指示压力为10.3 MPa，第二格指示压力为20.6 MPa，第三格指示压力为30.9 MPa，第四格指示压力为41.2 MPa，最大指示压力为47 MPa。目前不论国产还是引进液压支架上均已不用压力指示器，而用压力表代替。压力表测压范围为0~100 MPa。

七、过滤器

为了保证支架液压系统正常工作，一般在主进液管与支架操纵阀的液路中均需设过滤器。常用过滤器的类型有网式和烧结式两种，网式最多，如图2—50所示。该过滤器由网式滤芯3、滤体4、接头8和密封件等组成。液体通过过滤器时，滤芯将液体中的污物过滤在外圈上。为了清洗方便，不允许将过滤器的进、出液口接反。

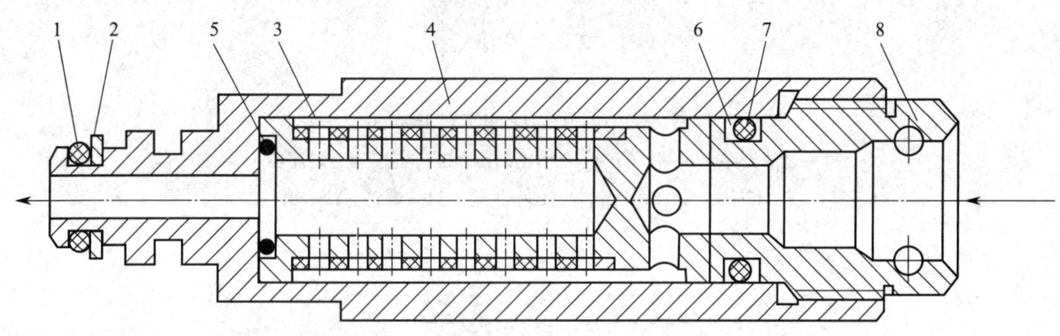

图2—50 网式过滤器

1、5、6—O形密封圈 2、7—挡圈 3—网式滤芯 4—滤体 8—接头

八、手动反冲洗过滤器

1. 结构特征

手动反冲洗过滤器如图2—51所示。该过滤器由阀体、滤芯、操作手把等组成。两滤芯并联连接，通过U形卡与阀体连接，滤芯更换方便，并可以互相过滤反冲。

2. 工作过程

手动反冲洗过滤器工作过程如图2—52所示。

图2—52中液体入口接待过滤液体（支架高压液源），箭头所指方向为液体流出方向即过滤器出液口，一般直接连支架电液控换向阀的入口，进出液口均为DN25的标准接口。其主要作用有两个：第一是过滤，即手把处于中位，这时液体通过入口进入过滤器，经过两滤芯过滤后流出，为支架电液控提供过滤后的液体；第二是反冲，扳动左边手把到如图2—52a所示位置反冲洗左边滤芯，反之亦然，扳动右手把来反冲右边滤芯，来回反冲三次即可将过滤在过滤器表面的污物反冲出系统外。

反冲洗过滤器应定期反冲，一般一周内反冲两次，每次各手把连续反冲三次，在支架联调和下井调试运行阶段，因为系统内部污物比较多，反冲频率要适当提高，一般要每天反冲，特别注意不要长期不反冲，否则会造成反冲洗过滤器滤芯严重堵塞而变形，这样反冲洗

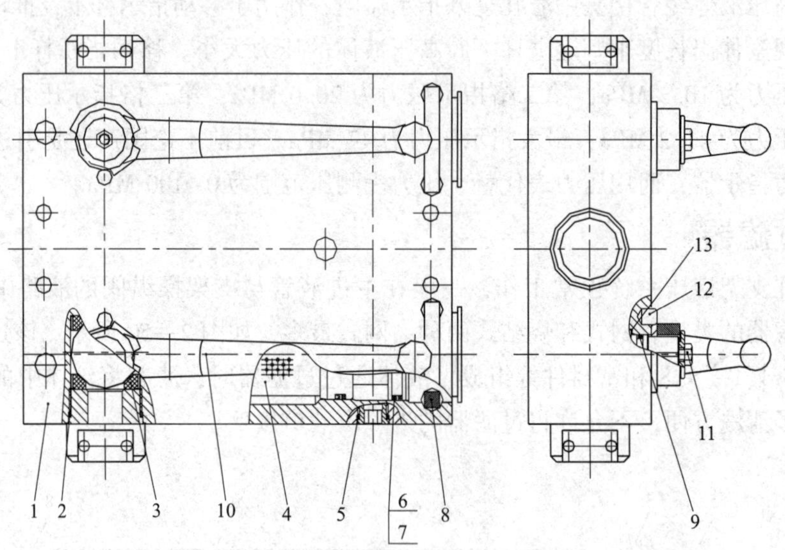

图 2—51　手动反冲洗过滤器

1—过滤器体　2、5、6、9—O 形密封圈　3—阀垫　4—过滤器芯　7、13—挡圈　8—U 形卡　10—手把　11—螺钉　12—销

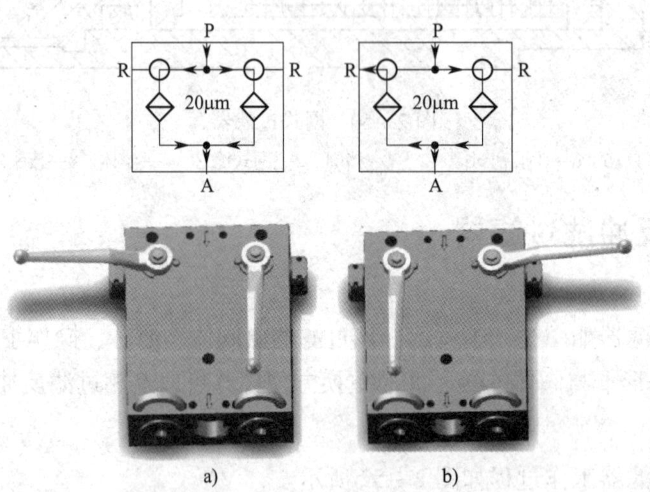

图 2—52　手动反冲洗过滤器工作过程

a）左反冲状态　b）右反冲状态

滤芯的反冲性能将大大下降，使用寿命也将大大缩短。

反冲洗过滤器一定要及时反冲，特别是感觉到支架动作慢的时候，更应该及时反冲，如果反冲多次后，支架动作速度还是很慢，应该及时检查过滤器滤芯情况，关闭过滤器前端截止阀，打开 U 形卡，查看过滤器的堵塞状况，如果堵塞严重或有变形，应及时更换滤芯，将更换下的滤芯带回地面检验。如果发现滤芯有以下情况应直接报废：第一，滤芯存在明显变形或损坏，一般原因是长时间不反冲或大量污物进入系统，造成过滤器严重堵塞，在高压作用下滤芯发生变形损坏；第二，经过地面煤油、超声波等清洗后，滤芯过液能力严重下降，阻力增大，不能满足大流量快速移架系统要求。总之，反冲洗只能清洗滤芯表面污物，不能对内部（滤网之间）进行深度清洗，随着滤芯使用时间延长，长期积累在滤网间的污物造成过滤器性能下降。在没有变形或损坏的情况下，清洗后过液能力达到系统要求的滤芯还可继续使用。

九、定向交替阀

定向交替阀如图 2—53 所示，总体结构主要由阀体 1、阀芯组件 2 和 O 形密封圈 3 等组成，阀芯组件如图 2—54 所示。

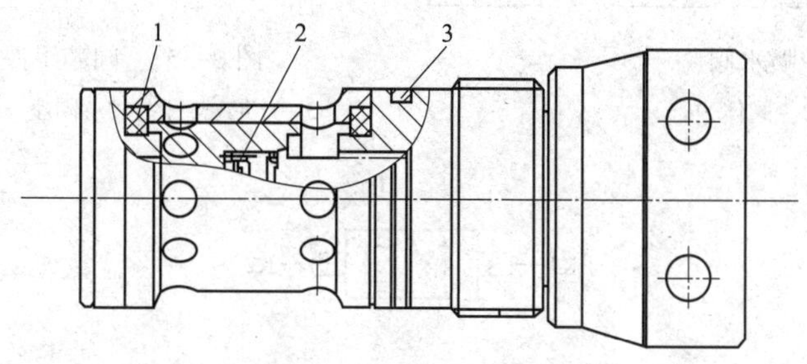

图 2—53　定向交替阀

1—阀体　2—阀芯组件　3—O 形密封圈

定向交替阀工作过程如图 2—55 所示，该阀可改变液体流向，定向流到千斤顶的一腔，当 A 口供高压液时，液体经 A 口、B 口流入千斤顶的一腔，同时锁闭 C 口，平时 C 口与 B 口常通。

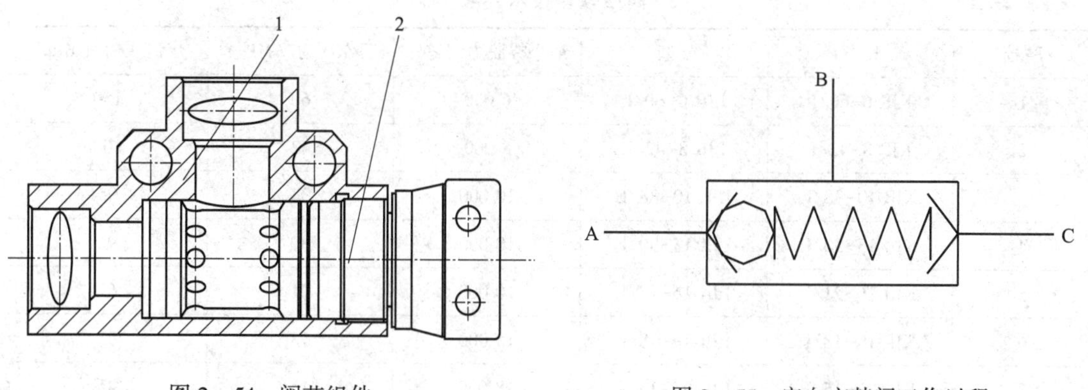

图 2—54　阀芯组件

1—阀垫　2—弹簧

图 2—55　定向交替阀工作过程

十、双控喷水阀

双控喷水阀总体结构如图 2—56 所示，由阀芯组件 1 和阀体 2 组成。阀芯组件如图 2—57 所示，由阀座 2、O 形密封圈 1、3 和挡圈 4 组成。双控喷水阀工作过程如图 2—58 所示。该阀采用锥面密封，A 口为 DN10 的进水口，B 口为 DN10 的出水口，K1 口、K2 口为 DN10 的控制口。当 A 口供水、K1 口供高压液体时，A 口与 B 口相通，喷水阀开启；K2 口供高压液体时，A 口与 B 口截断，喷水阀关闭。

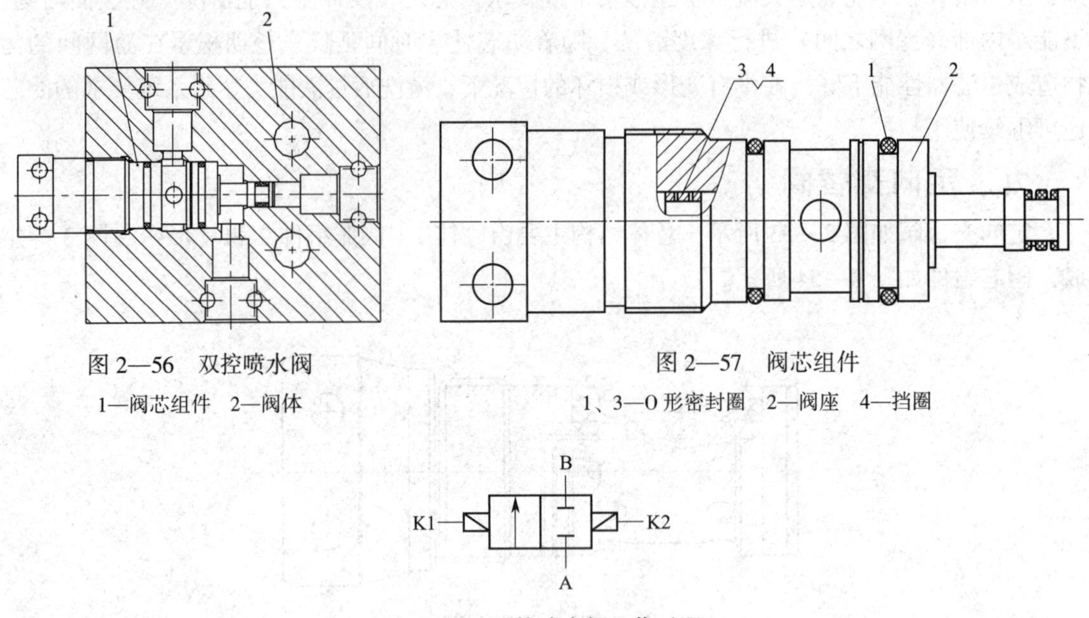

图 2—56 双控喷水阀

1—阀芯组件 2—阀体

图 2—57 阀芯组件

1、3—O 形密封圈 2—阀座 4—挡圈

图 2—58 双控喷水阀工作过程

十一、高压软管

液压支架使用的供液管以高压软管为多，根据高压软管连接方式的不同，有快速接头和螺纹接头两种形式。高压软管技术要求见表 2—1。

表 2—1 **高压软管技术要求**

序号	K 型	L 型	最小拔脱力（kN）	工作压力（MPa）	爆破压力（MPa）
1	KJR 6-60/L	LJR 6-60/L	6 000	60	150
2	KJR 8-42/L	LJR 8-42/L	8 000	42	100
3	KJR 10-38/L	LJR 10-38/L	10 000	38	95
4	KJR 13-30/L	LJR 13-30/L	10 000	30	90
5	KJR 16-21/L	LJR 16-18/L	10 000	21	62
6	KJR 19-18/L	LJR 19-18/L	15 000	18	53
7	KJR 25-15/L	LJR 25-15/L	18 000	15	45
8	KJR 32-11/L	LJR 32-11/L	18 000	11	33

注：“K” 表示快速连接，“J” 表示接头，“R” 表示软管，“L” 表示螺纹连接；“6、8、10” 等表示软管内径，单位为 mm；“60、42、38” 等表示工作压力，单位为 MPa，其后的 “L” 表示软管长度，单位为 mm。例如，KJR6-60/1200 表示快速接头的高压软管，工作压力为 60 MPa，软管内径为 6 mm，软管长度为 1 200 mm。

KJR 系列高压软管主要由管芯 1、外套 4、橡胶套 5 和钢丝层 6 等组成，如图 2—59 所示。

高压软管在液压支架中使用较多，每架支架使用量为 10~30 根，因此，高压软管的结构、使用方法和连接方法都将直接影响支架的工作稳定性。

1. 高压软管的使用要求

(1) 使用前应检查型号、长度是否符合规定要求，并做抽样压力试验，合格后方可使用。

(2) 检查管接头和胶管连接处有无裸露钢丝，外胶层是否出现离层，如有上述现象不得使用。

(3) 管接头端部连接处的镀层不得有损坏或脱落，出现损坏或脱落则不得使用，以免密封不严产生漏液。

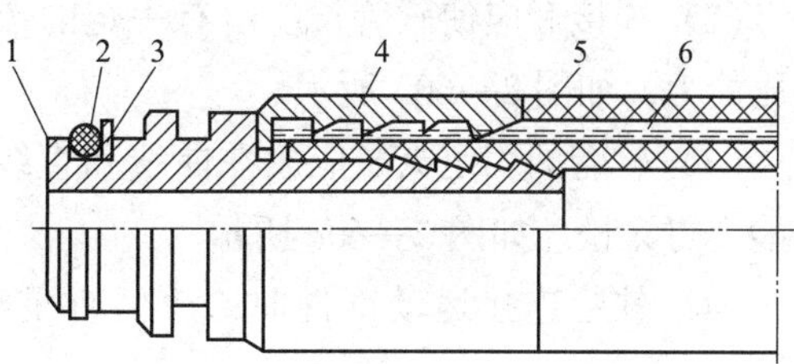

图 2—59 KJR 系列高压软管

1—管芯 2—O 形密封圈 3—挡圈

4—外套 5—橡胶套 6—钢丝层

(4) 应对新安装的软管内壁进行清洗，以免胶末和杂物进入液压系统。

2. 高压软管的连接要求

高压软管的连接方式如图 2—60 所示。

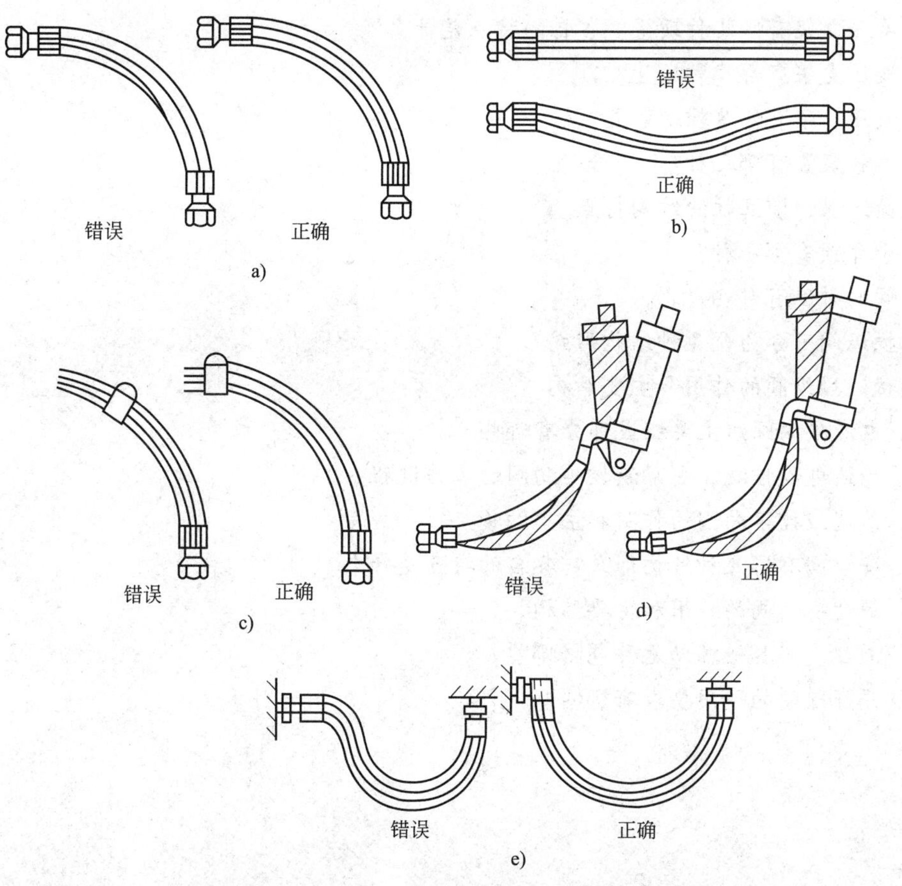

图 2—60 高压软管的连接方式

(1) 连接时应防止软管扭转，以免造成骨架层角度改变而使其早期破坏，如图 2—60a 所示。

(2) 连接后应使软管长度留有一定的余量，以免受拉力作用引起软管长度变化而降低承压能力，如图 2—60b 所示。

(3) 软管的固定夹子应放在曲线和直线交点的直线上，夹子不能将软管夹得变形，也不能夹得太松，如图 2—60c 所示。

(4) 软管连接运动部件时，应留有足够的长度，以免运动时拉伤软管，如图 2—60d 所示。

(5) 软管连接的弯曲半径应符合表 2—2 的要求，如图 2—60e 所示。

表 2—2　　软管连接的弯曲半径

内径（mm）	6	8	10	13	16	19	25	32
最小弯曲半径（mm）	120	140	160	190	240	300	380	450

思考练习题

1. 液压支架有哪几种顶梁？各自的特点是什么？
2. 液压支架有哪几种底座？
3. 液压支架有哪些辅助装置？
4. 推移装置有哪几种？
5. 简述双伸缩立柱的结构特点。
6. 千斤顶有哪几种？
7. 阀的种类有哪些？
8. 操纵阀可分为哪几种结构形式？
9. 试述操纵阀的作用和主要结构。
10. 电液换向阀组主要组成部分有哪些？
11. 简述电液控液压支架液控单向阀的工作过程。
12. 简述液控单向阀的作用和主要结构。
13. 安全阀有哪几种结构形式？各自的特点是什么？
14. 简述安全阀的作用和主要结构。
15. 液压支架其他辅助元件包括哪些？
16. 高压软管的使用要求有哪些？

第三章

液压支架的液压系统

学习目标

1. 了解液压支架液压系统的特点。
2. 熟悉液压支架液压系统的组成及立柱的控制过程。
3. 能正确识读液压系统图的主管路和基本回路。
4. 掌握液压支架各液压元件管路的正确连接。

第一节　液压系统特点及立柱控制过程

液压系统是液压支架的重要组成部分，液压支架操作人员要熟知液压系统的特点，了解立柱的控制过程，在操作的过程中针对立柱产生的故障进行分析、判断、排除。

一、液压支架的液压系统及其特点

液压支架不仅要求结构合理，以适应煤层地质条件，而且还应配备完善可靠的液压系统来实现优良的工作性能。

液压支架液压系统属于液压传动中的泵—缸开式系统。动力源是乳化液泵，执行元件是各种液压缸。乳化液泵从乳化液箱内吸入乳化液并增压，经各种控制元件供给各个液压缸，回液流入乳化液箱。乳化液泵、乳化液箱、控制元件及辅助元件组成乳化液泵站，通常安装在工作面运输巷，可随工作面一起向前推进。泵站通过沿工作面全长铺设的主供液管和主回液管向各支架供给高压乳化液和接收低压回液。工作面中每架支架的液压控制回路相同，通过截止阀连接，与主管路相对独立。其中任何一架支架发生故障进行检修时，可关闭该支架与主管路的截止阀，不会影响其他支架工作。

液压支架液压系统具有下列特点：

1. 液压系统庞大，元件多

液压支架沿采煤工作面全长铺设，铺设长度大（可达 300 m）。液压系统中有大量的立柱（80~1 000 根）和千斤顶（80~1 500 根），还有数量很多的安全阀、液控单向阀、操纵阀，以及大量的高压软管、管接头等，整个系统错综复杂。液压系统中各部件的密封性和可靠性对支架工作影响很大。

2. 工作压力高

液压支架在工作面支护顶板，要求有较大的支撑力，与初撑力有关的泵站工作压力一般为 10~35 MPa。初撑以后，立柱活塞腔被封闭，达到工作阻力时的液压力为 40~80 MPa。因此，要求液压系统有足够的耐高压强度。

3. 供液路程长，压力损失大

液压支架的立柱和千斤顶的工作液体由设在工作面运输巷的泵站供应，液压能需要长距离输送，压力损失较大；尤其是移架和推移输送机时，支架液压系统中有大量的工作液体进行循环流动，所以要求主管路有足够的过流断面。

4. 工作环境恶劣

液压支架的液压系统工作环境潮湿、粉尘多，工作空间有限，采场条件经常变化，检修不方便，要求液压元件可靠，使用寿命长。

5. 对液压元件要求高

液压支架的工作液体采用乳化液，水占 95%，故黏度低，润滑性能和防锈性能较差，因此，要求液压元件的材料好、精度高，具有较好的防锈、防腐蚀能力。

二、立柱的控制过程

立柱分为单伸缩立柱和双伸缩立柱，其控制过程有所区别，下面分别叙述。

1. 单伸缩立柱

单伸缩立柱的控制过程如图 3—1 所示。单伸缩立柱有两个供液口 A 和 B，供液口 A 为立柱活塞腔供液，供液口 B 为立柱活塞杆腔供液。由于立柱多数接近于垂直布置，所以称活塞腔为下腔，活塞杆腔为上腔。上腔不需要设置控制元件（即不设置液控单向阀和安全

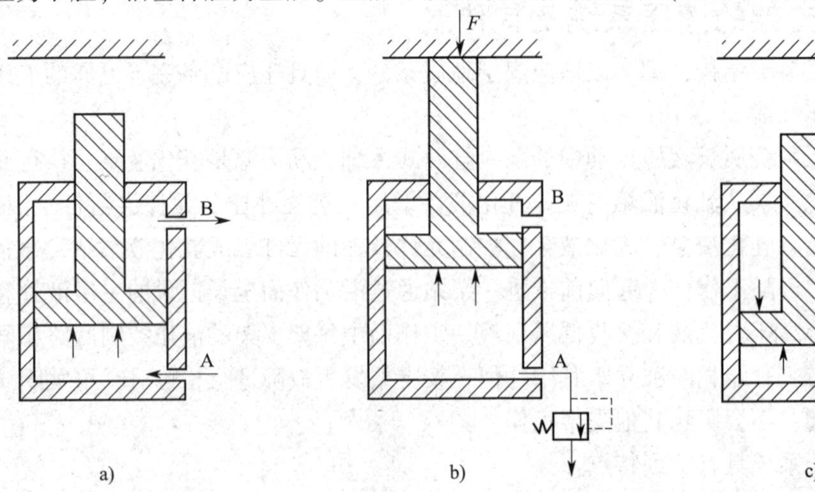

图 3—1 单伸缩立柱的控制过程

a）升柱过程 b）承载过程 c）降柱过程

阀)，下腔则需设置液控单向阀和安全阀。立柱 A、B 两口的供液由操纵阀控制。

(1) 升柱过程

单伸缩立柱的升柱过程指立柱从升柱开始一直到顶梁接触顶板、支撑顶板，再到泵站停止供液为止，如图 3—1a 所示。升柱过程中操纵阀为 A 口提供压力液，B 口回液。进入 A 口的压力液作用于立柱活塞腔下腔，其作用力的大小等于进入 A 口的液体压力乘以立柱的活塞面积。当这个作用力大于或等于由顶梁和活塞杆产生的外载荷时，立柱开始升起。这时的升柱力较小，可视为空载升柱。当立柱升至顶梁与顶板接触时，外载荷开始增大，进入 A 口的液体压力不断增大，一直增大到泵站工作压力为止。这时，由于泵站卸载而不再为立柱供液，立柱升柱完毕。立柱在整个升柱过程中的最小升柱液压力为克服顶梁、活塞杆产生的外载荷，最大升柱液压力为泵站的工作压力。达到泵站工作压力时，立柱对顶板的支撑力称为立柱的初撑力。

(2) 承载过程

立柱升柱完毕达到初撑力后，顶板压力通过顶梁传到立柱。由于在进液管路上装有液控单向阀和安全阀，立柱活塞腔的压力液被单向阀封闭。随着采煤机截割后新顶板的暴露，顶板产生的作用力不断增大，引起立柱活塞腔压力升高。当压力升高至安全阀调定压力时，安全阀开启卸压，即安全阀开启释放一部分液体，活塞杆下降，立柱活塞腔压力下降。当下降至安全阀关闭压力时（安全阀关闭压力比开启压力要小一些）时，安全阀关闭，立柱停止下降，如图 3—1b 所示。在顶梁脱离顶板前，压力的变化和安全阀的动作总是这样反复进行，使立柱形成新的承载。

(3) 降柱过程

支架需要前移时，就需要降柱。降柱过程指从立柱卸压到顶梁完全脱离顶板的这一过程，如图 3—1c 所示。降柱时操纵阀为 B 口供压力液，同时将封闭 A 口的液控单向阀打开，使其回液。进入 B 口的压力液作用于活塞杆缸体腔的环形面积上，强迫立柱下降。强迫下降的作用力应为泵站工作压力乘以环形面积，以加快活塞腔回液速度，使立柱快速下降。

2. 双伸缩立柱

双伸缩立柱的控制过程如图 3—2 所示。

(1) 升柱过程

双伸缩立柱的升柱过程如图 3—2a 所示，由操纵阀为 A 口提供压力液，B 口和 C 口回液。进入 A 口的压力液首先作用于一级缸 1（大缸）的活塞上。这时由于空载升柱，所需液压力较小，故在未打开底阀 4 的情况下二级缸 2 升起。当二级缸升到极限位置时，二级缸的活塞碰到导向套，一级缸活塞腔内的液体压力增高，打开底阀（单向阀）使压力液进入二级缸（小缸）的活塞腔，活塞杆 3 升起。在这种状态下支撑顶板，立柱的初撑力等于二级缸的活塞面积乘以泵站工作压力。如需较大的初撑力，则可稍加降柱，然后再次升柱到接触顶板后，初撑力可达到一级缸的初撑力（即一级缸的活塞面积乘以泵站工作压力)。

(2) 承载过程

立柱升柱完毕达到初撑力后，顶板压力由顶梁传递到活塞杆上，如图 3—2b 所示。由于压力液被底阀封闭，活塞杆不能相对二级缸回缩，只能将压力传递到一级缸活塞腔。随着新

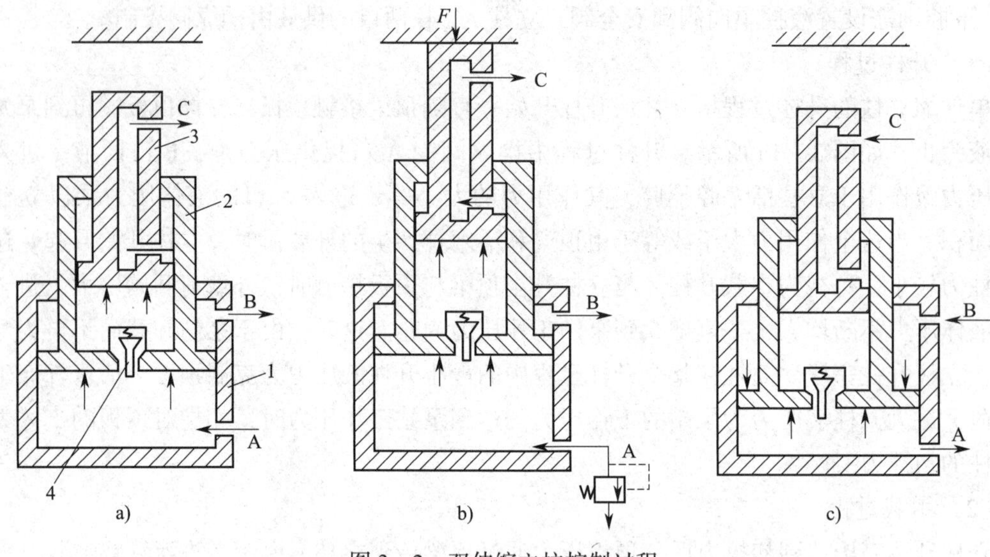

图 3—2　双伸缩立柱控制过程

a）升柱过程　b）承载过程　c）降柱过程

1—一级缸　2—二级缸　3—活塞杆　4—底阀

顶板的暴露，顶板产生的作用力不断增大，一级缸活塞腔压力相应增高，直至安全阀调定压力，安全阀开启卸压，二级缸回缩。当二级缸降到最低位置时，底阀的阀杆接触缸底，底阀被顶开，二级缸活塞腔的压力液进入到一级缸活塞腔（实际使用过程中很少出现这种情况），这部分压力液可将二级缸升起一定距离，使底阀离开缸底而关闭。若顶板压力又超过安全阀调定压力，安全阀又动作，二级缸又降到最低位置，底阀又被顶开。这样的反复动作保证了立柱在工作阻力范围内承载。

（3）降柱过程

立柱的降柱过程如图 3—2c 所示，由操纵阀为 B 口和 C 口同时供压力液，进入 B 口和 C 口的压力液分别作用于一级缸和二级缸活塞杆腔环形面上，强迫立柱下降。同时，压力液打开控制一级缸活塞腔的液控单向阀，使一级缸活塞腔回液。立柱下降首先是二级缸下降，当二级缸降到最低位置时，底阀的顶杆接触缸底，底阀被顶开，二级缸活塞腔的压力液通过底阀流入一级缸活塞腔，再通过 A 口回液，活塞杆迅速下降。

第二节　液压控制系统基本回路

一、液压系统图识图

对于一张较为复杂的液压系统图，开始总觉得杂乱无章、无从下手，这就要求看液压系统图时要掌握一定的方法，即按一定的顺序一个单元一个单元逐步地看。具体的步骤如下：

1. 首先在液压系统图上看清各液压缸，即立柱和千斤顶。

2. 看清各立柱和千斤顶的动作要求，根据动作要求找到立柱的控制阀（液控单向阀和安全阀）和各种千斤顶的控制阀。

3. 看清操纵阀，找到主进液路和主回液路。

4. 从操纵阀出发，弄清各液压缸的动作液路，先弄清立柱，再弄清各千斤顶。如果从操纵阀开始不容易看懂，可以从立柱或千斤顶返回找液路。

二、液压支架液压控制系统的组成

液压支架液压控制系统由主回路和基本回路两大部分组成。

1. 主回路

（1）两线主回路

通常，由泵站向工作面引出两条管路：一条供压力液，称主压力管路，用字母 P 表示；另一条接收低压回液，称为主回液管路，用字母 O 表示。

如果所有支架都直接与主管路并联，称为整段供液，如图 3—3a 所示。整段供液时主管路一段由各支架间的短管串接而成。如果将工作面所有支架分为若干组，每组 8~12 根，各组内的支架并联于该组的分管路，然后各分管路再并联于主管路，称为分段供液，如图 3—3b 所示。分段供液时，主管路由几根较长的大断面软管串接而成，可降低管路液压损失。

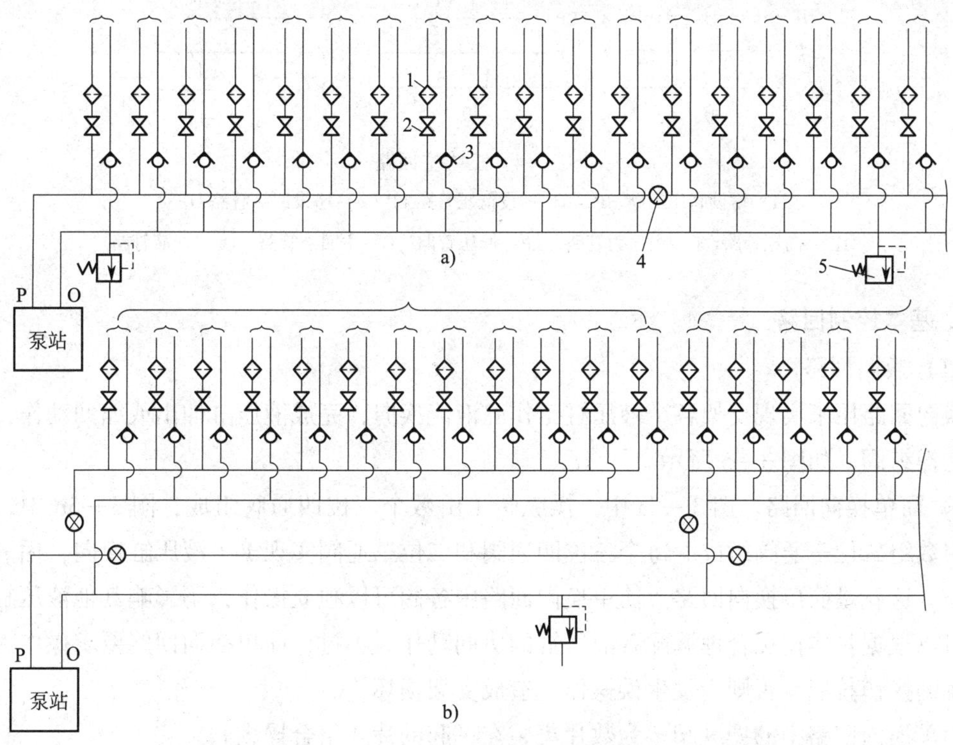

图 3—3　两线主回路

a）整段供液　b）分段供液

1—过滤器　2、4—截止阀　3—回液逆止阀　5—低压安全阀

每架支架的压力支路都有截止阀 2，截止阀后面还装有过滤器 1，保证进入支架液压系统的液体清洁。回液支路上可设回液逆止阀 3，以便在支架检修时防止其他支架回液返回到

检修支架液压系统内，影响其他支架正常工作。主压力管 P 每隔一段距离还装有截止阀 4，当主压力管某处断裂时，可立即关闭截止阀，防止泵站排出的乳化液大量泄漏。为减少回液阻力，回液管路上一般不设截止阀。为防止主回液管路因堵塞引起回液背压升高，在主回液管路上安装有低压安全阀 5。通常，低压安全阀的开启压力为 2 MPa 左右。

（2）多线主回路

目前，有些支架采用了多线主回路。如图 3—4 所示为三线主回路，除了主压力管路 P 和主回液管路 O 以外，或是增设 1 条高压管路 HP，满足立柱对较高供液压力的要求，提高支架的初撑力，如图 3—4a 所示；或是增设 1 条低压管路 LP，满足个别液压缸对较低供液压力的要求，如图 3—4b 所示；或是增设 1 条回液管路 O_1，降低回液背压，如图 3—4c 所示。个别支架甚至采用四条主管路，即 HP、P、LP 和 O，可以向支架提供 3 种不同压力的液体。

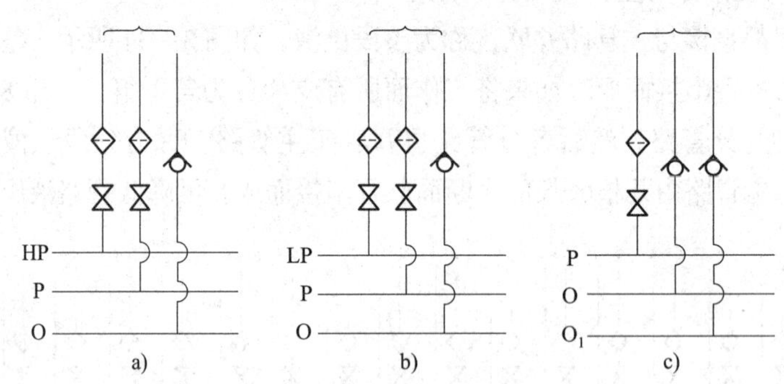

图 3—4　三线主回路

a）增设高压管路 HP　b）增设低压管路 LP　c）增设回液管路 O_1

HP—高压管路　P—主压力管路　LP—低压管路　O—主回液管路　O_1—回液管路

2. 基本控制回路

（1）换向回路

换向回路用来实现支架各个液压缸工作腔液流换向，完成液压缸伸出或缩回动作，控制元件是操纵阀，如图 3—5 所示。

1）简单换向回路。图 3—5a 中，操纵阀 1 由数个三位四通阀组成，图 3—5b 中，操纵阀 3 由数组二位三通阀组成。每个三位四通阀和二位三通阀实现 1 个液压缸换向，用一个手把操作，这就是简单换向回路。简单换向回路中各阀可以独立操作，不影响其他液压缸的工作，可以根据具体情况合理调配各液压缸的协同动作。不过，简单换向回路要求操作人员具有熟练的操作技能，否则会发生误操作，造成支架损坏。

简单换向回路中的操纵阀多为数片集装在一起的片式组合操纵阀。

2）多路换向回路。图 3—5c 中，操纵阀 5 为带有供液阀的九位十通平面转阀，用一个手把操作，能够依次实现数个液压缸的伸缩动作，这是多路换向回路。多路换向回路的操纵阀也可采用凸轮回转组合操纵阀。多路换向阀每个工作位置只能使一个工作通道的相应液压缸动作，因此它不会发生由于支架内各液压缸动作不协调而引起的支架损坏，对操作人员的操作水平要求不太高。

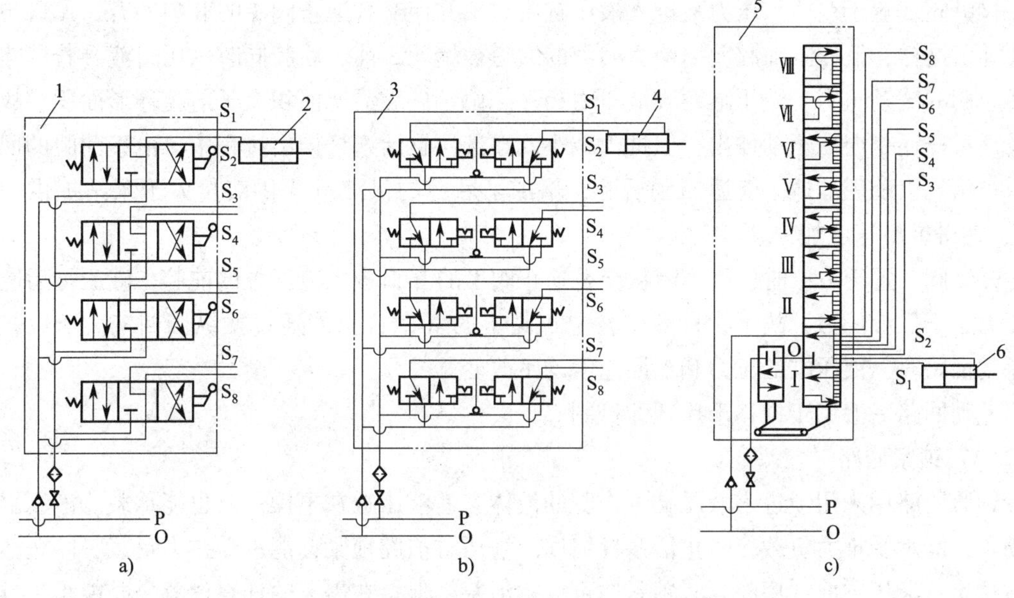

图 3—5　换向回路

a)、b）简单换向回路　c）多路换向回路

1、3、5—操纵阀　2、4、6—液压缸

（2）阻尼回路

阻尼回路可以使液压缸的动作较为平稳，可以使浮动状态下的液压缸具有一定的抗冲击负荷的能力。在液压缸的工作支路上设置节流阀或节流孔，即可形成阻尼回路，如图 3—6 所示。液压缸两侧都设置有节流阀，称为双侧节流；只有一侧有节流阀，称为单侧节流。图 3—6 中液压缸前腔支路设置的双向节流阀 2 起双向节流作用，即无论进液还是回液均起节流作用，它可使液压缸的伸出或缩回动作都比较平稳。图 3—6 中液压缸后腔支路上设置的节流阀并联一个单向节流阀 1，起单向节流作用，进液时液流主要通过单向阀，不起节流作用，只有在回液时起节流作用。它使液压缸的缩回动作比较平稳，能承受一定的推力冲击。在液压支架中，阻尼回路多用于对调架千斤顶、侧推千斤顶或防倒千斤顶等的控制。

（3）差动回路

差动回路如图 3—7 所示，它采用交替逆止阀作为控制元件，能减小液压缸的推力，提高推出速度。

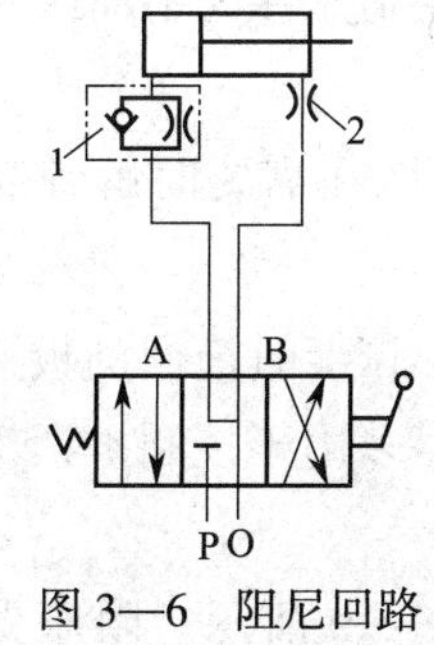

图 3—6　阻尼回路

1—单向节流阀　2—双向节流阀

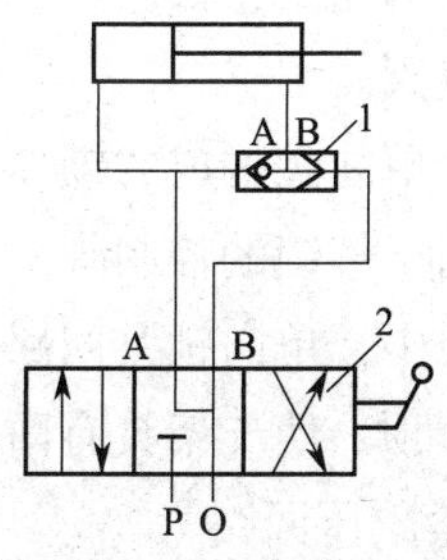

图 3—7　差动回路

1—交替逆止阀　2—操纵阀

操纵阀 2 置于左位，压力液进入液压缸后腔，并使交替逆止阀 1 的 B 口断开，A 口与前腔连通。这样，液压缸前腔向回液管回液的通道被堵死，前、后腔同时供压力液。若忽略交替逆止阀的流动阻力，液压缸两腔液压力相等。由于后腔活塞面积大于前腔环形面积，故活塞及活塞杆还是向右运动伸出，但推力减小。在液压缸活塞杆伸出过程中，由于前腔的回液通道被堵死，前腔液体只能返回到后腔，增加了后腔的供液量（供液量大于泵站提供的流量），使得推出速度加快。

操纵阀 2 置于右位时，压力液从交替逆止阀 1 的 B 口进入液压缸的前腔，液压缸后腔回液压力小于供液压力，故不能打开交替逆止阀 1 的 A 口，只能通过操纵阀回液。所以，采用差动回路时，液压缸的拉力和缩回速度均不改变。

差动回路一般用于推移千斤顶的控制。

（4）锁紧回路

锁紧回路用来闭锁进入液压缸工作腔的液体，使液压缸在不操作时也能承载。液压缸后腔锁紧，能承受推力负载，防止活塞杆缩回。液压缸前腔锁紧，能承受拉力负载，防止活塞杆被拉出。液压缸前、后腔同时锁紧，可以把活塞杆保持在需要的任意位置，既能承受推力负载，又能承受拉力负载。如图 3—8a、b 所示为单向锁紧回路，如图 3—8c 所示为双向锁紧回路。

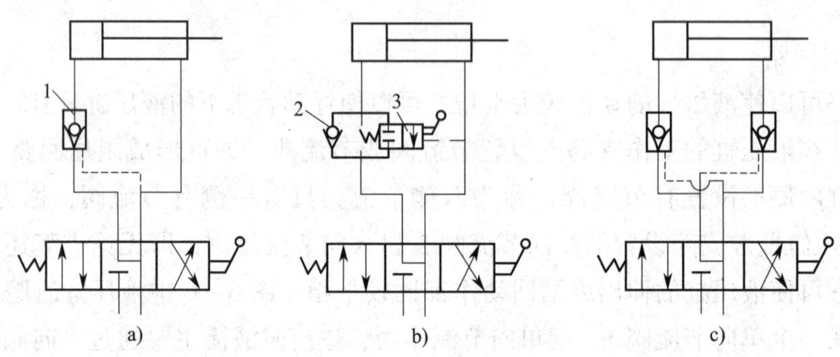

图 3—8 锁紧回路

a）、b）单向锁紧回路 c）双向锁紧回路

1—液控单向阀 2—单向阀 3—卸载阀

使用普通单向阀实现液压缸工作腔的锁紧，必须在单向阀两端并联一条旁通解锁支路，以保证液压缸的缩回，如图 3—8c 所示。旁通解锁支路上的控制元件为手动或液控二位二通阀，俗称卸载阀。

使用液控单向阀构成的锁紧回路如图 3—8a、c 所示，可以在需要时解锁卸载，不需设额外的专门用于解锁的控制阀。

液压支架中，单向锁紧回路可用于控制推移千斤顶，防止拉架时拖回刮板输送机，也可用于侧推千斤顶，使支架具有防滑、防倒能力。双向锁紧回路多用于控制护帮千斤顶。

（5）锁紧限压回路

在锁紧回路中增设限压支路就构成锁紧限压回路，如图 3—9 所示。限压支路的控制元件是安全阀，它能限制被锁紧工作腔的最大工作压力，保证液压缸及其承载构件过负荷。可解锁的安全阀 4 既是限压元件，也是解锁元件。安全阀的溢流液可以直接排入大气中，也可以直接导入回液管，还可以通过操纵阀回液。

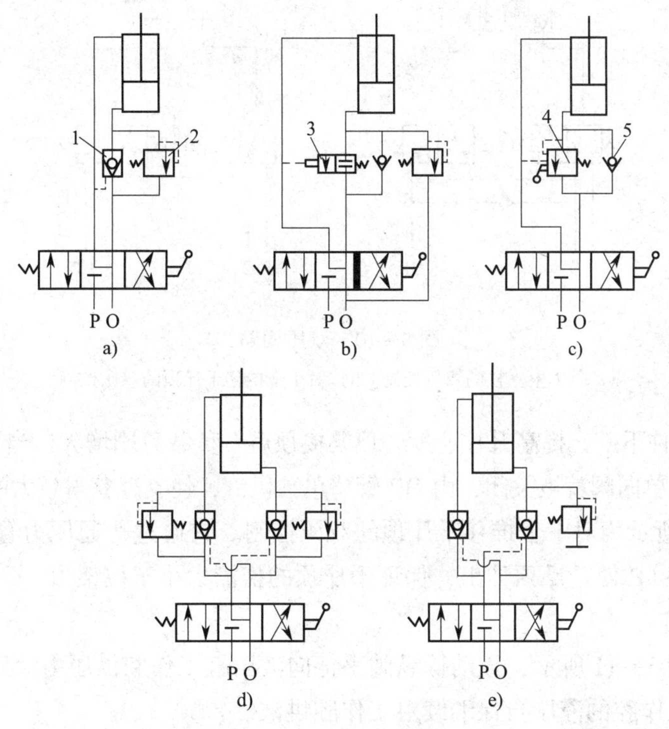

图 3—9　锁紧限压回路

a）、b）、c）单向锁紧限压回路　d）双向锁紧限压回路　e）双向锁紧单侧限压回路

1—液压单向阀　2—安全阀　3—卸载阀　4—可解锁的安全阀　5—单向阀

如图 3—9a、b、c 所示是单向锁紧限压回路。锁紧和限压液压缸的一个腔可用来控制立柱、前梁千斤顶、支撑千斤顶等，为支架提供恒定的工作阻力。如图 3—9d 所示为双向锁紧限压回路。锁紧和限压液压缸的两个腔可作为平衡千斤顶的控制回路，保证直接撑顶掩护式支架的结构刚度。如图 3—9e 所示为双向锁紧单侧限压回路，锁紧液压缸的两腔和限压液压缸的一个腔可用于控制护帮千斤顶。护帮千斤顶伸出后被锁，千斤顶承受煤壁载荷，由安全阀保证护帮装置不会因煤壁载荷过大而损坏；护帮千斤顶缩回后被锁，防止护帮板落下伤人，因缩回后负荷较小，故不需设置安全阀限压。

（6）双压回路

双压回路如图 3—10 所示，它能对液压缸的伸出和缩回动作提供不同的供液压力。双压回路需要 2 个二位三通阀分别与不同压力的管路连接，2 个阀可以共用 1 个操作手把，也可以各用 1 个操作手把，视阀的具体结构而定。

如图 3—10a 所示为对 1 根立柱的双压控制。降柱时，使用普通压力管路 P，升柱时，使用高压管路 HP，因此，它可以提高立柱的初撑力。连接于 P 和 HP 两条管路之间的单向阀允许 P 管路液压流到 HP 管路，但不允许 HP 管路液压流入 P 管路。这样，在支架升架过程中顶梁未接顶时，负载较小，HP 管路的压力不高，P 管路的压力液可以打开单向阀，和 HP 管路

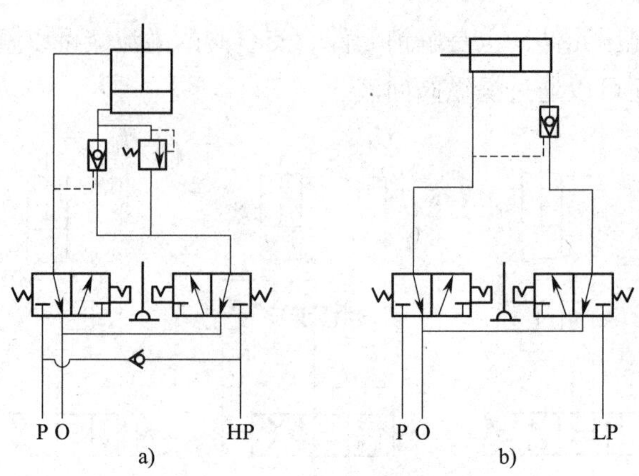

图 3—10　双压回路

a）对 1 根立柱的双压控制　b）对 1 个推移千斤顶的双压控制

压力液一起供入立柱下腔，提高升柱速度。顶梁接顶后，负载急剧增大，当 HP 管路的压力高于 P 管路压力时，单向阀就被关闭，由 HP 管路单独供液，使支架获得较大的初撑力。

如图 3—10b 所示为对 1 个推移千斤顶的双压控制。它通过普通压力管路 P 使千斤顶缩回，通过低压管路 LP 使千斤顶伸出，保证千斤顶的推溜力小于拉架力。

（7）自保回路

自保回路如图 3—11 所示，扳动操纵阀手把向液压缸工作腔供压力液后，尽管将手把放开，仍可以通过工作腔的液压自保继续对工作腔供液。

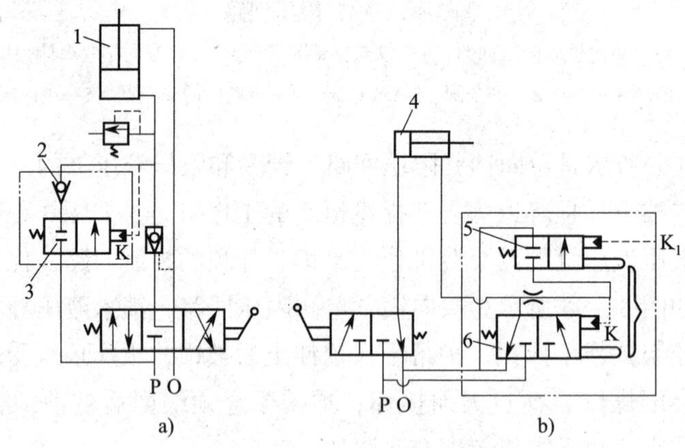

图 3—11　自保回路

1—立柱　2—单向阀　3—二位三通自保阀　4—推移千斤顶
5—二位三通解锁阀　6—二位三通自保操纵阀

如图 3—11a 所示的自保回路可实现对立柱 1 下腔自保供液，自保控制元件是二位三通自保阀 3。操纵阀置于左位（升柱）时，立柱下腔液压升高，二位三通自保阀在液控口 K 的作用下开启（右位），压力液直接从普通压力管路 P 通过单向阀 2 进入立柱下腔。因此，即使操纵阀手把已回到零，仍然能保持向立柱下腔供液。操纵阀置于右位（降柱）时，立柱下腔卸载回液，压力降低，二位三通自保阀在弹簧作用下复位关闭（左位）。

在立柱下腔设置自保供液回路，可以保证立柱初撑力而不受操作人员操作因素的影响，大大改善了支架的实际支护能力，有利于维护顶板。可以把二位三通自保阀和单向阀做成一体，称为定压升柱阀。

如图 3—11b 所示是自保回路使用了二位三通自保操纵阀 6，实现推移千斤顶 4 的前腔自保供液。按二位三通自保操纵阀的手把，在操纵阀开启向液压缸前腔供液的同时，部分压力液通过节流阀返回操纵阀的液控口 K，代替操纵手把保持操纵阀的开启供液状态。液控口 K_1 通入压力时或使用操纵手把都可以使二位三通解锁阀 5 开启，使操纵阀的开启液控口 K 和回液管路 O 连通而卸压，操纵阀则在弹簧作用下复位，停止向推移千斤顶前腔供液。节流阀的作用是防止普通压力管路 P 与回液管路 O 在解除液压自保时短路。

采用自保回路控制推溜动作，操纵人员只需在走动中依次按下各个支架的推溜手把，不必停留在支架跟前操作，推移千斤顶就能自动把刮板输送机推到煤壁跟前，从而节省了时间。可以把图中二位三通解锁阀、二位三通自保操纵阀和节流阀做成一体，用来推溜，称为推溜阀组。

（8）背压回路

背压回路如图 3—12 所示，它能使液压缸工作腔回液时保持一定的压力，即背压。支架立柱下腔的背压可以实现支架擦顶带压移架。

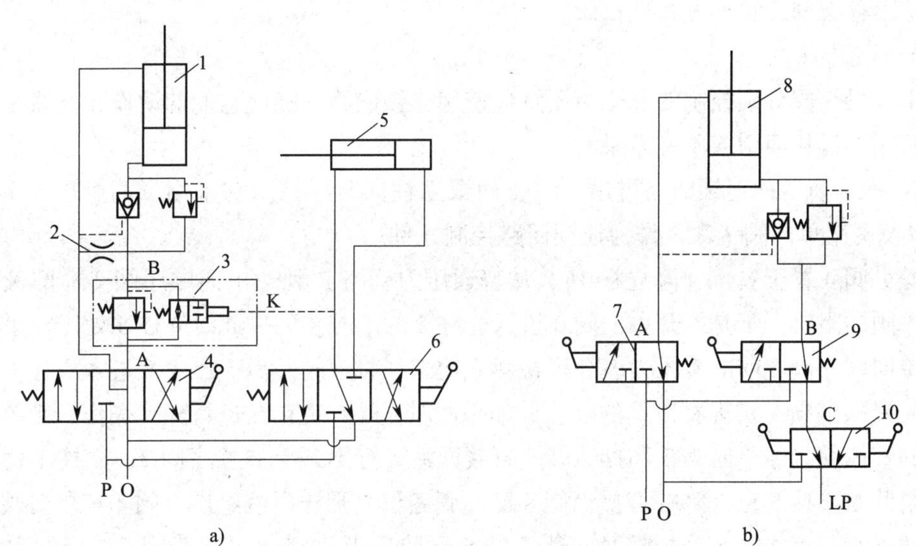

图 3—12　背压回路

1、8—立柱　2—节流阀　3—背压阀　4、6、7、9—操纵阀　5—推移千斤顶　10—二位三通阀

图 3—12a 中立柱下腔的回液背压是由一个特殊的背压阀 3 建立起来的。该背压阀由溢流阀和液控常开式二位三通阀组成。将操纵阀 6 置于左位，向推移千斤顶 5 前腔供给压力液准备移架，但因支架未卸载，还撑紧于底板之间，此时支架并不移动。然而普通压力管路 P 的液压力已经传至背压阀 3 的液控口 K，使二位三通阀关闭。接着，再将操纵阀 4 置于左位，虽然液控单向阀在立柱上腔液压力作用下开启，但由于背压阀 3 中的二位三通阀已关闭，所以立柱下腔液体压力必须大于背压阀中溢流阀的开启压力时才能回液。这样，立柱下

腔就保持了一定的压力，即背压。通常将该溢流阀的开启压力即立柱下腔的回液背压调整到恰好使立柱能保持对顶板产生 39~49 kN 的作用力，所以实际上支架并不脱离顶板。如果推移千斤顶移架力大于支撑力所引起的摩擦阻力，支架将紧贴顶板向前移动。

如果只将操纵阀 4 置于左位（降柱位置）而操纵阀 6 仍在零位，此时背压阀液控口 K 无压，背压阀中二位三通阀是开启的，立柱可以降下来。只将操纵阀 4 置于右位（升柱位置）而操纵阀 6 仍在零位，则此时液控口 K 无压，立柱升柱动作也能顺利实现。

背压阀 3 在支架中的用途是保证移架时撑顶，所以也称为支撑保持阀。

连接于立柱上、下腔液路之间的节流阀 2 的作用是：在带压移架过程中，通过它将压力液补入立柱下腔，从而保证支架前移过程中无论煤层厚度是否变化，都能贴近顶板；而在降、升柱过程中，又可防止压力管路和回液管路之间短路，减少泄漏。

图 3—12b 中的背压回路是利用低压管路 LP 的压力来保持立柱下腔的回液背压的。该回路中，立柱下腔的操纵阀 9 的回液管路串接有 1 个二位三通阀 10。当二位三通阀 10 位于图示左边位置时，扳动操纵阀 7 降柱，立柱下腔通过已开启的液控单向阀、操纵阀 9 和二位三通阀 10 与低压管路 LP 连通，立柱下腔的压力等于低压管路的压力。低压管路的压力应使立柱还能对顶板产生 39~49 kN 的支撑力。如果二位三通阀 10 置于右边位置，操纵阀 9 的回液孔与回液管连通，立柱可以顺利降下来。二位三通阀 10 按其在支架中的用途不同，也称为擦顶移架阀或移架方式选择阀。

（9）连锁回路

由不同操纵阀分别控制的几个液压缸应使用连锁回路，能使它们的动作相互联系或相互制约，防止误操作而引起不良后果。

图 3—13a 所示的连锁回路可用于防止两根立柱同时降柱。它采用了两个单向顺序阀 2 和 6，以及两个单向阀 3 和 7 作为连锁回路控制元件。

将操纵阀 4 置于右位（降立柱 1），从普通压力管路 P 到达单向顺序阀 2 前的液体受到单向顺序阀的阻挡，于是打开单向阀 3 进入立柱 5 的下腔。如果此时立柱 5 处于支撑承载状态，则单向顺序阀 2 前的液压力就会很快建立起来，将该阀开启，压力液进入立柱 1 的上腔并使下腔液路解锁，实现立柱 1 的降柱。如果此时立柱 5 也正在进行降柱操作，则单向顺序阀 2 前的液体就会经单向阀 3 和操纵阀 8 直接回液，打不开单向顺序阀 2，立柱 1 就不能降下。如果此时立柱 5 已经降柱，操纵阀 8 已回到零位，则压力液经操纵阀 4 和单向阀 3 进入立柱 5 的下腔，使立柱 5 升柱接顶。待立柱 5 下腔压力达到一定数值后，单向顺序阀 2 开启，立柱 1 才能下降。简单地说，只有立柱 5 处于支撑状态，立柱 1 才能下降，反之亦然。如果两柱同时进行降柱操作，两柱都不会下降。降下一根立柱再接着降另一根立柱，则前一根立柱会自动升柱接顶承载。

单向顺序阀开启压力的整定值，依对未降立柱所要求的最小支撑力而定。

图 3—13b 所示连锁回路的连锁控制元件是液控单向阀 11 和 15，它也能使两根立柱 9 和 13 不能同时降柱。这是由于每根立柱下腔液路都有两个液控单向阀，形成两道阻止下腔回液的关卡，因此只有立柱 13 处于支撑承载状态，液控单向阀 11 被解锁后，才能操作操纵阀 12 使立柱 9 降下，反之亦然。

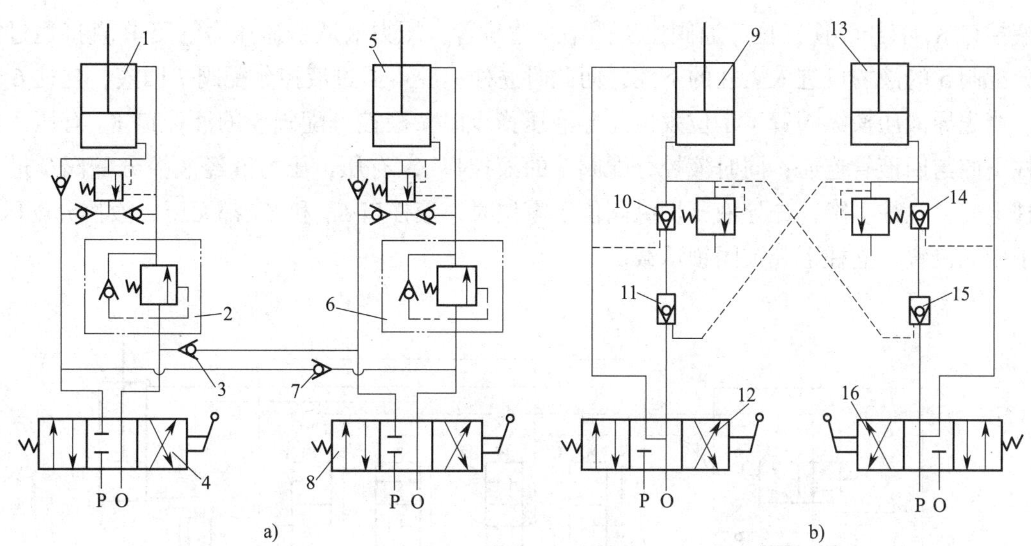

图 3—13　连锁回路

1、5、9、13—立柱　2、6—单向顺序阀　3、7—单向阀　4、8、12、16—操纵阀　10、11、14、15—液控单向阀

对立柱下腔液路上串联的两个液控单向阀 10（或 14）和 11（或 15）液控压力的要求是不同的。液控单向阀 10（或 14）是立柱下腔锁紧元件，要求在很小的压力下就能开启。而液控单向阀 11（或 15）是连锁控制元件，开启它的液控压力应能保证对未降立柱最小支撑力的要求。连锁控制元件也可以用 1 个常闭式液控二位二通阀和 1 个单向阀的并联组合来代替。

（10）先导控制回路

先导控制回路如图 3—14 所示，它的主要控制元件是先导液压操纵阀和液控分配阀。先导液压操纵阀发出先导液压指令，液控分配阀接到指令后立即动作，向相应的液压缸工作腔供液。先导控制可以减少液压损失，减少采用邻架控制方式时的过架管路（因为先导液压控制管路的流量极小，可采用多芯管传输多路液压指令），便于向集中控制、遥控和自动控制方式发展。

如图 3—14a 所示先导控制回路的液控分配阀 2 是由 4 个液控二位二通阀组成的，它不仅可以根据先导液实现液压缸的换向动作，还可以实现闭锁功能。图中所示液压缸为支架的立柱 3。液控分配阀 2 中两个常闭式二位二通阀 E 和 F 组合控制立柱 3 下腔的进液和回液，常闭式二位二通阀 C 和常开式二位二通阀 D 组合控制立柱 3 的上腔进液和回液。操作先导液压操纵阀 1 中 B 阀动作，则先导液压指令将传至 E 阀液控口使之开启，压力液从普通压力管路 P 经 E 阀进入立柱 3 的下腔，使之升柱接顶。松开 B 阀手把，E 阀则在弹簧的作用下复位关闭，立柱下腔被锁紧。操作先导液压操纵阀中的 A 阀，使之发出液压指令，则 C 阀开启，K 阀关闭，F 阀开启，压力液从压力管路 P 经 C 阀进入立柱 3 的上腔；立柱 3 的下腔经 F 阀与回液管路 O 连通，立柱 3 降柱。

如图 3—14b 所示先导控制回路中液控分配阀 5 为三位三通阀，具有闭锁功能，控制立柱 6 的下腔液路；液控分配阀 7 为二位三通阀，控制立柱 6 的上腔液路，无先导液压时将立柱上腔与回液管路 O 接通。若先导液压操纵阀 4 被置于Ⅱ位发出液压指令，则液控分配阀 5

的液控口 K_1 有压，使三位三通阀位于图中左边位置，压力液从普通压力管路 P 直接通过液控分配阀 5 的液控口进入立柱的下腔，而此时立柱上腔可通过液控分配阀 7 回液，立柱 6 升起。当先导液压操纵阀置于Ⅰ位发出先导液压指令时，液控分配阀 5 的液控口 K_2 有压，使立柱下腔与回液管连通；同时液控分配阀 7 的液控口 K_3 有压，压力液经液控分配阀 7 进入立柱上腔，立柱下降。先导液压操纵阀位于零位时，液控口 K_1 和 K_2 都无压，液控分配阀 5 位于中立位置，立柱下腔被闭锁承载。

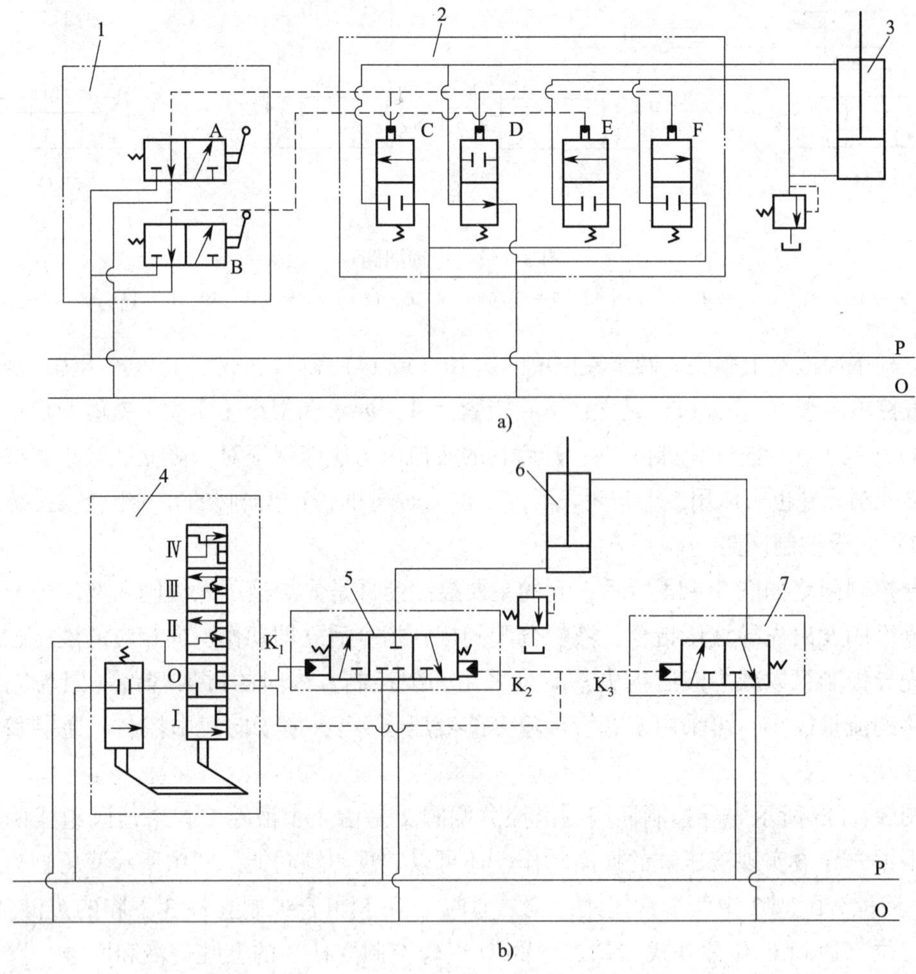

图 3—14　先导控制回路

1、4—先导液压操纵阀　2、5、7—液控分配阀　3、6—立柱

三、SAC 型液压支架电液控制系统

1. SAC 型液压支架电液控制系统简介

SAC 是 Support Automatic Control 的缩写，意思是“支持自动控制”。液压支架电液控制系统是将电子技术、计算机控制技术和液压技术结合为一体的新技术产品。采用电液控制可以加快支架的动作速度，提高自动化程度，减少操作劳动量，提高效率，增强安全保障功

能。检测技术和计算机技术的应用，提高了支架工况和控制过程的信息化程度和监视功能。电液控制取代手动液压控制将减少（人工）控制的随意性和不准确性，提高控制质量。电液控制提供的控制方式的可调性使支架的动作更合理，适应性更强。采用电液控制系统是液压支架提高移架速度最有效的技术途径，既是实现高产高效的基础，也是实现生产自动化的技术基础，支架电液控制系统已经成为煤矿采煤工作面生产技术水平的重要标志。SAC 型液压支架电液控制系统是由我国研制开发的一套国内领先、国际一流的电液控制系统。SAC 型液压支架电液控制系统结构如图 3—15 所示。

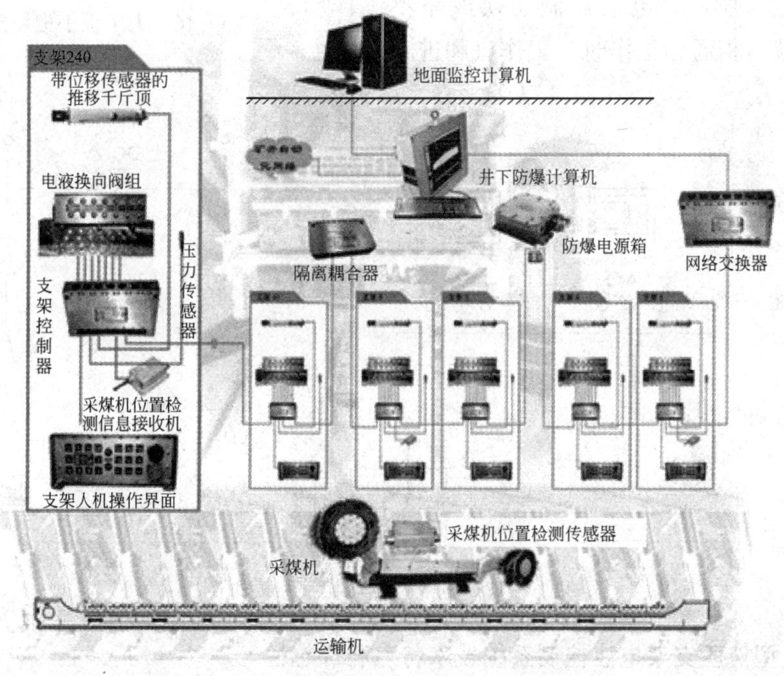

图 3—15 SAC 型液压支架电液控制系统结构

2. SAC 型液压支架电液控制系统组成

SAC 型液压支架电液控制系统由电控部分和液压部分组成，是由在工作面布置的支架控制器、支架人机操作界面、隔离耦合器、压力传感器、行程传感器、采煤机位置传感器、监控主机、电源、电磁先导阀、主阀、过滤元件、辅助阀、连接器和电源电缆等组成。其中，电源可以给工作面 8～10 架支架单元供电，不同电源组的控制器之间需要一个通信耦合器连接，每个电源箱需要配置一个电源耦合器，每个支架控制单元包括支架人机操作界面、支架控制器、传感器、控制电缆、电磁阀组、主控阀组和辅助阀等。

3. SAC 型液压支架电液控制系统结构原理

SAC 型液压支架电液控制系统的核心部件是支架人机操作界面、支架控制器、电磁先导阀和主阀等。操作者在支架人机操作界面实现与系统的交互，通过支架控制器驱动电磁先导阀，由电磁先导阀实现电液信号的转换，最后由主阀控制油缸的动作，从而实现支架的动作控制。支架动作过程可以通过压力、行程和角度等传感器进行监测，实现支架动作的闭环控制。可以通过井下巷道的监控主机进行工作面支架电液控制系统的集中控制与集中管理，实现工作面支架自动控制。

4. SAC 型液压支架液压系统

（1）人工扳手把切换液路模拟图

如图 3—16 所示，扳 1 号手把可升立柱，扳 2 号手把可降立柱，切换油路，利用液压力实现液压支架部件动作的控制。

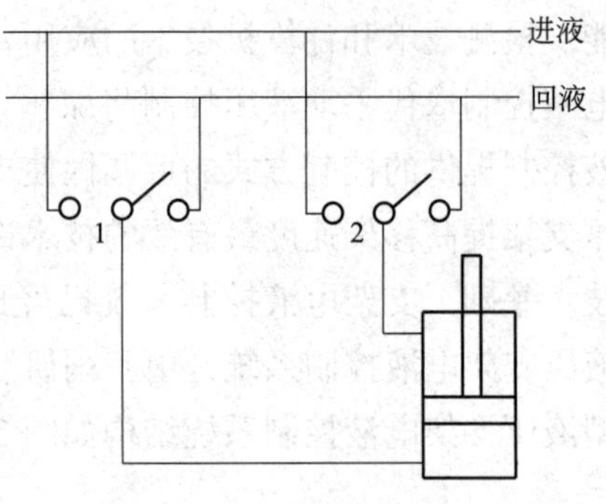

图 3—16　人工扳手把切换液路模拟图

（2）电液控制切换液路模拟图

如图 3—17 所示，电液控制切换液路不工作时，工作口和回液口相通，工作时，工作口和进液口相通。

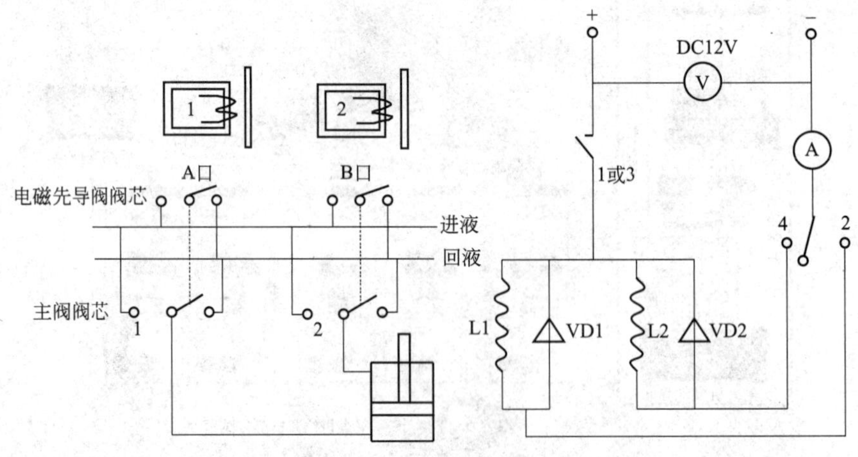

图 3—17　电液控制切换液路模拟图

5. SAC 型液压支架电液控制系统技术特点和优越性

（1）技术特点

1）系统关键液压元件电液控换向阀的整体主阀阀芯采用整体插装结构，集过滤器、进液单向阀和回液单向阀于一体，结构紧凑，过液能力强，可满足大采高、强力支架、大流量液压系统的要求。

2）具有完善的多级过滤体系，包括自动反冲洗高压过滤站、反冲洗过滤器、主阀过滤器和回液过滤站。

3）采用先进的 CAN 总线技术，构建了电液控制系统通信网络系统，具有安全、可靠、标准化程度高等特点，符合工业设计的标准。

4）系统采用控制器人机交互界面分离、驱动合一的独特结构，便于井下控制系统的安装维护和井下工人的操作使用，提高了控制器整体的防护性能。

5）采用先进的嵌入式操作系统，具有多任务管理功能，提高了系统的实时性。

6）既可以采用巷道监控主机进行工作面支架的集中控制，实现跟机自动化，也可以脱离监控主机，采用工作面的网络交换器，实现工作面支架的跟机自动化。

7）系统采用全中文显示方式，适于我国煤矿使用。

（2）优越性

1）可降低工人劳动强度，改善工人劳动条件。

2）可提高支架移架速度，传感器闭环控制提高系统效率。

3）保证液压支架额定初撑力。

4）易于实现带压移架，避免对工作面顶板和液压支架产生频繁的冲击载荷，既保护顶板围岩的稳定，又可减少支架事故。

5）可提高工作面输送机推移质量。采用电液控制，可实现多架同时推移输送机，可使输送机缓慢弯曲，避免溜槽连接处产生过大的应力，还可以保持工作面输送机的直线性，以实现工作面平直推进。

6）可灵活选择多重控制方式。

7）可实现集中控制与集中管理，提高煤矿管理水平。

8）具有多层次控制模式和灵活多样的操作方式，不同故障模式可以采用不同层次模型进行控制，提高了系统的可靠性和适用性，可以在没有主机的情况下进行跟机操作。

◎ 知识拓展

液压支架的控制方式

液压支架的控制方式有本架控制、单向邻架控制、双向邻架控制等手动控制方式和分组程序控制、先导程序控制、遥控等自动化控制方式，共两大类。从本架控制到自动化遥控，控制方式的选取主要取决于操作安全、动作可靠、操纵迅速和维修方便等因素。

从安全角度出发，当工作面条件和支架通道良好时，为保证操作人员的安全，可采用邻架控制的方式。薄煤层支架、大采高支架、大倾角支架、放顶煤支架一般均应采用邻架控制方式。当对支架动作速度或自动化程度要求较高时，可采用半自动控制系统、程序控制系统或遥控系统。

早期的控制系统以全流量阀为基础，当控制系统比较复杂时，它的使用范围就受到了限制，因而衍生了以先导阀为基础的先导式控制系统。

思考练习题

1. 简述液压支架液压系统的特点。
2. 简述立柱的控制过程。
3. 如何识读液压系统图？
4. 液压支架液压系统有哪些基本回路？
5. 简述换向回路、阻尼回路、差动回路、锁紧限压回路、背压回路的工作过程。
6. 液压支架电液控制系统主要由哪些部分组成？
7. 简述SAC型液压支架电液控制系统结构原理。

第四章 液压支架结构特点及应用

学习目标

1. 了解常用液压支架的结构特点及其应用。

2. 掌握放顶煤液压支架、水砂充填液压支架、端头液压支架和铺网液压支架的结构特点及其应用。

3. 掌握液压支架的电液控制。

放顶煤液压支架、水砂充填液压支架、端头液压支架和铺网液压支架是现在工作面经常用到的专用液压支架，与之相应有特殊的采煤工艺，要把掌握支架的结构和使用与了解其采煤工艺放在同等重要的位置。通过学习，可以掌握四种典型液压支架的结构特点，为正确操作使用三类液压支架打下良好的基础。

第一节 常用液压支架

一、不同类型液压支架的结构特点

1. 支撑式液压支架的结构特点

(1) 工作阻力大，支护效率高，切顶性能好，对底板比压均匀，但在顶板破碎时冒顶事故多，立柱损坏率高。

(2) 结构简单，质量轻，造价低。

(3) 支架内工作空间大，行走安全方便，通风断面大。

(4) 立柱垂直布置，承受横向载荷时较易弯曲。

(5) 顶梁长，移架时空顶面积大，同一段顶板受到垂直支撑的次数多，不利于顶板控制。

(6) 架间有缝隙，防矸能力差，不适用于直接顶破碎的顶板。

2. 掩护式液压支架的结构特点

（1）采用四连杆机构，顶梁近似垂直升降，梁端距变化小，能承受较大的水平力。

（2）立柱向前倾斜支撑，支撑力的合力作用点离煤壁的距离较近，能对煤壁前方顶板进行较有效的支撑。

（3）在顶梁、掩护梁甚至后连杆上设有活动侧护板，挡矸性能好，并有利于支架的防倒和架间距离的调整。

（4）支架的调高范围比较大。

（5）支架通风面积小，人行空间较窄。

3. 支撑掩护式液压支架的结构特点

（1）顶梁较长，一般为前后分段式宽面铰接结构。

（2）采用四连杆机构，支架的稳定性好，能承受较大的水平力。

（3）前后两排立柱支撑，支撑合力作用点离煤层比较远，支架的支撑力大，切顶能力强。

（4）地板比压分布均匀，对底板比压小。

（5）在顶梁、掩护梁甚至后连杆都设有活动侧护板，对顶板和采空区的挡矸性能好。

（6）通风断面较大。

（7）纵向长度长，造价比掩护式支架高。

二、支撑式液压支架

支撑式液压支架结构如图 4—1 所示。主梁 5 和前梁 2 用销轴铰接。前梁端部用螺栓与加长梁 1 连接。前梁千斤顶 3 可使前梁在一定范围内上下摆动，以便使顶梁与顶板良好接触。主梁与尾梁 6 用销轴和保险销 12 连接。当冒落的大块顶板砸到尾梁上时，保险销可能受冲击而被切断，尾梁绕销轴落下，并由弹性胶垫缓冲。4 根立柱 4 均以球面缸底与底座连接，立柱活塞杆则以平顶头通过圆锥形柱头用钢丝绳与顶梁相连接。立柱上端用钢丝绳，下端用挡板限位。底座 10 左、右座箱通过前、后连接板连成半刚性底座。这种半刚性底座与

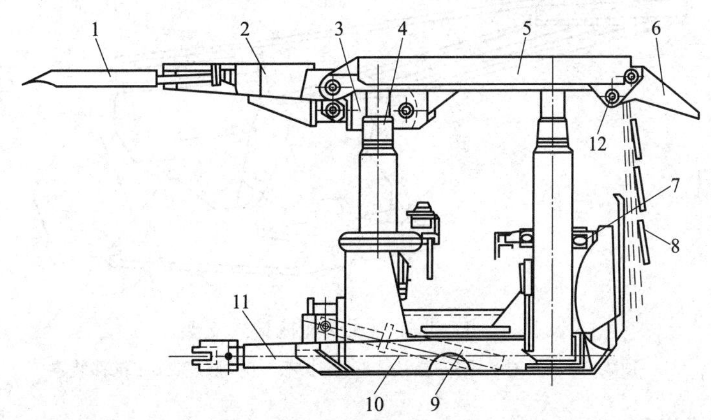

图 4—1　支撑式液压支架结构

1—加长梁　2—前梁　3—前梁千斤顶　4—立柱　5—主梁　6—尾梁　7—复位橡胶

8—挡矸帘　9—推移千斤顶　10—底座　11—推移框架　12—保险销

整体底座相比，有对底板适应性强的优点。

移架时，顶板对顶梁的摩擦力使立柱后倾，装在底座右座箱上复位盒内的复位橡胶 7 受到后倾立柱的压迫时产生弹性恢复力，将立柱扶正，使之垂直支撑在顶梁与底座之间。

三、掩护式液压支架

根据立柱布置方式和支架结构特点，掩护式支架可分为支掩掩护式支架和支顶掩护式支架两种。

1. 支掩掩护式支架

支掩掩护式支架的单排立柱支撑在掩护梁上，适用于顶板周期来压不明显、直接顶中等稳定以下的低瓦斯工作面。立柱通过掩护梁对顶板进行间接支撑，支架的支撑效率低（一般为 0. 6~0. 75）、顶板短、控顶距小，多数在顶梁与掩护梁之间设有平衡千斤顶，少数支架只设机械限位装置。顶梁后部与掩护梁构成的“三角带”易卡进矸石，影响顶梁摆动，故一般在顶梁后端挂有挡板。支掩掩护式支架作业空间狭窄，通风面积小，采用整体刚性底座，有插腿式（见图 4—2）和非插腿式（见图 4—3）两种形式。

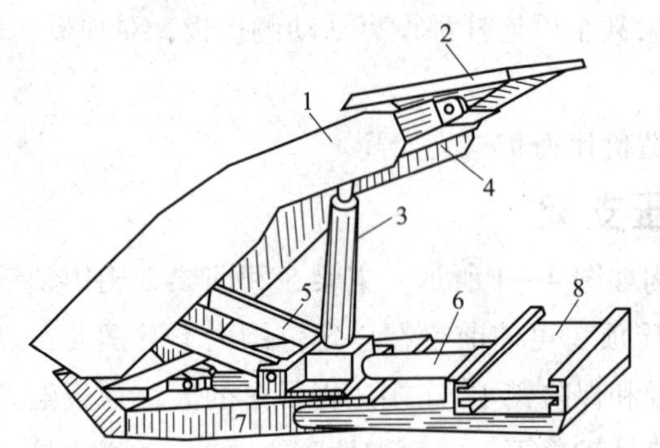

图 4—2　插腿式支掩掩护式支架

1—掩护梁　2—顶梁　3—立柱　4—侧护板　5—连杆　6—推移千斤顶　7—底座　8—输送机

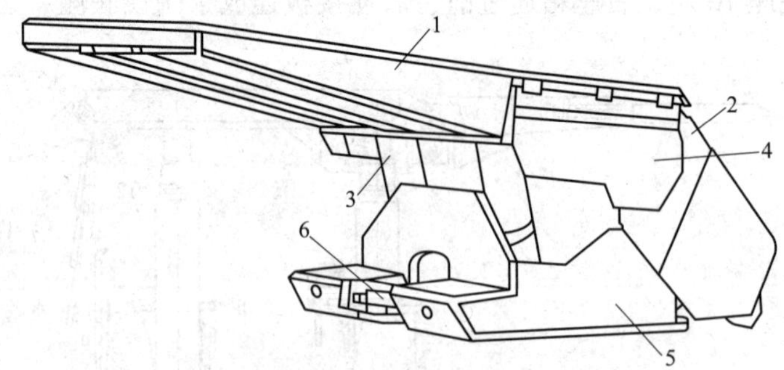

图 4—3　非插腿式支掩掩护式支架

1—顶梁　2—掩护梁　3—立柱　4—侧护板　5—底座　6—推移装置

2. 支顶掩护式支架

支顶掩护式支架是目前应用较多的一种架型，通常简称双柱掩护式支架。这种支架的单排立柱支撑在顶梁上，适用于顶板周期来压不十分强烈、直接顶中等稳定或不太稳定的中等瓦斯工作面。立柱经过顶梁直接对顶板进行支撑，支撑效率高，一般可达 0. 7~1。支顶掩护式支架顶梁长，顶梁后端与掩护梁铰接，作业空间和通风断面均大于支掩掩护式支架。顶梁和掩护梁侧面都装有活动侧护板，挡矸性能好。多数支架将平衡千斤顶设在顶梁与掩护梁之间，少数支架将平衡千斤顶设在底座与掩护梁之间，平衡千斤顶上、下腔连接双向液控单向阀和安全阀。

平衡千斤顶的作用是使支架在卸载状态保持或调节顶梁的位置，调整支架支撑合力作用点位置。为改善支架的使用性能，应适当加大顶梁与掩护梁的极限张角和平衡千斤顶的行程。对于要提高切顶能力的支架，可增加平衡千斤顶的抗张力矩或将平衡千斤顶设置在底座与掩护梁之间。该类支架底座前端对底板的比压较大，要防止陷底。支顶掩护式支架的顶梁有分式铰接顶梁和整体刚性顶梁两种。支架底座有刚性底封式底座、刚性底开式底座和分式底座三种。

四、支撑掩护式液压支架

根据支架的结构特点，支撑掩护式液压支架可分为支顶支撑掩护式支架和支顶支掩支撑掩护式支架两种。

1. 支顶支撑掩护式支架（见图 4—4）

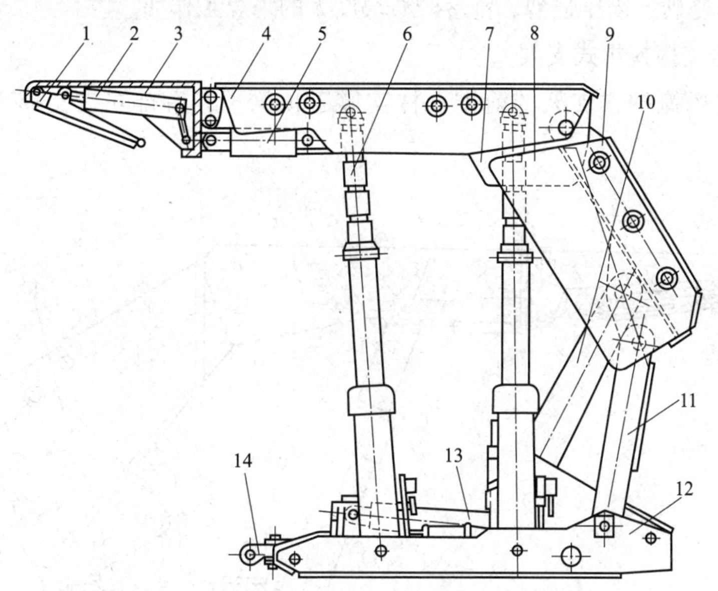

图 4—4　支顶支撑掩护式支架

1—护帮板　2—护帮千斤顶　3—前梁　4—顶梁　5—前梁千斤顶　6—立柱　7—顶梁侧护板　8—掩护梁侧护板　9—掩护梁　10—前连杆　11—后连杆　12—底座　13—推移千斤顶　14—推杆

支顶支撑掩护式支架根据两排立柱布置及架体结构形式的不同，可分为一般型、V 型、X 型、单摆杆型和短尾型等，如图 4—5 所示。

（1）一般型支架是指前排立柱向前倾斜，后排立柱近于直立的支架。这种支架支撑效率高，调高范围较小，适用面广，是使用最普遍的支撑掩护式支架。

（2）V 型支架是指前排立柱向前倾斜，后排立柱向后倾斜，呈“V”形布置的支架。这种支架立柱倾斜较大，倾角相同，支架调高范围大，增强了对煤层厚度变化和顶板载荷的适应能力，但前、后排立柱在底座上的距离减小，影响行人和运送物料。

(3) X 型支架是指前排立柱向后倾斜，后排立柱向前倾斜，呈“X”形布置的支架。这种支架倾斜度大，调高范围增加很多，顶梁和底座较短，但总体结构复杂，使用不多。V 型支架和 X 型支架适用于厚度变化较大的薄及中厚煤层。

(4) 单摆杆型支架的顶梁与掩护梁为一体，掩护梁较短，支架升降时，顶梁端部运动轨迹的水平位移量大，使端面距变化增加。这种支架的总体结构简单，质量轻，但调高范围小，适用于煤层厚度变化小的中厚煤层采煤工作面。

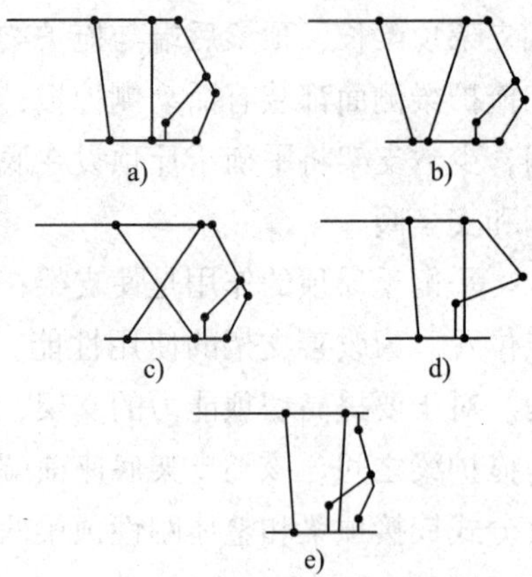

图 4—5　支顶支撑掩护式支架外形结构单线示意图

a) 一般型　b) V 型　c) X 型
d) 单摆杆型　e) 短尾型

(5) 短尾型支架的掩护梁陡立，较短，与顶梁连接的销轴在顶梁后部，使掩护梁的上方受到顶梁后部保护。短尾型支架的工作阻力和质量都较大，适用于顶板坚硬、来压强烈、冒落矸石块度大的采煤工作面。

2. 支顶支掩支撑掩护式支架

支顶支掩支撑掩护式支架的前排立柱支撑于顶梁下，后排立柱支撑于掩护梁下，如图 4—6 所示。

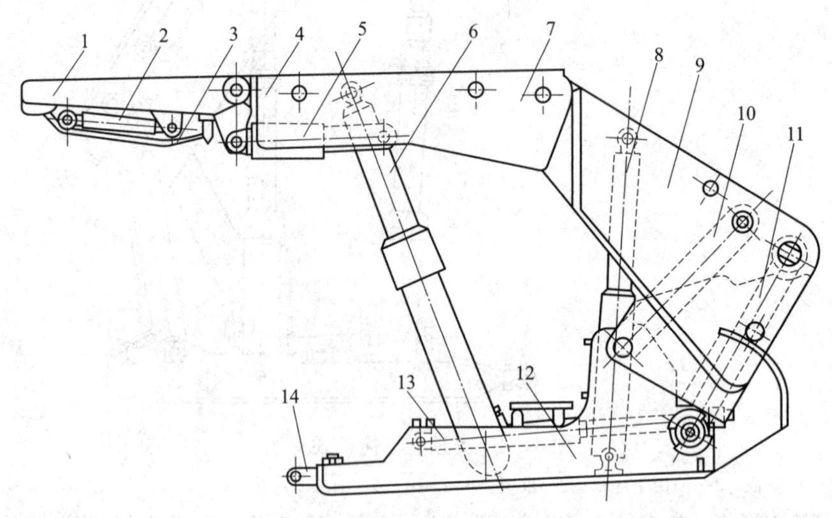

图 4—6　支顶支掩支撑掩护式支架

1—前梁　2—护帮千斤顶　3—护帮板　4—顶梁　5—前梁千斤顶　6—前立柱　7—顶梁侧护板　8—后立柱　9—掩护梁　10—前连杆　11—后立柱　12—底座　13—推移千斤顶　14—推杆

这种支架结构单一，前排立柱向前倾，后排立柱向后倾，且其工作阻力多小于前排立柱，工作中有时承受拉力，故活塞腔也用液压闭锁控制，立柱头与立柱底用直通销轴连接于掩护梁与底座之间（与千斤顶的连接方式相同）。这种支架顶梁与底座较短，结构较紧凑，整体刚度高，支撑合力更靠近顶梁后部。这种支架底座前端比压小，便于移架，更适用于较软的底板。

第二节　专用液压支架

放顶煤液压支架、端头液压支架、水砂充填液压支架和铺网液压支架是现在工作面经常用到的专用液压支架，与之相适应有特殊的采煤工艺。掌握这几种典型液压支架的结构特点，可以为正确操作和使用液压支架打下良好的基础。

一、放顶煤液压支架

1. 高位放顶煤支架

高位放顶煤液压支架的放煤口设在掩护梁的上部，顶煤从放煤口通过滑槽流入输送机。这种支架放顶煤与采煤机割煤共用一台输送机。

高位放顶煤液压支架的特点是：

(1) 结构简单、紧凑，支架较短，稳定性和封闭性较好。

(2) 放煤口尺寸大，可达 2 000 mm×800 mm，有利于顶煤放出。

(3) 使用单输送机，端头维护空间小，整个工作面设备布置与普通长壁工作面相同，便于管理，但由于采、放煤共用一部输送机，不能平行作业，影响产量的提高。

(4) 支架放煤时，煤尘较大，正常人行道基本被切断，减少了工作面安全出口的数量。

(5) 支架顶梁较短，容易出现架前顶煤放空，造成支架失稳或移架困难。

(6) 对煤层冒放性要求较高：一方面要求梁端顶煤完整，不冒顶，不片帮；另一方面要求梁后顶煤破碎，能顺利放出。

2. 中位放顶煤支架

中位放顶煤支架的放煤口位于液压支架的中部，即在掩护梁中部开放煤口，一般采用双输送机，采煤机采落的煤由前输送机运送，放下的顶煤由后输送机运送，如图 4—7 所示。

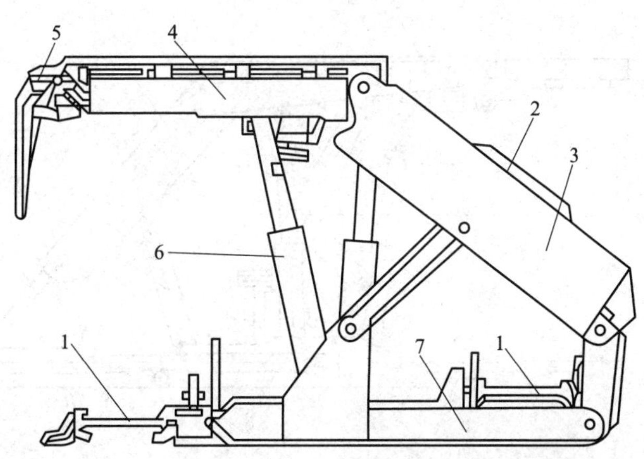

图 4—7　中位放顶煤液压支架

1—刮板输送机　2—装煤门　3—掩护梁　4—顶梁　5—前梁　6—立柱　7—底座

中位放顶煤液压支架的特点是：

(1) 支架的稳定性和封闭性较好，抗偏载和抗扭能力强，不易损坏。

(2) 放煤口距煤壁较远，有助于工作面前方顶煤的维护。支架顶梁长，可反复支撑顶板，增加顶煤的破碎程度。

(3) 由于采、放煤运输使用两部输送机，可以实现平行作业。

(4) 受放煤口尺寸的限制，架与架之间有三角煤放不下来，同时放煤口易发生大块煤堵塞现象。

(5) 后输送机放在支架底座上，后部空间受限，大块煤通过困难，且移架阻力较大。

(6) 掩护梁不能摆动，二次破煤能力差。

3. 低位放顶煤支架

低位放顶煤液压支架的放煤口位于支架的下部，即在掩护梁后部铰接一尾梁作为放煤门，通过控制尾梁的伸缩或摆动，控制顶煤的排放，使用双输送机运煤，如图 4—8 所示。

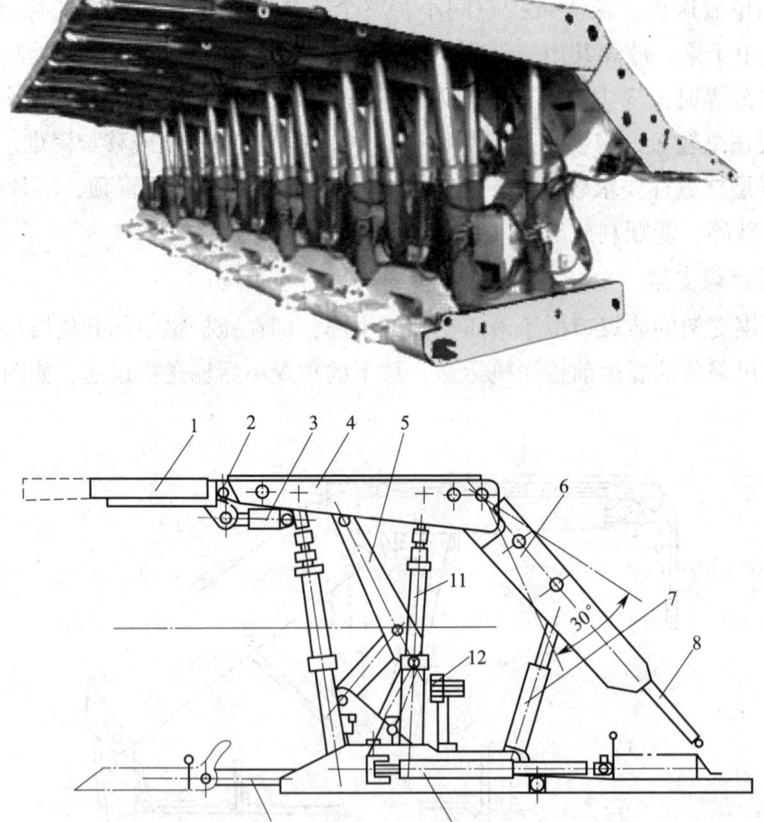

图 4—8　低位放顶煤支架

1—前梁　2—前梁伸缩千斤顶　3—前梁千斤顶　4—侧护板　5—连杆机构　6—尾梁　7—尾梁千斤顶　8—伸缩式放煤门　9—支架后推移千斤顶　10—推移千斤顶　11—立柱　12—操纵阀

低位放顶煤液压支架的特点是：

（1）具有连续的放煤口，放煤效果好，没有脊背煤的损失，回收率高。

（2）从煤壁到放煤口的距离长，经过顶梁的反复支撑和在掩护梁上方的垮落，顶煤破碎较充分。

（3）后输送机一般沿底板布置，浮煤容易排出，有利于移架。

（4）放煤口较低，产生的煤尘较少。

（5）尾梁伸缩高度较小（或摆动角度较小），松动顶煤的能力差。

二、端头液压支架

端头支架是用于维护采煤工作面端头巷道顶板的支架，是与工作面支架配套的综采支护设备。

由工作面支架、工作面运输巷端头支架、工作面回风巷端头支架组成工作面的全封闭支护，端头支架的主要作用是支撑工作面端部的顶板，承受一定的超前压力，保证工作面上、下出口的畅通和有足够的通风断面，保证行人和设备运送安全，锚固刮板输送机，防止刮板输送机和工作面支架下滑，保证刮板输送机与转载机正常搭接，推移转载机前移。

1. 迈步式端头支架

迈步式端头支架由两个框架并列支撑，如图 4—9 所示。两框架间上部装有导向装置 1，下部设有移架千斤顶 2，使两框架组合成一个支架。移架千斤顶的缸体与主架 3 固定，活塞杆与副架 4 固定。移架时，首先降副架，主架支撑顶板，操作千斤顶活塞杆伸出，以主架为支点推动副架前移，导向装置和千斤顶限位装置限定了副架前移的方向。副架前移到新的工作位置后，升柱并支撑顶板。然后降主架，千斤顶活塞杆缩回，拉动主架沿导向装置前移。

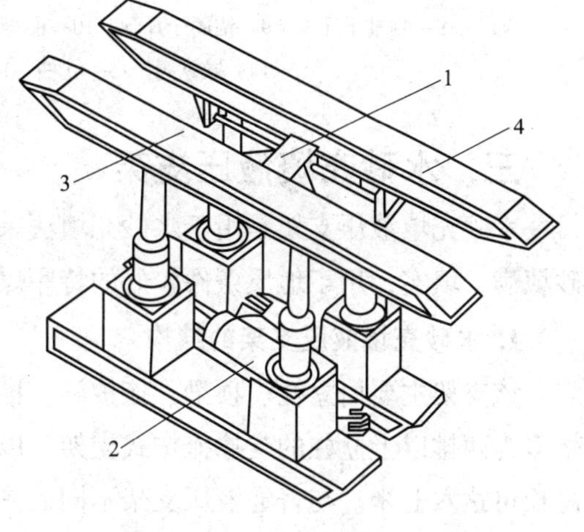

图 4—9　迈步式端头支架

1—导向装置　2—移架千斤顶　3—主架　4—副架

这种迈步式端头支架用于工作面两端与工作面运输巷和回风巷的连接处，没有锚固和移设输送机的机构，只能起支撑顶板的作用，使用时常需与锚固支架配合。在顶板较破碎的情况下，这种支架常发生单框架支撑顶板现象，使移架困难。实际上，由于端头顶板压力较大，出现顶板破碎的机会较多，所以该端头支架在实际使用中受到一定的限制。

2. 支撑掩护式端头支架

支撑掩护式端头支架如图 4—10 所示。该支架布置在工作面运输巷端，用于支护工作面运输巷与工作面连接处的顶板，隔离采空区，防止矸石进入工作空间，并能自动前移和推移转载机及刮板输送机机头。该支架每组由两架结构相同的支撑掩护式支架组成，两架支架并列布置。

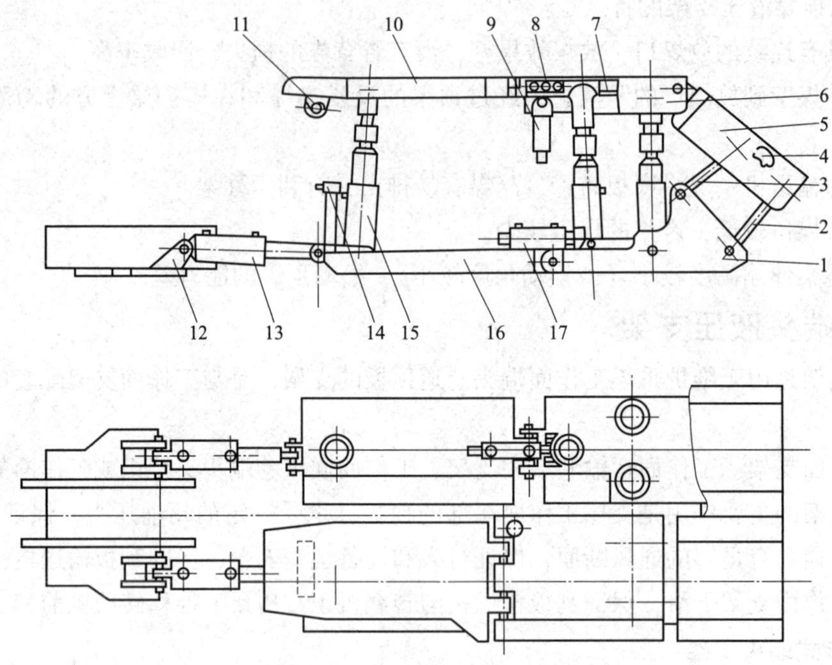

图 4—10 支撑掩护式端头支架

1—底座 2—后连杆 3—前连杆 4—掩护梁 5—掩护梁侧护板 6—顶梁侧护板 7—主梁 8—侧推千斤顶 9—锚固千斤顶 10—前梁 11—调架千斤顶 12—前托座 13—推移千斤顶 14—操纵阀 15—立柱 16—滑移底座 17—推机头千斤顶

三、水砂充填液压支架

水砂充填液压支架是用于水砂充填法采煤工作面的特种液压支架，要求采空区全部用水砂填满、填实，用于地质条件较好的特厚煤层以及建筑物下、水体下和铁路下煤层的开采。

1. 水砂充填液压支架的结构

该支架主要由立柱、顶梁、掩护梁、推移装置和液压系统等组成，如图 4—11 所示。支架多为两排以上立柱的支撑掩护式支架，以保证稳定性和足够的行人空间。支架顶梁较长，总长可达六七米。与普通液压支架不同的是，该支架具有后梁。后梁的结构多为铰接式，用液压千斤顶调整其位置。支架的掩护梁和连杆机构尽量陡直并靠前布置。

2. 水砂充填液压支架的工作过程

水砂充填液压支架的工作过程包括降架、移架、初推移输送机，然后进行充填作业，即利用水力和悬挂在后梁下方的填充管路将不同的充填材料送入采空区。支架前、后有两个作业空间，前面为采煤和行人空间，与采煤机和输送机配套，后面靠采空区为充填空间，用于安设充填管路、进行充填作业等。水砂充填时，在后梁与底座之间设有编织网，用于阻隔充填材料并进行脱水。支架之间有通向采空区的行人道，以保证充填作业时行人和送料等需要。支架掩护梁不起挡矸封闭作用，无活动侧护板，有时直接用作充填墙骨架。根据充填带的作用特点，支架后柱载荷往往大于前柱，故后柱多紧靠顶梁后端布置。该支架的底座经常

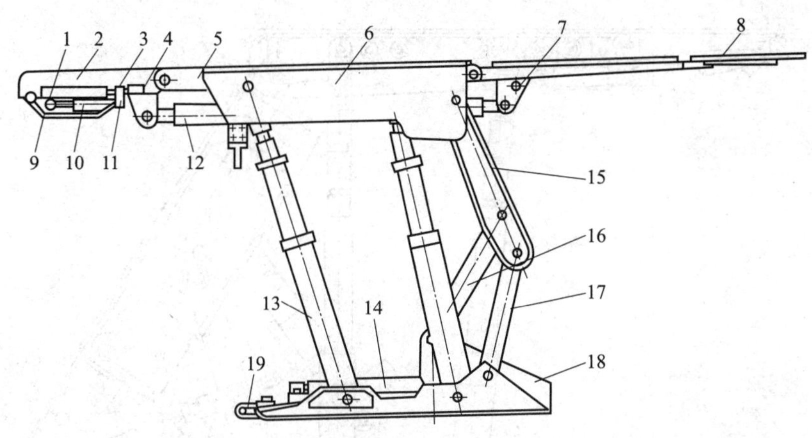

图 4—11　水砂充填支架

1—导向杆　2—伸缩梁　3—伸缩千斤顶　4—前梁　5—主梁　6—活动侧护板
7—后梁　8—尾梁　9—护帮板　10—护帮千斤顶　11—托板　12—前梁千斤顶
13—立柱　14—推移千斤顶　15—掩护梁　16—前连杆　17—后连杆
18—底座　19—推移框架

泡在水中，拉架时后梁要从充填带里拉出，所以水砂充填支架的拉架力应比一般支架大一些。这种支架的推移装置多采用框架结构，以增大拉架力。

四、铺网液压支架

铺网液压支架为具有沿顶（底）板铺设垫网功能的液压支架，它除了具有普通液压支架的功能外，还可实现机械化铺网及联网。这种支架适用于缓倾斜特厚煤层倾斜分层铺设假顶的综采工作面。

根据支架形式和铺、联网作业空间的位置，铺网支架可分为支撑掩护式后铺网支架、支撑掩护式前铺网支架和掩护式后铺网支架。

1. 支撑掩护式后铺网支架

如图 4—12 所示为铺、联网作业空间在后部的支撑掩护式后铺网支架，适用于顶板周期压力明显、直接顶中等稳定或稳定的分层工作面。特点是支架后部的铺网空间由掩护梁和尾梁构成，尾梁由千斤顶控制。本架网卷安设在后连杆上，搭接网卷安设在底座后部侧面的搭接网架上，用手工方式联网。为调整架间距离，底座一侧装有调架千斤顶。

2. 支撑掩护式前铺网支架

如图 4—13 所示为铺、联网作业空间在前部的支撑掩护式前铺网支架，适用于顶板坚硬、周期来压强烈的分层工作面。特点是支架为短尾形式，采用宽网铺网方式，铺设两边带钩的宽式菱形网（相邻网卷网钩方向相反）。支架推移杆前部连接上部带网架的 S 形接头，相邻网卷上下交错排列，网的搭接缝在支架的中部。向前推移 S 形接头，网自动铺设于底板，然后，前、后压网千斤顶动作，将在垫板上、压网板下的搭接网钩压实，使搭接网之间钩连。操作后压网千斤顶还能实现剪支架、抬底座前移。

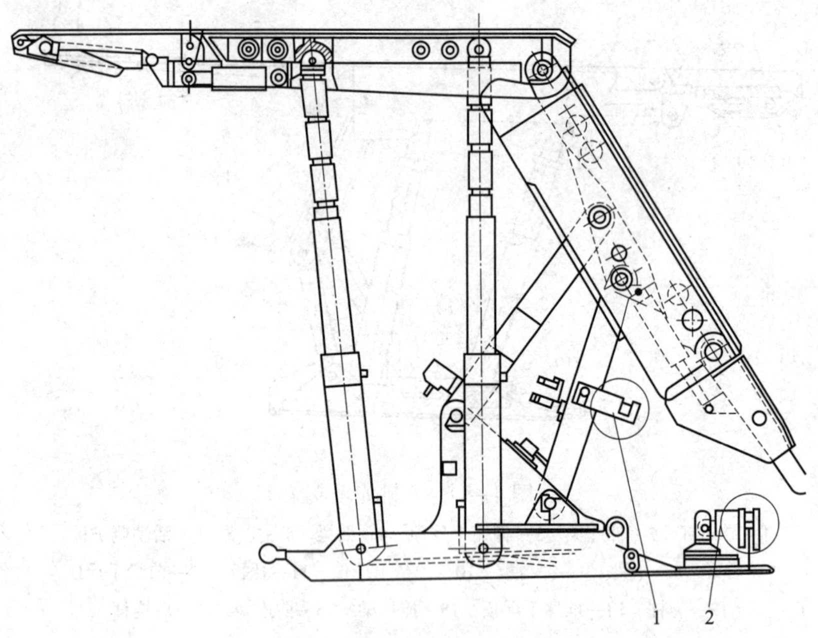

图 4—12　支撑掩护式后铺网支架

1—本架网架　2—搭接网架

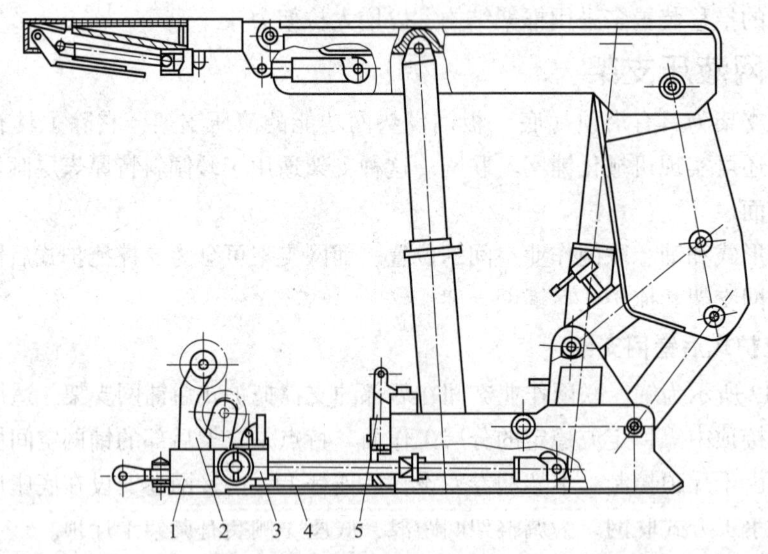

图 4—13　支撑掩护式前铺网支架

1—S 形接头　2—网架　3—前压网千斤顶　4—压网板及垫板　5—后压网千斤顶

3. 掩护式后铺网支架

如图 4—14 所示为铺、联网作业空间在后部的掩护式后铺网支架，适用于顶板周期来压不大、直接顶不稳定或中等稳定的分层工作面。

铺设普通宽式菱形网，采用高架式底座，每架一个网卷，相邻支架的网卷用网槽挂连在

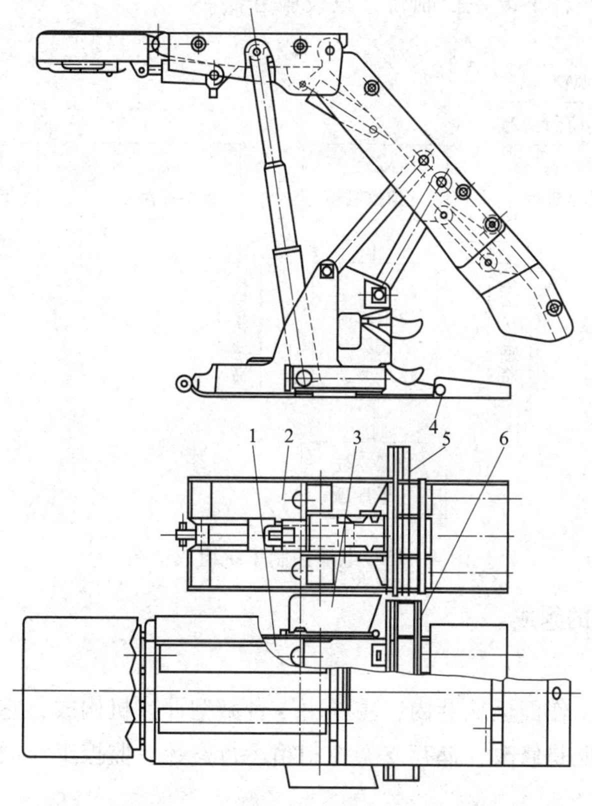

图 4—14　掩护式后铺网支架
1—主架　2—副架　3—调架座　4—联网平台　5—上网槽　6—下网槽

底座上，上下交错排列。搭接缝在支架之间，铺、联网空间由掩护梁和尾梁构成，尾梁的摆动由 1 个四连杆机构随支架升降自行控制。支架分为主架和副架，相间排列。主架底座安设下网槽和调架（其中设有调架千斤顶），副架安设上网槽。网分别从上、下网槽引出后在联网平台之间搭接，用螺旋形铁丝旋接等方式手工联网后，铺向采空区。

第三节　电液控制液压支架

电液控制液压支架是在一般液压支架基础上发展起来的，两者基本结构相同，但控制方式不同。电液控制液压支架是用先进的电子计算机技术与液压阀等相结合组成的电液控制系统来代替一般液压支架的手动液压操控系统，从而使液压支架的操作更加灵活、快捷。根据采煤工艺的要求，单支架控制可以选择手动，成组支架可以选择可编程序控制，工作面运输巷内主控制台工作面可以编程遥控。本节先简要介绍电液控制系统的组成和工作原理，再以两种典型电液控制液压支架为例，介绍其结构和控制系统。

一、电液控制系统的组成及工作原理

液压支架电液控制系统大体上有两种：一种在工作面运输巷内设主控制台，其组成框图

如图 4—15 所示；另一种不设主控制台，只设服务器。

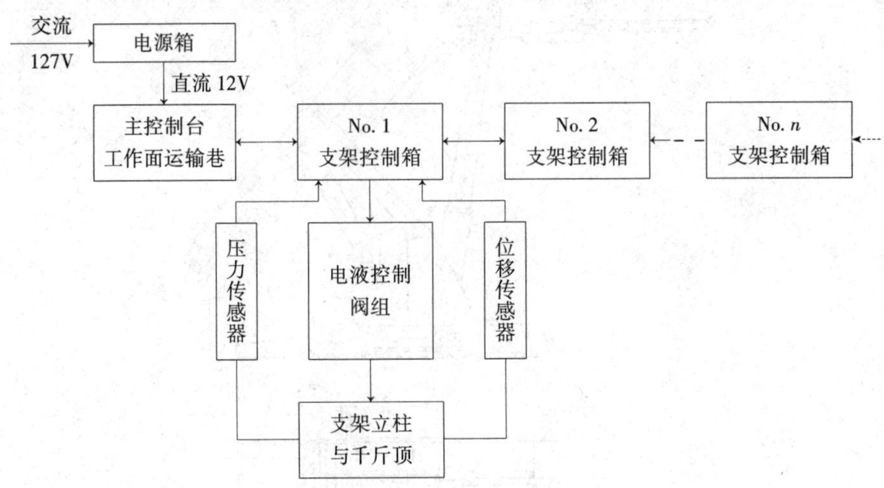

图 4—15　电液控制系统组成框图

1. 电液控制系统的组成

（1）主控制台

主控制台安装在工作面运输巷内，主要由一台微型计算机构成，它是全工作面电液控制系统的中枢，主要功能是修改、储存支架控制箱运行参数，监控工作面运行情况及数据。

（2）支架控制箱

支架控制箱是由单片机、程序存储器、输入输出接口、通信电路、驱动电路、电源、键盘等组成的计算机控制系统。每台液压支架配备 1 台支架控制箱，相邻支架控制箱用电缆连通。支架控制箱是支架的电液控制枢纽，其主要功能是通过操作键盘输入的指令，使左、右支架实现相应的动作，接收主控制台的信息和压力传感器、位移传感器的反馈信号，经计算机判断处理后，监测控制箱所控制的支架的程序动作，显示和修改单台支架的运行参数。

（3）电液控制阀组

电液控制阀组是支架电液控制系统的核心部件，目前使用的电液控制阀组是电磁先导阀控制阀组，由电磁先导阀和主控换向阀组成。它的优点是可用较小的电磁力来控制较大的液流，按操作者的指令由计算机控制实现支架的各种动作。电液控制阀组动作频繁，对其工作可靠性和使用寿命要求很高。

（4）压力传感器

压力传感器是把液压信号转换为电信号的元件，通过它把监测到的支架承载状态反馈到支架控制箱。

（5）位移传感器

位移传感器是把位移量转换为电量（电流或电压）的元件，可分为直线位移传感器和角位移传感器。直线位移传感器能够把直线距离的变化量转换为电信号的变化量，并反馈到支架控制箱内，可用于支架推溜、拉架或采高等位置的监视。角位移传感器可把角度变化转换为电信号输入控制箱，用于监测支架前梁及护帮装置的伸出与收回状态。

(6) 电源箱

电源箱的作用是向控制系统提供电能，一般均采用矿用隔爆兼本安型 12 V 直流稳压电源。

(7) 分线盒及电缆

分线盒及电缆用于控制系统各电气元件的连接。分线盒一般为全密封的金属盒，电缆为带有防护胶管的多芯电缆。

2. 电液控制系统的工作原理

工作面内各支架控制箱与主控制台联成一个计算机网络，形成一个有机整体。操作人员选定其中任一台支架控制箱进行操作，可对工作面内任一台支架发出控制命令，并且能够把被控制支架的工作状况反馈回发出命令的支架控制箱。对单台支架，首先根据采煤工艺的要求，通过支架控制箱选择好控制方式，然后发出相应控制命令（即给出电信号），使对应的电液控制阀组内的电磁先导阀动作，控制主控阀开启，向所连接的液压缸供液，使支架做相应的动作。支架工作状态由压力传感器和位移传感器反馈回支架控制箱，支架控制箱再根据传感器的信号来决定支架的下一个动作。

二、ZZ5200/11/18 型支撑掩护式液压支架

ZZ5200/11/18 型支撑掩护式液压支架是我国第一套装备国产最先进电液控制系统的支护设备。

1. 结构特点

(1) 采用了适合硬顶板条件的紧凑型四连杆机构，改善了支架的受力条件。

(2) 支架采用了顶梁与掩护梁铰接间隙补偿技术，端面距基本保持不变。

(3) 液压系统中采用了大流量的阀类、大孔径的高压胶管及电液控制技术，极大地提高了移架速度。

(4) 推移千斤顶缸底装有到位行程阀，用于发送行程到位信号。

2. 主要技术特征

支架形式	支撑掩护式
支架高度	1 100～1 800 mm
初撑力	3 958 kN
工作阻力	5 100 kN
操纵方式	本架手动、双向顺序、成组、邻架
泵站压力	31.5 MPa
流量	400 L/min

3. 结构

ZZ5200/11/18 型支撑掩护式液压支架的结构如图 4—16 所示。

(1) 承载结构件

1) 前梁。前梁为箱式焊接结构，与顶梁铰接。通过前梁千斤顶的伸缩可控制前梁的上下摆动。上摆 9.5°，下摆 6°，起控制前方顶板的作用。梁体较薄，具有较好的弹性，能改

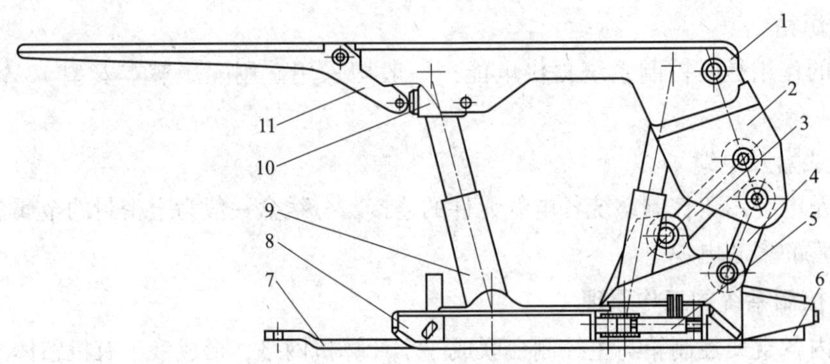

图 4—16　ZZ5200/11/18 型支撑掩护式液压支架的结构

1—顶梁　2—掩护梁　3—前连杆　4—后连杆　5—调架千斤顶　6—移架千斤顶
7—推移杆　8—底座　9—立柱　10—前梁千斤顶　11—前梁

善前梁的接顶状况。

2）顶梁。顶梁为箱式焊接结构，前端与前梁连接，后端与掩护梁铰接。顶梁腹部有 4 个球形柱窝，与立柱球头通过柱销连接。

3）掩护梁。掩护梁为整体箱形焊接结构，两侧为固定侧护板。

4）底座。底座是前、后桥和两对称箱座焊接而成的刚性整体结构，前桥为厚钢板整体结构，后桥为箱形焊接结构。两半箱体上设有 4 个球形柱窝，可与立柱缸底球头铰接。底座后部设有耳座，通过销轴与前、后连杆铰接。底座右侧箱体设有调架千斤顶的连接耳孔，可与调架千斤顶连接。

5）前、后连杆。前、后连杆均为箱体焊接结构。

（2）推移杆

推移杆为板式焊接结构，具有较高的抗弯、抗扭能力。它的一端直接与推移千斤顶连接，另一端与连接块连接，再由连接块与输送机连接，组成推移装置。

（3）执行元件

1）立柱。立柱是单伸缩双作用的活塞杆内充液的抗冲击结构形式，由缸体、活塞、导向套、活塞支撑环、导向环、密封件组成，如图 4—17 所示。活塞杆为空心 27SiMn 无缝钢

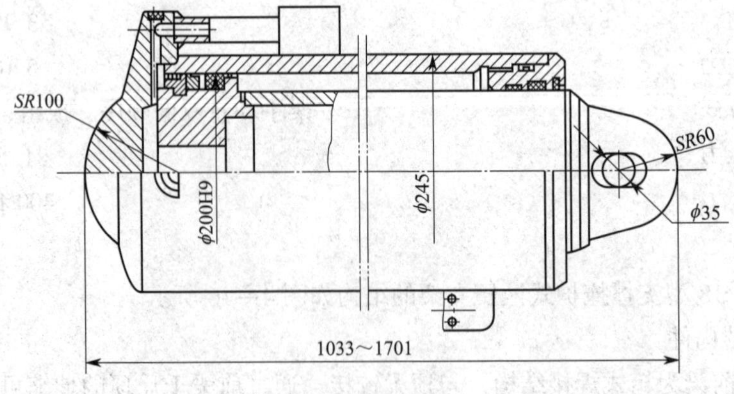

图 4—17　立柱

管，内部充液，可提高立柱抗冲击性能。缸体一端焊接球形缸底，并设有 2 个通液口，1 个用于立柱进液，1 个用于安设安全阀。缸体中部外焊有阀座，可与立柱控制阀板连接。缸口内螺纹与导向套连接，并焊有一上腔通液口。

2）前梁千斤顶。前梁千斤顶的结构与立柱相似。

3）推移千斤顶。推移千斤顶主要由缸体、活塞杆、导向套、密封组件组成，如图 4—18 所示。为适应不同截深的要求，在活塞杆上装有距离调整套（无该套时，行程为 1 100 mm）。推移千斤顶缸底装一行程到位开关阀，活塞端有一个行程阀的碰撞顶杆。

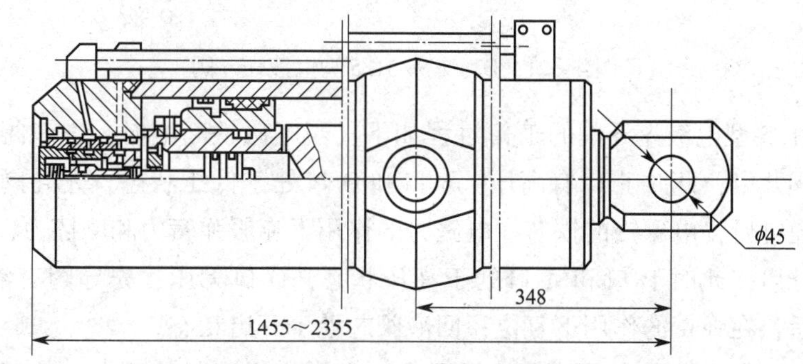

图 4—18　推移千斤顶

4）调架千斤顶。调架千斤顶主要由缸体、活塞杆、导向套、橡胶组合密封构成，如图 4—19 所示。缸底铰接耳与底座耳板铰接，活塞通过调架块与底座连接，利用杠杆原理达到调架目的，最大调架力为 420 kN。

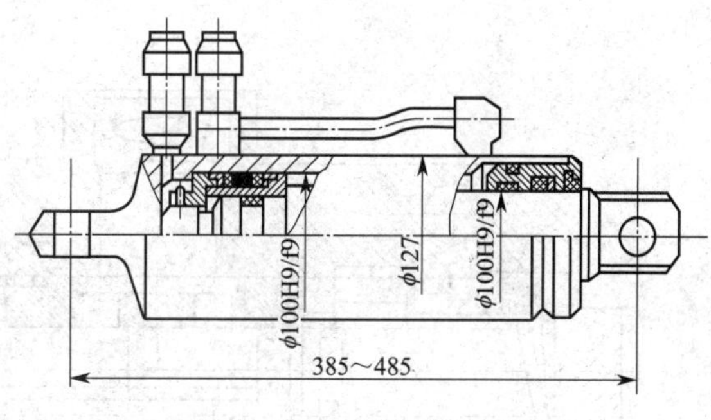

图 4—19　调架千斤顶

（4）控制元件

1）主控制阀组。主控制阀组由电液先导阀、主控制阀和常闭截止阀组成，如图 4—20 所示。

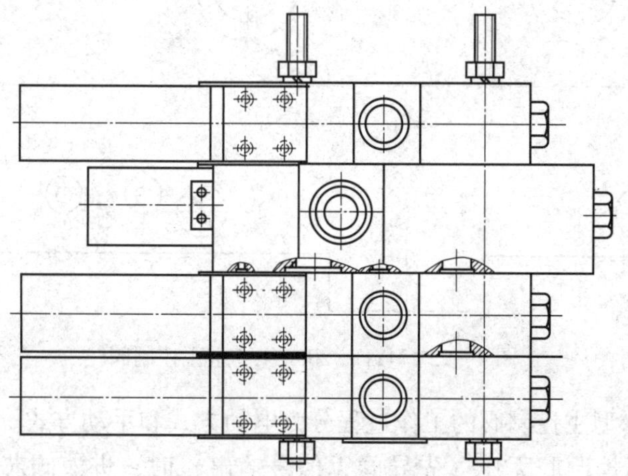

图 4—20　主控制阀组

DYF7-3/31.5 型电液先导阀为静压平衡式金属锥形二位三通阀，电磁铁为直动式直流电磁铁，电磁铁内通有高压液，如图 4—21 所示。

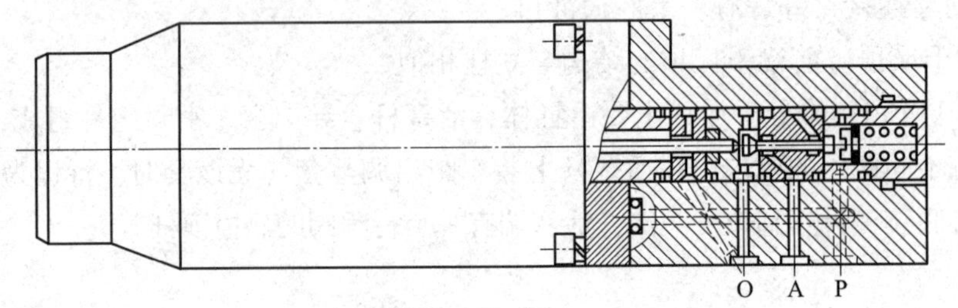

图 4—21 DYF7-3/31.5 型电液先导阀

DYF7-3/31.5 型电液先导阀的工作过程如下：当电磁铁断电时，进液阀在弹簧的作用下关闭，回液阀开启，此时 P 口有高压，A 口和 O 口处于低压状态，先导阀无液压信号输出。当电磁铁通电后，电磁铁的铁芯在电磁力的作用下克服弹簧力和摩擦力，推动回液阀芯关闭，进液阀开启，此时 P 口和 A 口处于高压状态，O 口无压，先导阀有液压信号输出。电磁铁再断电后，在弹簧的作用下复位，回液阀芯处于开启状态。

DYF7-200/31.5 型主控制阀为非静压平衡式金属锥形密封的两个二位三通阀合成的三位四通阀，有两级先导控制活塞，其一为电磁先导，其二为手动先导，结构如图 4—22 所示。

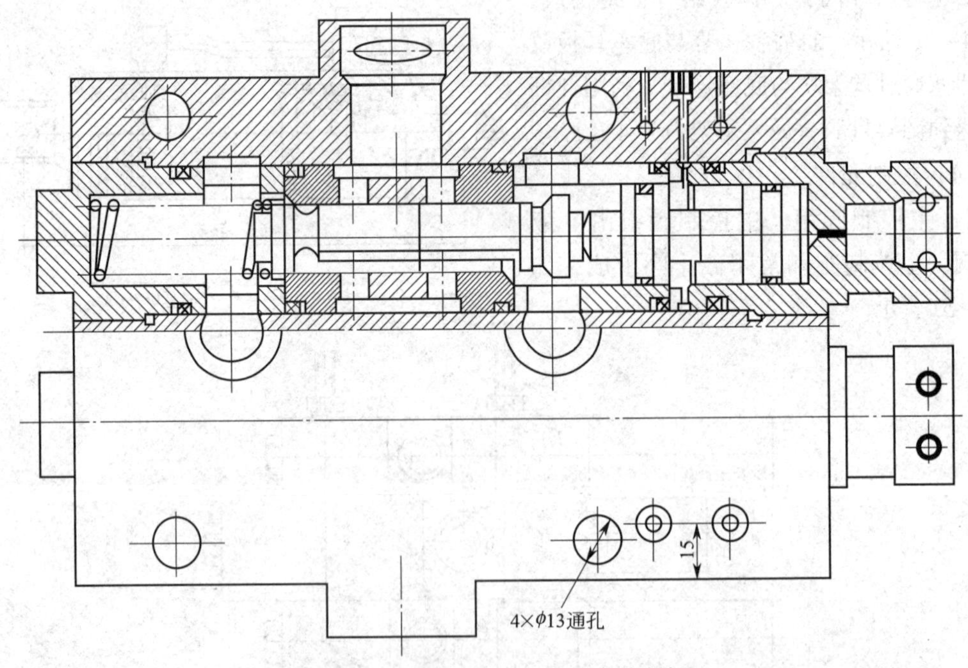

图 4—22 DYF7-200/31.5 型主控制阀

DYF7-200/31.5 型主控制阀的工作过程分为电动方式和手动方式。

电动方式下，当控制腔无压（先导阀无信号输出）时，进液阀芯在弹簧作用下关闭，回液阀开启，此时 P 口处于高压状态，A 口和 O 口处于低压状态，主控制阀无高压液输出；

当控制腔处于高压状态（先导阀有信号输出）时，控制活塞在液压力的作用下克服弹簧力推动回液阀关闭，进液阀开启，此时 P 口和 A 口有高压，O 口无压，主控制阀有高压液输出。当控制腔恢复到低压状态（先导阀复位）时，进液阀在弹簧的作用下关闭，回液阀又处于开启状态。这是一个二位三通阀（主控制阀的一半）的工作过程，另一个二位三通阀的工作过程完全一样。

手动方式的工作原理与电动方式相同，只是控制腔的液体压力由手动换向阀来控制。

常闭截止阀为 CJF-400/31.5 型常闭截止阀。

2）SZF-8/31.5 型手动换向阀组。该阀组由首片和中片组合而成，结构分别如图 4—23 和图 4—24 所示。

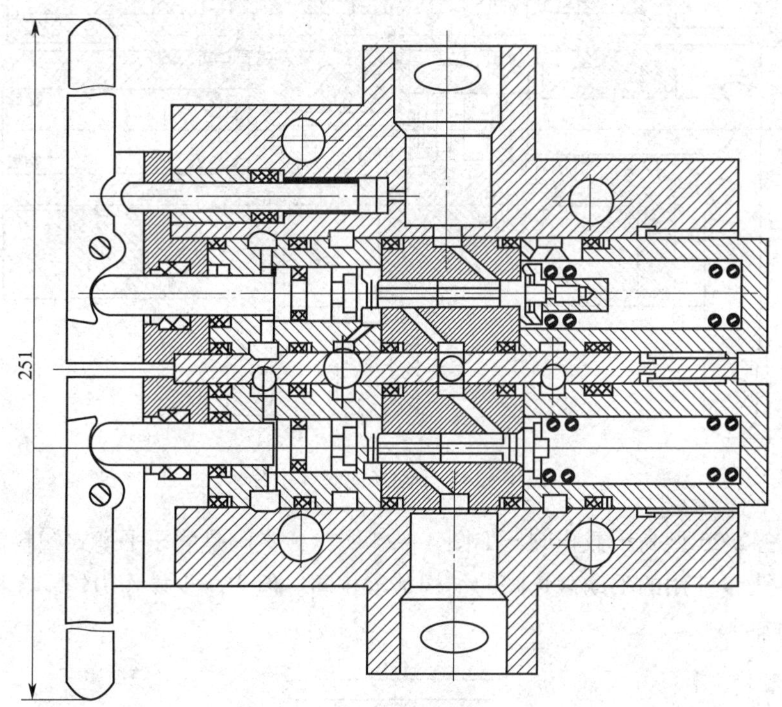

图 4—23　手动换向阀（首片）

本阀采用部分静力平衡面橡胶和金属锥密封型二位三通结构。

工作过程：操作手柄，通过杠杆机构推动回液阀关闭，使进液阀打开，此时工作腔 A 有高压液输出；操作力消除后，在弹簧的作用下，进液阀关闭，回液阀开启，此时 A 腔与 P 腔隔离，与 O 腔相通，阀处于非工作状态。

根据液压支架工况的需要，该阀的操作手柄分为带自锁机构和不带自锁机构两种，其工作过程基本一致。带自锁机构的手柄在提起后，操作人员松开手柄，换向阀继续工作，停止工作时，需压一下手柄使换向阀复位。不带自锁机构的手柄在其工作过程中需要操作人员始终扳起，松开手柄后，换向阀即复位。

3）旁路阀。本支架采用 DKDFⅡ型液控单向阀。

4）安全阀。本支架采用 ZHYFⅡ型安全阀。

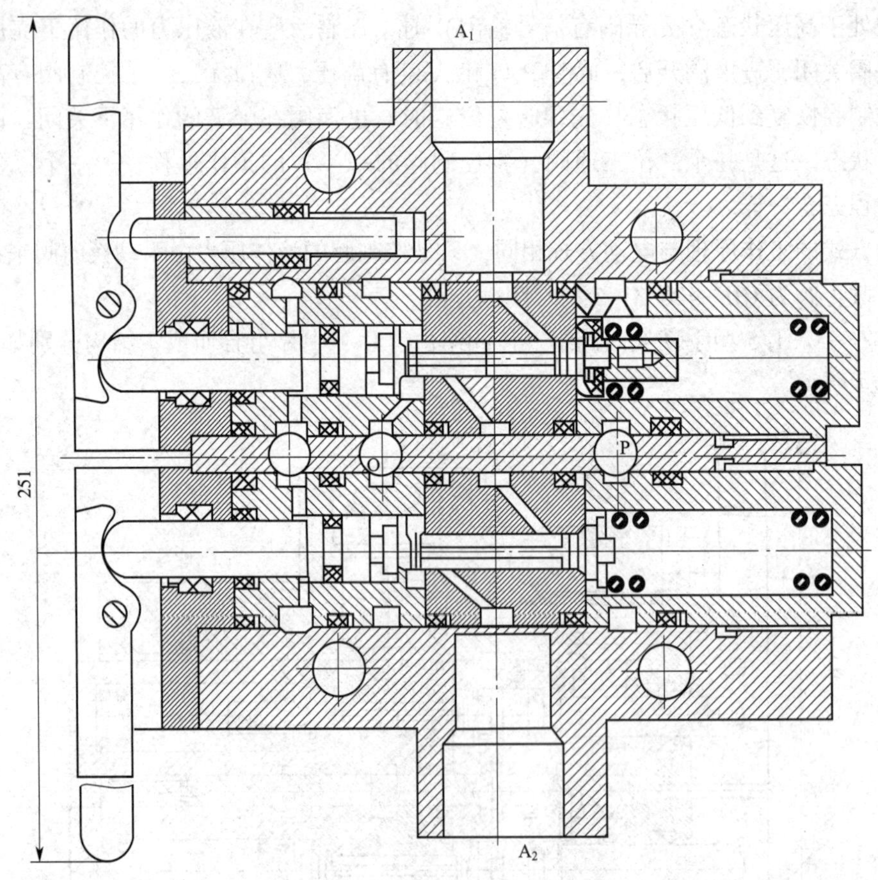

图 4—24　手动换向阀（中片）

5）JXF1-32/25 型高压截止阀。如图 4—25 所示，本阀是静压平衡式塑料锥形手动截止阀，它与现在大量使用的手动截止阀的结构基本相同，但为减少操作力矩，在操作机构中增加了 1 个止推轴承。

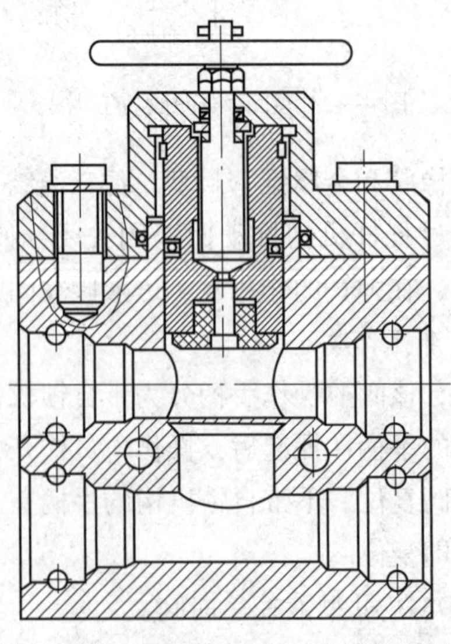

图 4—25　JXF1-32/25 型高压截止阀

6）JXF2-38/25 型回液截止阀。回液截止阀的结构和高压截止阀相同，只是进液口通径略大于后者。

7）CDF 型差动推溜阀。CDF 型差动推溜阀如图 4—26 所示。A 口与主控阀的工作口连通，B 口与推移千斤顶上腔连通，C 口与推移千斤顶及主控阀的另一工作口连通。当主控阀工作，向 C 口供液时，推移千斤顶下腔为高压。同时，在液压的作用下差动推溜阀的右边阀芯克服弹簧力而动作，使推移千斤顶上腔也为高压，液体不流回油箱而进入推移千斤顶下腔，起到差动作用。

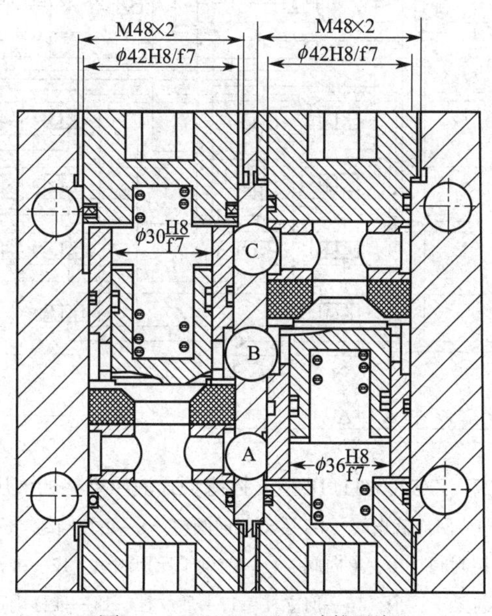

图 4—26　CDF 型差动推溜阀

4. 控制系统

该支架采用手动操作与电液控制并行的控制方式，控制系统主要由液压系统和电控系统两大部分构成。ZZ5200/11/18 型支撑掩护式液压支架的液压系统如图 4—27 所示。

（1）手动控制

手动控制可实现本架各个动作的控制，通过手动换向阀来操纵。系统在待命状态时，高压液被常闭截止阀首片堵在系统之外，整个系统除手动截止阀、高压过滤器，以及处于工作状态的立柱、千斤顶之外，均处于零压状态。打开手动换向阀首片，给手动换向阀供液，同时靠先导液打开主控阀组的常闭截止阀，给主控系统供液，此时便可根据需要操纵相关的手动换向阀，实现指定动作。其中，前、后立柱的升、降，以及移架、推溜动作起先导控制作用，前梁千斤顶、调架千斤顶的动作则直接由手动换向阀控制。

（2）电液控制

电液控制只实现支架的降架、移架、升架、初撑、推溜等动作，在系统上用电磁先导控制代替手动先导控制。动作指令由支架控制箱中的计算机发出，在执行某动作指令的同时，给常闭截止的先导电磁铁发令，打开常闭截止阀，给主控制系统供液，由指定动作指令驱动相应的电磁铁，打开主控阀，完成指定动作。

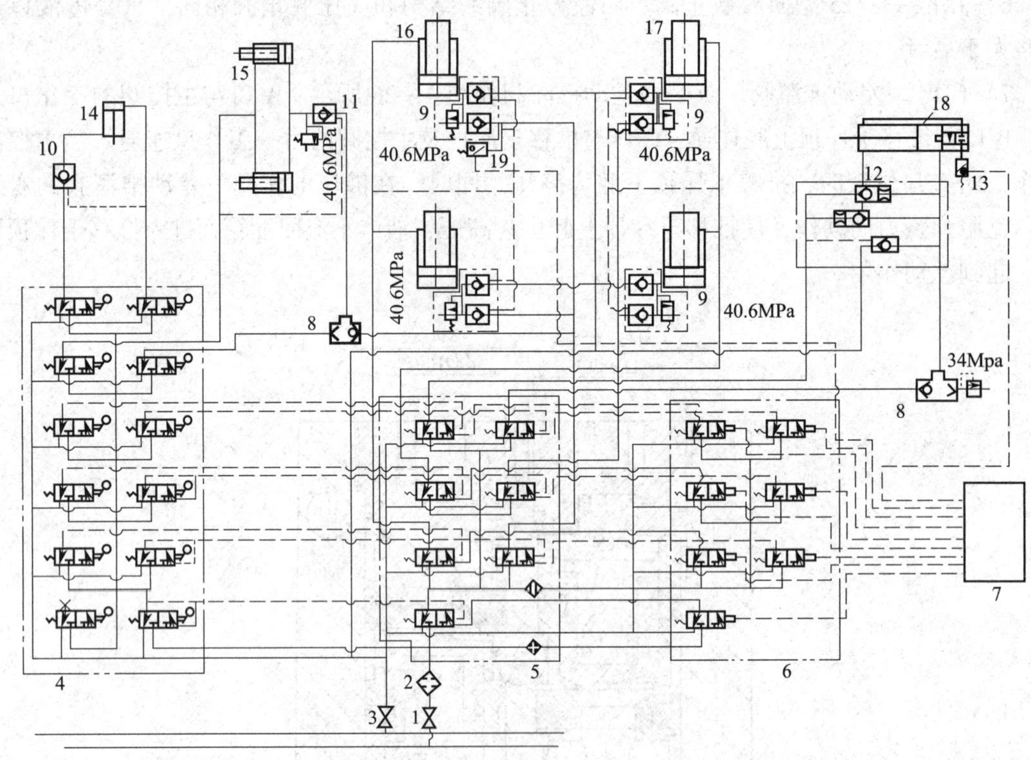

图 4—27　ZZ5200/11/18 型支撑掩护式液压支架的液压系统

1—进液截止阀　2—过滤器　3—回液截止阀　4—手动换向阀组　5—主控阀组　6—电液先导阀组　7—控制箱　8—定向交替阀　9—立柱控制阀　10—单向阀　11—前梁千斤顶阀组　12—推移阀组　13—位移传感器　14—调架千斤顶　15—前梁千斤顶　16—前立柱　17—后立柱　18—推移千斤顶　19—压力传感器

整个系统按快速大流量的要求配置，4 个立柱及推移千斤顶分别增设了旁路回液阀，以提高降柱、移架速度。推移千斤顶采用差动推溜，可加快推溜速度。为防止移架时输送机后撤，用交替阀和安全阀闭锁千斤顶下腔。调架千斤顶上腔用单向锁进行闭锁，通过一定向回液交替单向阀，前梁的上摆可以由手动阀和前柱主控阀交替控制。这样，不仅手动阀可以控制前梁的上、下摆动，也可在支架升柱的同时向上摆动前梁，将前梁提前置于初撑状态。

系统中还设有两个压力开关，给计算机提供状态信息。其一在前立柱控制阀组之前，给控制箱提供初撑压力信号；其二为拉架到位开关，当拉架到位时，装在推移千斤顶缸底的行程阀打开，给压力开关一压力信号，压力开关将此信号转换为电信号给控制箱，以便计算机及时发送下一指令。

三、ZF8600/18/35D 型放顶煤液压支架

1. 结构特点

ZF8600/18/35D 型放顶煤支架顶梁为分体式结构，带有前梁及伸缩梁，并带有可挑平的护帮板，可以有效地支护采面上方的顶板，防止工作面片帮、冒顶。

液压支架顶梁采用钢板拼焊和变断面箱形结构，四条主筋形成了整个顶梁的主体。顶梁

一侧安装有活动侧护板。控制顶梁活动侧护板的千斤顶和弹簧套筒均设在顶梁体内。

2. 主要技术指标

高度	1 800~3 500 mm
中心距	1 500 mm
宽度	1 430~1 600 mm
初撑力	6 964 kN（p=31.5 MPa）
工作阻力	8 600 kN（p=38.9 MPa）
支护强度	1.14~1.16 MPa
底板前端比压	0.83~1.90 MPa
适应煤层倾角	≤15°
泵站压力	31.5 MPa
操作方式	电液控制
截深	600 mm
前、后部输送机中心距	5 750 mm
支架质量	26 550 kg

3. 结构

ZF8600/18/35D 型放顶煤支架的结构与其他同类型支架基本相同，在此不再赘述，其实物如图 4—28 所示。

图 4—28　ZF8600/18/35D 型放顶煤支架

4. SAC 电液控制系统的主要功能

SAC 电液控制系统的主要功能是控制支架的所有动作。控制是在应用程序基础上进行，操作者通过传感器检测的实时值和用户设置的各种参数，由主控制器发出命令。

SAC 电液控制系统发挥计算机网络控制技术的优势，赋予系统丰富的功能，使支架控制方便、灵活、协调、安全。尤其是应用程序修改的易行性和控制参数项目的多样及可调性，能做到控制功能与工作面条件和生产工艺要求较好地配合与适应。

5. SAC 电液控制系统基本工作原理

在每台支架上均安装有支架控制器、人机操作界面、压力传感器、行程传感器和控制电缆等，组成单台支架单元的控制系统。支架控制器是电液控制系统的核心部件，通过每台支架上的人机操作界面可以发出各种控制命令，通过控制电缆将命令发送到本架控制器上，然后通过控制器将控制命令转发到邻架（或远程支架）控制器上，执行动作的支架控制器接收到控制器命令后，打开相应的电磁阀驱动电路，控制相应的电磁阀动作。

6. 支架控制器

工作面的每一个支架都装备一台支架控制器，实物如图 4—29 所示。支架控制器相当于一台微型的专用计算机，支架控制器接收到不同的控制（按键）命令，执行不同的程序段，输出不同的结果：由电磁线圈驱动器译码成某个电磁先导阀的指定线圈得到高电平—控制阀组切换某一油缸的上/下腔和进液/回液管路的连接—活塞杆升/降（伸/缩）—实现支架某部件升/降（或伸/收）动作。

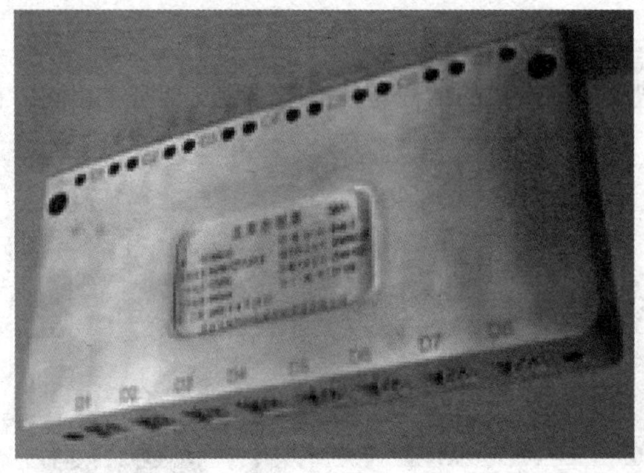

图 4—29　支架控制器实物

7. 电液阀组

电液阀组为单元组合结构，实物如图 4—30 所示，每个单元包括电磁先导阀和对应的液控换向阀。电磁先导阀是靠电磁线圈通电产生的吸力而动作的，一个单元有两个电磁线圈，分别控制两个动作。电磁先导阀的动作除了靠电磁线圈的吸力，还可以直接按压推杆的外端，带动先导阀芯动作。推杆外端封有橡胶护罩，供手动按压。在停电、电控系统有故障或其他临时不使用电控系统的情况下，作为应急操作，可直接按压推杆使先导阀动作，但不允许经常这样操作，因为易导致后者损坏。

图 4—30　电液阀组

电液阀组与支架控制器的连接方式如图 4—31 所示。

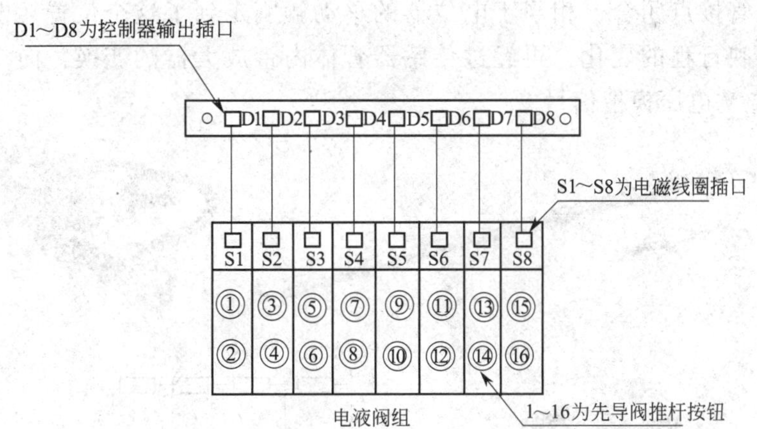

图 4—31　电液阀组与支架控制器的连接方式

8. 传感器

为了实现对支架的自动控制功能，必须在支架控制器上插接各种传感器，如图 4—32 所示。传感器相当于控制系统的感觉器官，随时为支架控制器反馈支架动作（立柱的升/降，护帮板、平衡千斤顶、伸缩梁的伸/收等）的进程和采煤机的位置及行进方向，为自动控制过程提供依据。

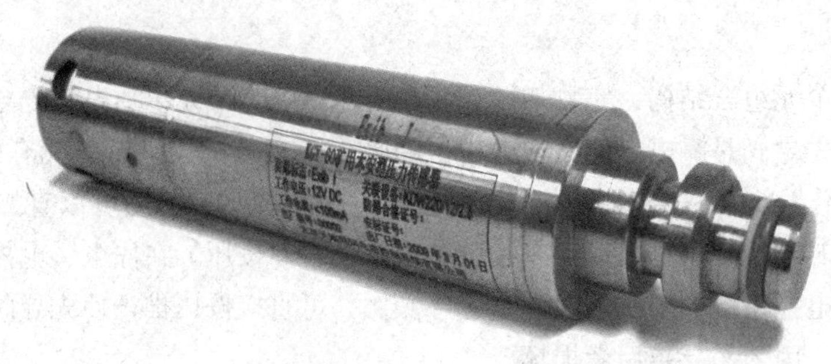

图 4—32　传感器

(1) 压力传感器

压力传感器插入立柱测压孔中，检测支架立柱下腔内的液压力，实时监视支架的支护状态。把连续变化的压力信号转换成模拟的电压信号传给支架控制器，向系统提供控制过程的重要参数，给立柱的自动升降提供依据。

压力传感器的测量范围为 0~60 MPa，对应输出电压为 0.78~4.94 V。

(2) 行程传感器

行程传感器用来检测千斤顶活塞杆的移动行程值。行程值代表的是支架或输送机所处的位置，是控制过程的重要依据。

行程传感器装在液压缸中，是一个细长（ϕ17.2 mm）的直管结构，如图 4—33 所示，一端固定在液压缸端部，管体深入到在活塞杆中心专为其钻出的长孔中，管体内沿着轴向有规则地布置着密排的电阻列和干簧管列，它们连接成网络电位器的电路。活塞内嵌装着一个套在传感器管上的小永久磁环，随着活塞杆移动，它的小磁场使所到位置的干簧管接点闭合，相当于电位器的移动触刷走到了这个位置，即电位器输出值的变化可反映行程的变化，再经过传感器管体内带放大器的变换，向支架控制器输出 0.71~3.55 V 电压模拟信号。

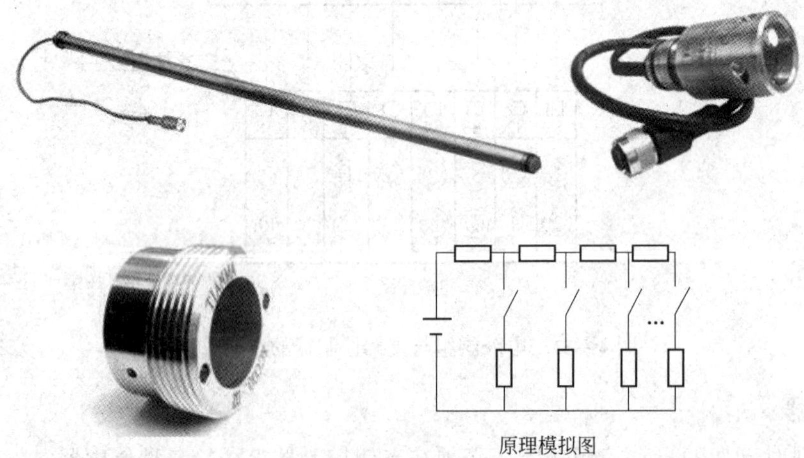

图 4—33　行程传感器及原理模拟图

接线插座位于千斤顶外壁的端部。行程传感器可测最大行程由用户依据支架推溜和移架的步距确定。

（3）红外线发送器和红外线接收器

红外线发送器和红外线接收器一个支架连接一个，一般固定在立柱上，和发射器处在同一水平高度，接收器上的 LED 灯竖排，如图 4—34 所示。

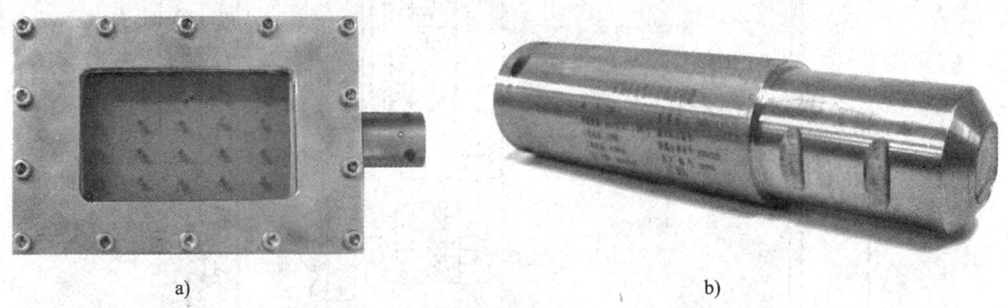

a)　　　　b)

图 4—34　红外线发送器和红外线接收器

a）红外线发送器　b）红外线接收器

（4）单个支架控制器单元连接关系

单个支架控制器单元连接关系如图 4—35 所示：C1 连接邻架控制器，C2 连接本架人机界面，C3 连接行程传感器，C4 连接前柱压力传感器，C5 连接后柱压力传感器，C6 连接采煤机位置检测装置，C7 连接放顶煤键盘，C8 连接邻架控制器（在试验时+12 V 电源可以直接接在支架控制器的 C1 或 C7 口）。

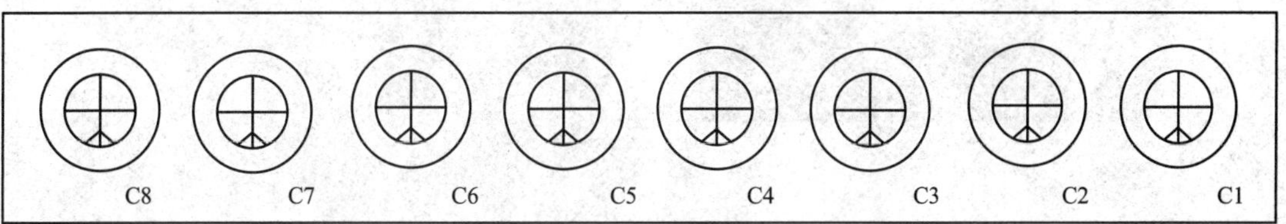

图 4—35　单个支架控制器单元连接关系

（5）架间干线连接器

所有支架控制器靠干线连接器互联成网络。干线连接器从主控计算机开始顺序将网络变换器、支架控制器连接起来。每个支架控制器都有地址编号，地址编号是按顺序连续的。干线连接器有 4 根芯线，其中 3 根为贯通的公共线：1 号芯线为电源 12 V，2 号芯线是称为 CANBUS 的所有支架控制器间的通信总线，3 号芯线是称为 CANBidi 的邻架间的通信线，4 号芯线为电源 0 V 端。

（6）电源箱

电源箱如图 4—36 所示，输入交流电压为 100 V～250 V，输出直流电流、电压分别为 2 A×2、12 V×2。

井下电源箱之间的连接电缆截面积为 4 mm^2。电源箱的交流 127 V 输入电源线的截面积要大于等于 4 mm^2（1 根电源线中有 4 根铜导线，每根的截面积都要大于等于 4 mm^2，其中 1 根火线、1 根零线、1 根备用、1 根接地）。如果采用电源箱直接给支架控制器供电，两组支架控制器之间电气、信号都隔离。隔离耦合器接在由不同电源供电的相邻两组支架控制

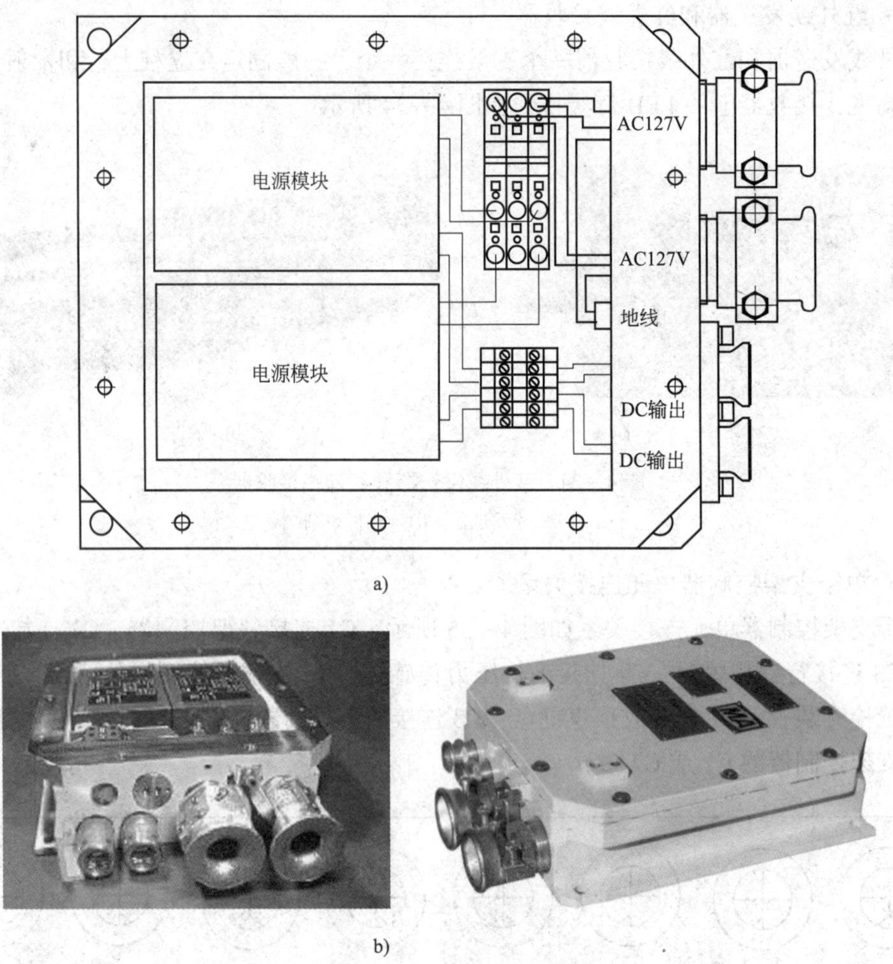

a)

b)

图 4—36 电源箱

a）电源箱接线图 b）电源箱实物图

器之间，将两组支架控制器实施电气隔离，并为电源引入各组提供通道。内部有四个光电耦合器件为两条数据通信线 CANBUS 及 CANBidi 的双向信号传输提供通道。

隔离耦合器有 4 个插口，分别为 A1、A2、A3 和 A4，两侧（每侧 2 个口）分别连接被隔离的两组控制器，靠外的插口接控制器，靠内的插口接 12 V 电源。

隔离耦合器工作电压为 DC12 V，A1 侧工作电流不大于 35 mA，A4 侧工作电流不大于 25 mA。隔离耦合器实物图如图 4—37 所示。

（7）监控主机

监控主机通过井下主控计算机将电液控制系统数据报送到地面调度指挥中心的工作面监控主机上。

监控主机的作用是：汇集并存储工作面支架控制器传来的数据，可在屏幕上显示数据信息；可设置输入控制参数，发出命令控制工作面支架。在装备有采煤机位置检测系统的工作面，主控制器可与采煤机位置检测系统进行数据通信，监视采煤机位置，实现以采煤机运行位置为依据的支架自动控制。

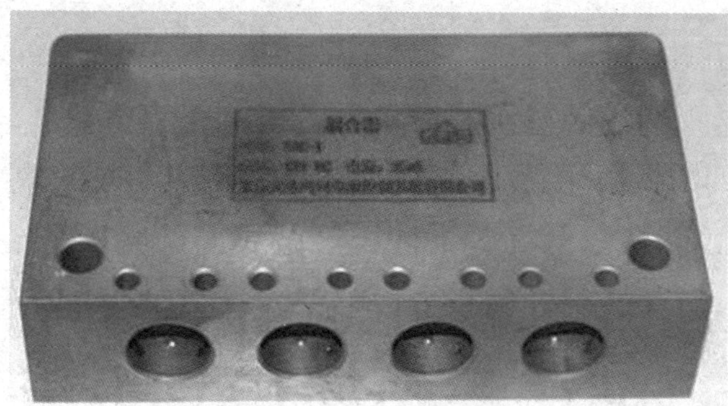

图 4—37　隔离耦合器实物图

思考练习题

1. 掩护式液压支架分为哪几种？各种支架的特点和适用条件是什么？
2. 画出支撑掩护式液压支架外形结构单线简图。
3. 简述 ZZS6000/17/37 型支架的结构特点。
4. 放顶煤支架有哪些优点？
5. 简述电液控制液压支架的组成及工作原理。
6. ZZ5200/11/18 型支撑掩护式液压支架有哪些特点？
7. 端头支架有哪几种常用的结构形式？各自的特点是什么？
8. 端头支架、排头支架和中间支架在结构和性能上有哪些不同？
9. 简述端头支架的工作过程。
10. 水砂充填液压支架如何进行填充作业？
11. 铺网支架有哪几种结构形式？各有哪些优、缺点？

第五章

液压支架操作与维修

学习目标

1. 了解液压支架完好标准，熟悉液压支架的维护及管理内容。
2. 掌握液压支架零部件的拆装步骤和方法，掌握液压支架操作及其注意事项。
3. 熟悉液压支架常见故障产生的原因，了解故障处理的一般方法。

为了保证综采工作面的稳产、高产，延长支架的使用寿命，液压支架操作工必须掌握液压支架有关知识，了解各零件的结构、性能和作用，并能熟练操作液压支架，避免误操作引起各种故障。因此，要系统学习液压支架的操作，才能保证液压支架有可靠的工作性能，减少非生产停歇时间，充分发挥设备的效能。必须严格遵守液压支架的操作规程，加强对液压支架的维护、保养，及时、合理地对其进行检查、维修，并按要求对液压支架进行管理。

第一节　液压支架操作

一、液压支架操作前准备工作

液压支架操作工在操作前，应检查管路系统和支架各部件是否有阻碍，要清除顶、底板的障碍物，注意管件不要被矸石挤压或卡住，管接头要用U形销插牢，不得漏液。

开始操作支架时，应提醒周围工作人员注意或让其离开，以免发生事故，并要观察顶板情况，发现问题及时处理。

二、液压支架操作方式与顺序

综采工作面采用的支护方式一般是立即支护和滞后支护两种。立即支护是先移架后推溜，滞后支护是先推溜后移架。由于立即支护有利于顶板的管理，所以目前大多数综合机械化采煤工作面都采用先移架后推溜的立即支护方式。

1. 移架

在顶板较好的情况下，移架工作在滞后采煤机后滚筒 1.5 m 处进行，一般不超过 3~5 m。当顶板较破碎时，移架工作则应在采煤机滚筒切割下顶煤后立即进行，以便及时支护新暴露的顶板，减少空顶时间，防止顶板抽条和局部冒顶。此时，应特别注意与采煤机司机的密切联系和配合，以免发生挤人、顶板落石和割前梁等事故。

移架的方式与步骤主要根据支架的结构确定，其次是工作面的顶板状况和生产条件。

一般情况下，液压支架的移架过程分为降架、移架和升架三个动作。为尽量缩短移架时间，降架时，支架顶梁稍离开顶板就应立即将操纵阀扳到移架位置使支架前移。支架移到新的支撑位置时，应加压，以保证支架有足够的移步距离，以调整支架的位置，使之与刮板输送机垂直且架体平稳。然后，操作操纵阀，支架升起支撑顶板。升架时，注意顶梁与顶板的接触状况，尽量保证全面接触，防止点接触破坏顶板。当顶板凹凸不平时，应先塞顶后升架，以免顶梁接顶状况不好，导致局部受力过大。支架升起支撑顶板后，也应加压，以保证支架的支撑力达到初撑力。

移架过程中，如发现顶板卡住顶梁，不要强行移架，应将操纵阀手把扳到降架位置，待顶梁下降后再移架。

根据顶板情况和支架所用的操纵阀结构不同，可采用下列方式移架：

（1）如果顶板平整、较坚硬，支架操纵阀有降移位置，可操作支架边降边移，降移动作完成后，再进行升柱动作。这种方式降架时间短，顶板下沉量少，有利于顶板管路，但要求拉架力较大。如果有带压移架系统，操作就方便，空顶也更有效。

（2）如果顶板坚硬、完整，顶板起伏不平时，可选择先降架再移架的方式。顶梁脱离顶板一定距离，拉架省力，但时间长。

总之，移架过程要适应顶板条件，满足生产需要，加快移架速度，保证安全。

2. 推溜

液压支架移过八九架后，距采煤机后滚筒 10~15 m 时，可进行推溜。推溜可根据工作面的具体情况，采用逐架推溜、间隔推溜或几架同时推溜等方式。为使刮板输送机除保持平直，推溜时应注意随时调整推移步距，使刮板输送机除推溜段有弯曲外，其他部分保证平直，以利于采煤机的正常工作，减少刮板输送机运行阻力，避免卡链、掉链事故的发生。推溜过程中如出现卡溜现象，应及时停止推溜，待查出原因，处理完毕后再进行推溜。不许强行推溜，以免损坏溜槽或推移装置，影响工作面正常生产。

归纳起来，支架操作要做到快、够、正、匀、平、紧、严、净。“快”即移架速度快，“够”即推移步距够，“正”即操作正确无误，“匀”即平稳操作，“平”即推溜移架要确保“三直两平”，“紧”即及时支护紧跟采煤机，“严”即接顶挡矸严实，“净”即架前架内浮煤碎矸及时清除干净。

◎ 注意

液压支架使用中的安全注意事项

1. 操作过程中，当支架的前柱和后柱做单独升降时，前、后柱之间的高度差应小于400 mm。应注意观察支架各部分的动作状况是否良好，如管路有无出现死弯、干涉、挤压及破损等，相邻支架间有无干涉现象，各部分连接销轴有无拉弯、脱出现象，推移千斤顶是否与底座干涉，液压系统有无漏液，以及支架动作是否平稳，发现问题及时处理，以免发生事故。

操作完毕，必须将手把放到停止位置，以免发生误动作。

2. 支架前移时，应清除掉入架内、架前的浮煤和碎矸，以免影响移架。如果底板出现台阶，应积极采取措施，使台阶的坡度减缓。若底板松软，支架底板下陷到刮板输送机溜槽以下时，要用木楔垫好底座，或用抬架机构调正底座。

3. 移架过程中，为避免空顶面积过大造成顶板冒落，相邻支架不能同时移架。但是当支架移动速度跟不上采煤机前进的速度时，可根据顶板与生产情况，在设备运转的条件下进行隔架或分段移架。分段不宜过多，因为同时动作的支架数过多会造成泵站压力过低，影响支架的动作质量。

4. 移架时要清理顶梁上面的浮煤和矸石，保证支架顶梁与顶板有良好接触，保持支架的实际支撑能力，有利于顶板管理。发现支架受力不好时，应及时处理。

5. 移架完毕，支架重新支撑顶板时，要注意梁端距是否符合要求。梁端距太小，采煤机滚筒割煤时很容易切割前梁；梁端距太大，不能有效控制顶板，尤其是顶板比较破碎时，管理顶板更为困难。这就对梁端距提出更高的要求。

6. 操作液压支架手把时，不要突然打开和关闭，以防液压冲击损坏系统元件或降低系统元件的使用寿命。要定期检查各安全阀的动作压力是否准确，保证支架有充分的支撑力。

7. 支架正常支撑顶板时，若顶板出现冒落空洞，使支架失去支护能力，必须及时用坑木和板皮把顶板塞实，使支架顶梁能较好地支撑顶板。

8. 液压支架使用的乳化液应根据不同水质选用适宜牌号，并按5%的乳化油与95%的中性水配制乳化液后使用。同时应对水质进行必要的测定，不符合要求的要进行处理，合格后才能使用，以防腐蚀液压元件。使用过程中，应经常对乳化液进行化验，检查其浓度及性能，把浓度控制在3%~5%。支架液压系统中，必须设有乳化液过滤装置。过滤器应根据工作面使用条件定期进行更换和清洗，以免污物堆积造成阻塞。尤其在液压支架运行初期，更应注意经常更换和清洗过滤器。

9. 液压支架进行液压系统故障处理时，应先关进、回液断路阀，切断本架液压系统与主回路之间连接通路，然后将系统中的高压液体释放，再进行故障处理。故障处理完毕后，再将断路阀打开，恢复供液。如果主管路发生故障需要处理时，必须与泵站司机取得联系，停泵后方可进行处理。

当刮板输送机出现故障，需要用液压支架前梁起吊中部槽时，必须将该架及左、右邻架影响的几个支架推移千斤顶与刮板输送机的连接脱开，以免在起吊过程中将千斤顶的活塞杆别弯（垛式支架还应该与邻架防倒千斤顶脱开），起吊完毕后将推移装置和防倒装置连接好。

10. 液压支架使用过程中，要随时注意采高的变化，防止支架被“压死”，即立柱完全被压缩至没有行程，支架无法降柱，也不能前移。使用中要及早采取措施，进行强制放顶或加强无立柱空间的维护。一旦出现“压死”支架情况，有以下三种处理方法：

（1）增加液压支架立柱下腔的液体压力

利用1根辅助千斤顶（推移千斤顶或备用的立柱）与被“压死”的立柱液路串联，作为被“压死”的立柱的增压缸，增大进入该立柱下腔的液压力，进行反复增压，使顶板稍有松动。当立柱有少量行程时，就可拉架前移。

（2）放炮挑顶

在用上述方法仍不能移架时，在顶板条件允许的情况下，可采用放小炮挑顶的办法进行处理。放炮要分次进行，每次装药量不宜过大。只要能使顶板松动，立柱有少量行程，就可拉架前移。

（3）放炮拉底

顶板条件不好，不适宜挑顶时，可采用拉底的办法。必须在底座前的底板处打浅炮眼，装小药量进行放炮，将崩碎的底板岩石块掏出，底板下降，当立柱有少量行程时，就可以拉架前移。顶板破碎时，可在支架两侧架设临时抬棚。

11. 如果工作面出现较硬夹石层、断层而必须放炮时，应对放炮区内受影响的支架的各种油缸、阀件、软管及照明设备等零部件采取可靠的保护措施，认真检查后，才可以放炮。

12. 工作面内运送材料、器材、工具时，应防止擦伤、碰坏立柱和千斤顶的活塞杆表面，以及各阀件与管路接头等零件。

13. 操作过程中若出现故障，要及时排除，操作工也应带一定数量的密封件和易损件，以及时排除一般故障。操作工遇到不能排除的故障要及时报告，会同维修工及时查找原因，采取措施迅速排除故障，不能修理的要及时更换相应零部件。

三、电液控液压支架的操作

1. 左右邻架/隔架的手动控制

邻架/隔架手动控制简称“单控”。邻架手动控制简称“邻控”，隔架手动控制简称“隔控”。所谓“邻控”就是每次控制的支架只有一架——左邻架或右邻架。所谓“隔控”就是每次控制的支架只有一架——左隔架或右隔架（可以是隔1架、隔2架、隔3架、隔4架）。所谓“手动”并非用手直接操作阀，而是用手按住支架人机界面的对应键，如图5—1所示。“手动”只是相对于“自动”而言，是指每个动作必须用手持续按住相应键，直到动作完成。

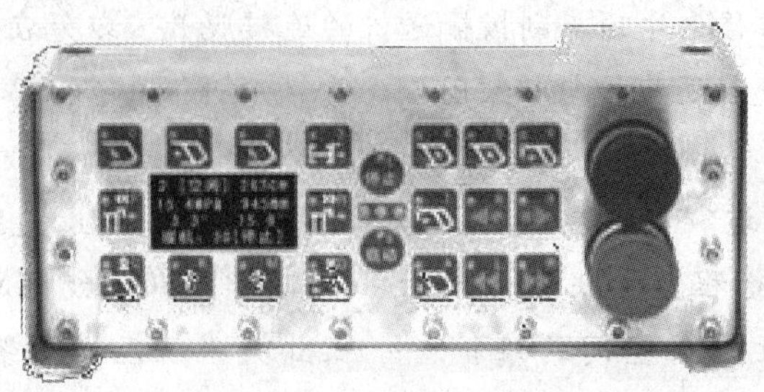

图 5—1　支架人机界面

（1）选择被控支架

单架非自动控制必须首先选定支架，数字键“8”和“9”分别为选择被控架在本架左边或右边的对应键。选择隔架时，先按下数字键“8”或“9”，再按下“确认”键进入隔架选择模式，在“隔架选择”模式下按一次数字键“8”，左隔第一架被选中，按两次数字键“8”，左隔第二架被选中，以此类推，可以选择到左/右隔第四架。在按数字键“8”选架过程中，每按一次数字键“9”，被选架都会退 1（例如：当前用选中左隔第三架，按一次数字键“9”，则选中左隔第二架，再按一次数字键“9”选中左隔第一架，再按一次数字键“9”，本架退回到空闲状态）。右隔架操作与此类似，如图 5—2 所示。

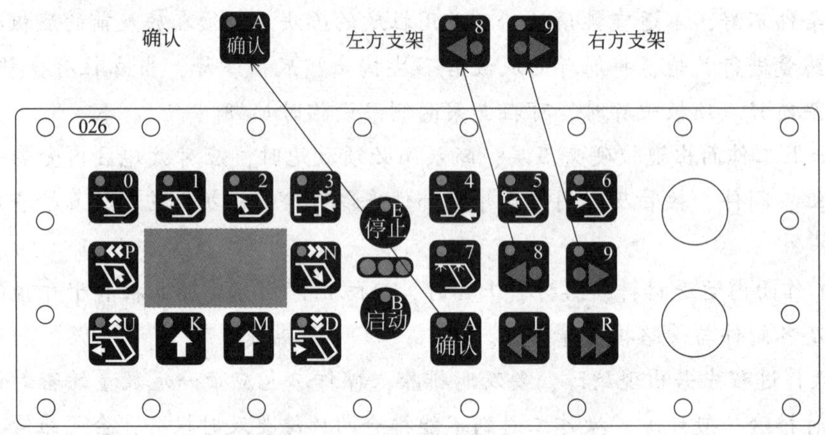

图 5—2　选择被控支架界面

（2）发操作命令

1）用快捷方式发操作命令。在被控支架选定后，接着就可以按专用键发操作命令，持续按住不放直至动作完成。

支架的下列动作采用专用键直接操作：

中间架功能：降柱、移架、升柱、推溜、拉后溜、伸护帮板、收护帮板、机道喷雾、伸平衡、收平衡。

端头架功能：降柱、移架、升柱、推溜、拉后溜、伸护帮板、收护帮板、机道喷雾、伸伸缩梁、收伸缩梁。专用键分配界面如图 5—3 所示。

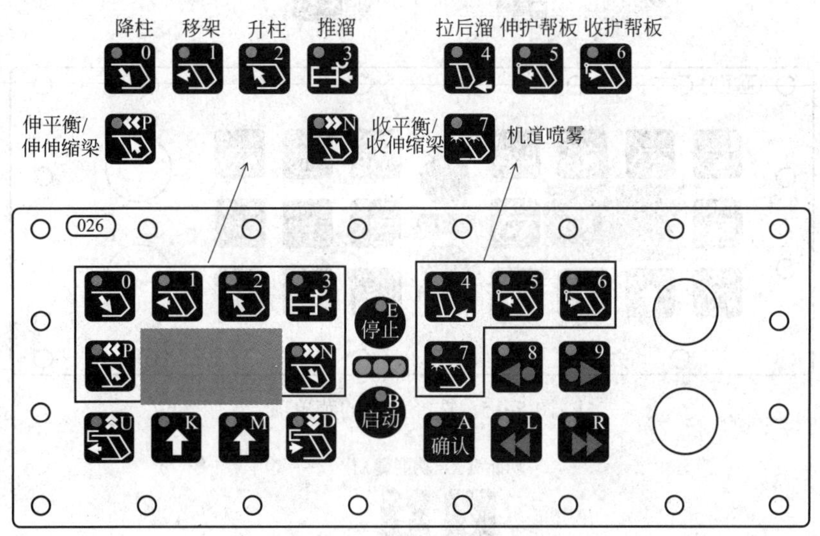

图 5—3　专用键分配界面

2）进入“辅助功能”菜单列，使用菜单上下翻动键调出相应的菜单项，用“K”键或“M”键发出操作命令。辅助功能界面如图 5—4 所示。

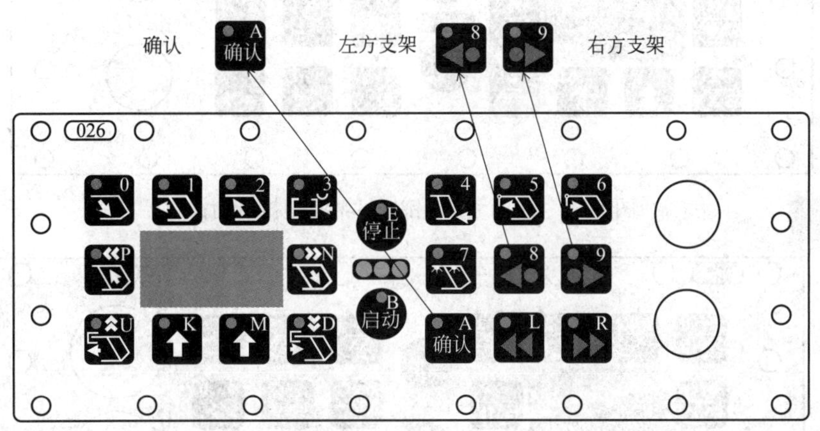

图 5—4　辅助功能界面

（3）选架（与上述选架方法相同）。

（4）使用菜单上下翻动键选择对应的菜单项，如图 5—5 所示。

（5）使用“K”键或“M”键执行动作，如图 5—6 所示。

（6）动作持续至按键抬起。

2. 本架推溜操作

程序为本架推溜安排了快捷方式，操作界面如图 5—7 所示。只要直接按一下数字键“3”，本架即开始推溜，推溜的持续时间由“本架推溜”时间参数控制，不必持续按键。在指定的时间之内，如再次按一下数字键“3”则停止推溜。

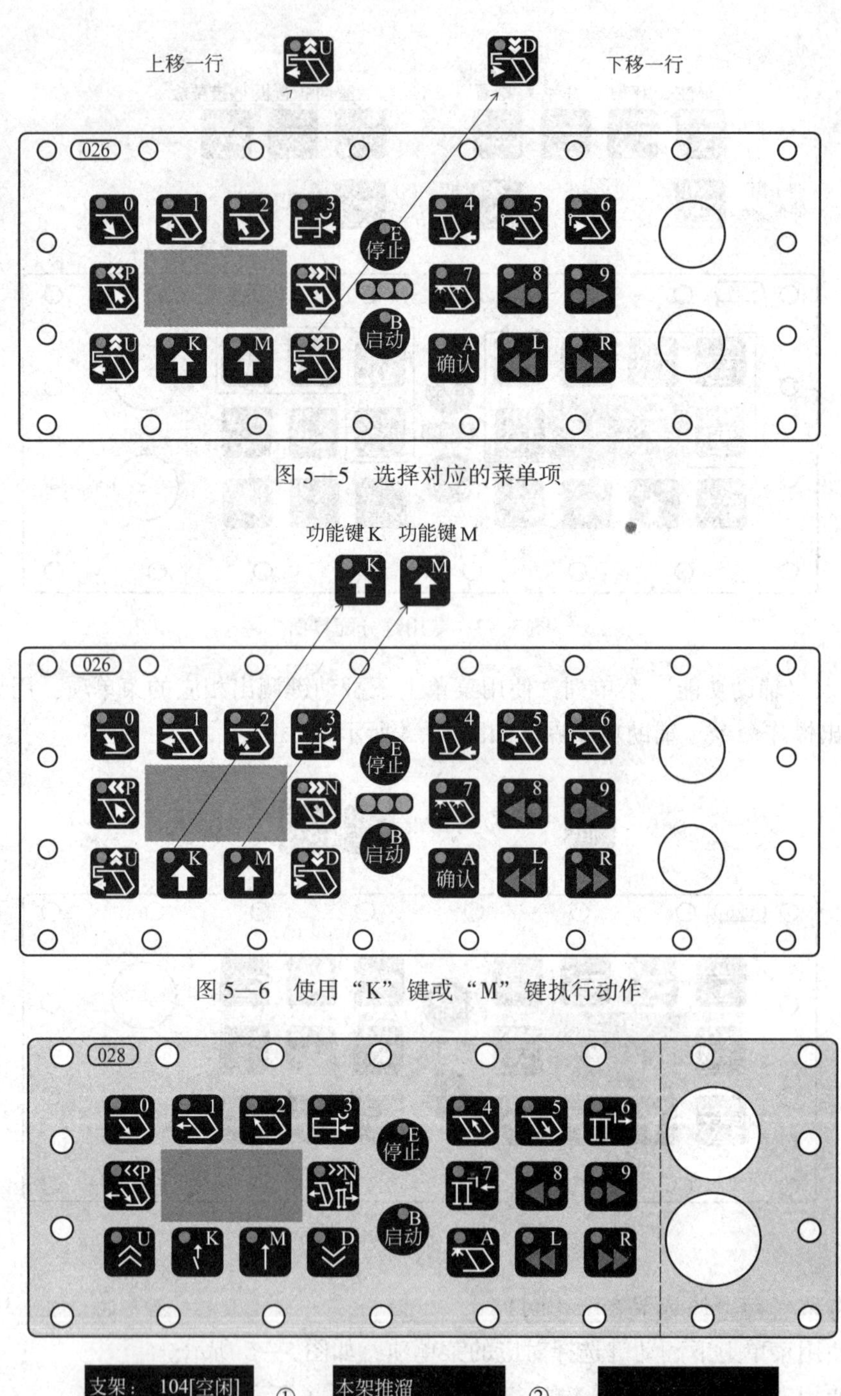

图 5—5　选择对应的菜单项

图 5—6　使用“K”键或“M”键执行动作

支架：　104[空闲]
压力：　22.4MPa
行程：　200mm

①

本架推溜
行程：210mm

②

停止推溜

①：按数字键“3”，本架推溜开始。

②：按数字键“3”，本架推溜结束。

图 5—7　本架推溜操作界面

3. 左右邻架/隔架降—移—升自动顺序联动控制

单架自动控制的操作方法非常简单，先选定被控支架，与单架非自动控制选被控支架的方法相同（使用数字键“8”或“9”），接着按“启动”键，被选支架即开始降—移—升自动顺序联动，不必持续按键，动作会自动进行下去，自动结束。单架自动控制操作界面如图 5—8 所示。

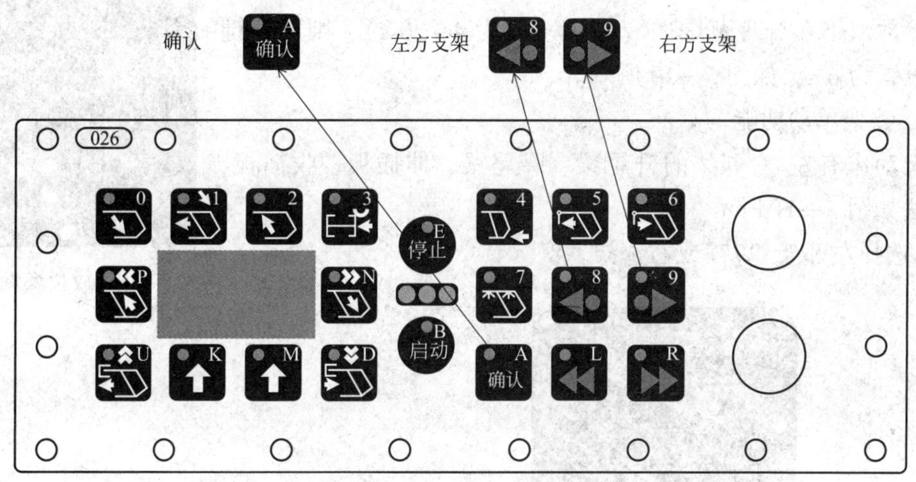

图 5—8 单架自动控制操作界面

（1）选择左或者右邻架/隔架。

（2）使用“启动”键开始单架自动移架动作，操作界面如图 5—9 所示。

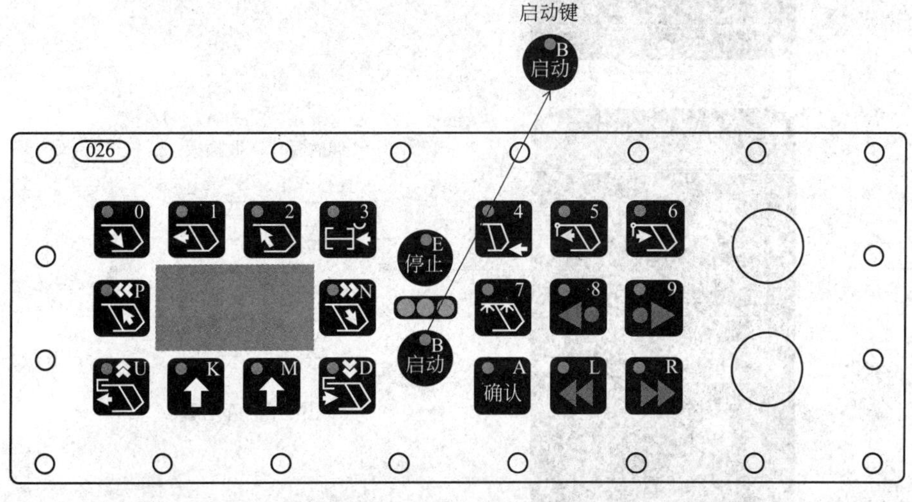

图 5—9 单架自动移架操作界面

4. 放顶煤的控制（放煤键盘的使用）

（1）放煤键盘功能说明

1）放煤键盘接在控制器上，通过 RS232 端口通信。

2）放煤键盘具有以下六种类型的操作：邻架单动、邻架自动放煤、成组自动放煤、邻架“回高位”、成组“回高位”、停止（回高位即先让尾梁上升一次，后再伸插板一次）。

3）放煤键盘没有参数存储芯片，每次通电后，由支架控制器把“主控时间”参数通过串口发送给放煤键盘。如果没有收到参数或者参数值不在合理范围内（合理范围为 4 ~ 20 s），则放煤键盘自动设置为 6 s，如图 5—10 所示。

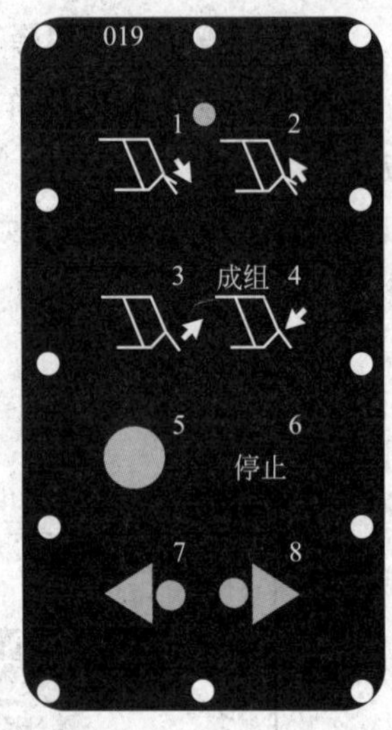

图 5—10　放顶煤操作面板

（2）邻架单动功能

邻架动作有左/右邻架的升尾梁、降尾梁、伸插板、收插板，操作方法如图 5—11 所示。

1）选择左邻架“7”或右邻架“8”。

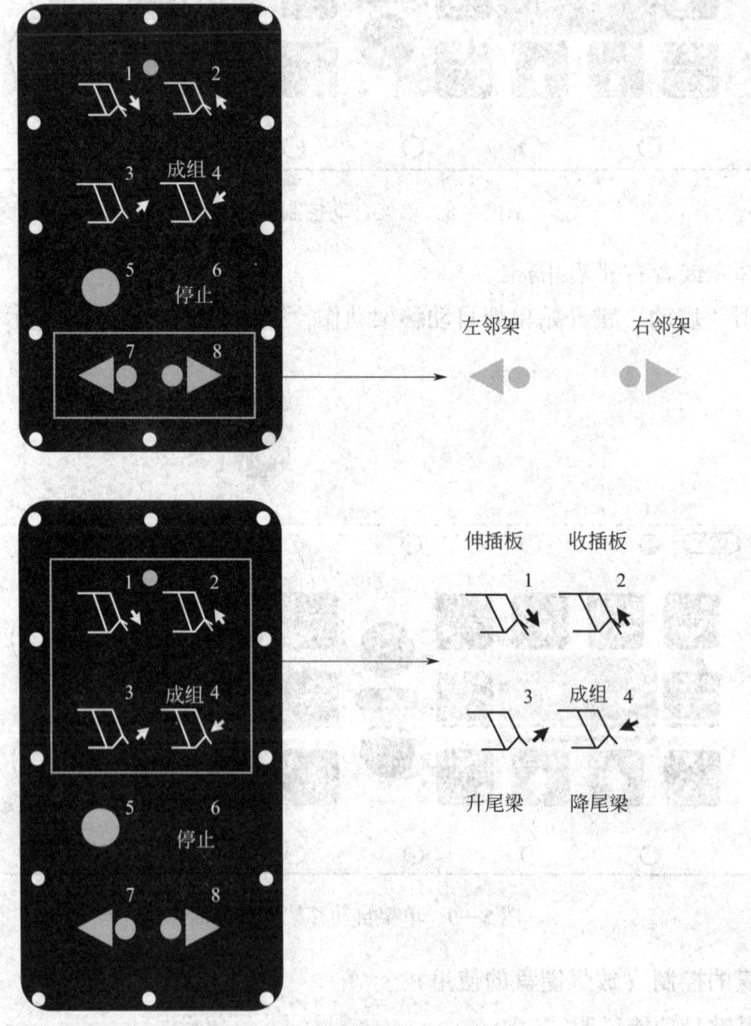

图 5—11　邻架单动功能界面

2）选择功能键（“1”表示伸插板，“2”表示收插板，“3”表示升尾梁，“4”表示降尾梁），在主控时间内按下动作键动作，抬手停。

（3）邻架自动放煤功能

邻架自动放煤有三种形式，操作方法如图5—12所示。

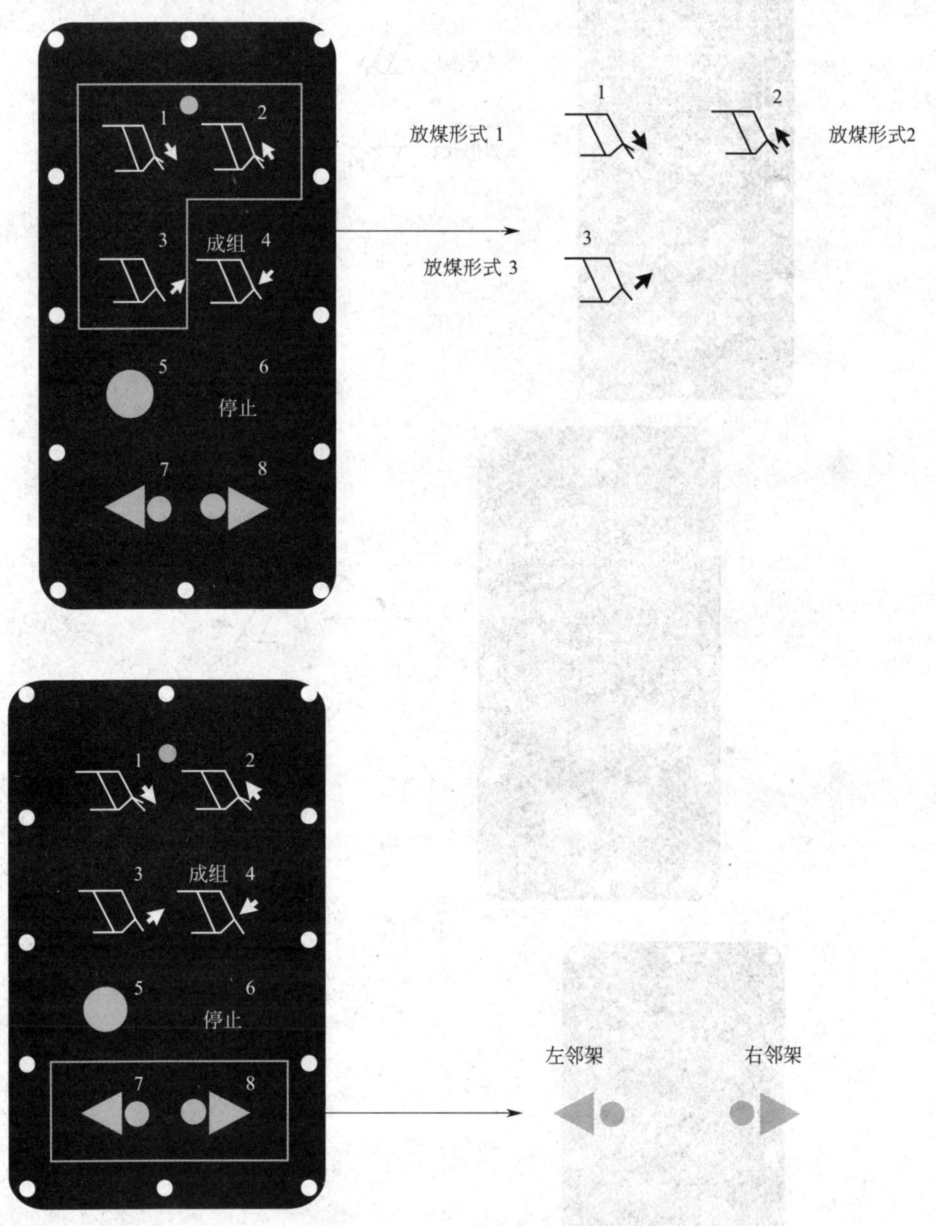

图5—12　邻架自动功能界面

1）选择放煤形式（“1”表示放煤形式1，“2”表示放煤形式2，“3”表示放煤形式3）。

2）选择邻架方向（“7”表示左邻架，“8”表示右邻架），操作完毕，放煤键盘向支架控制器发送邻架自动放煤启动命令。

（4）成组自动放煤功能

成组自动放煤有三种形式（“1”表示放煤形式1，“2”表示放煤形式2，“3”表示放煤形式3）。操作方法如图5—13所示。

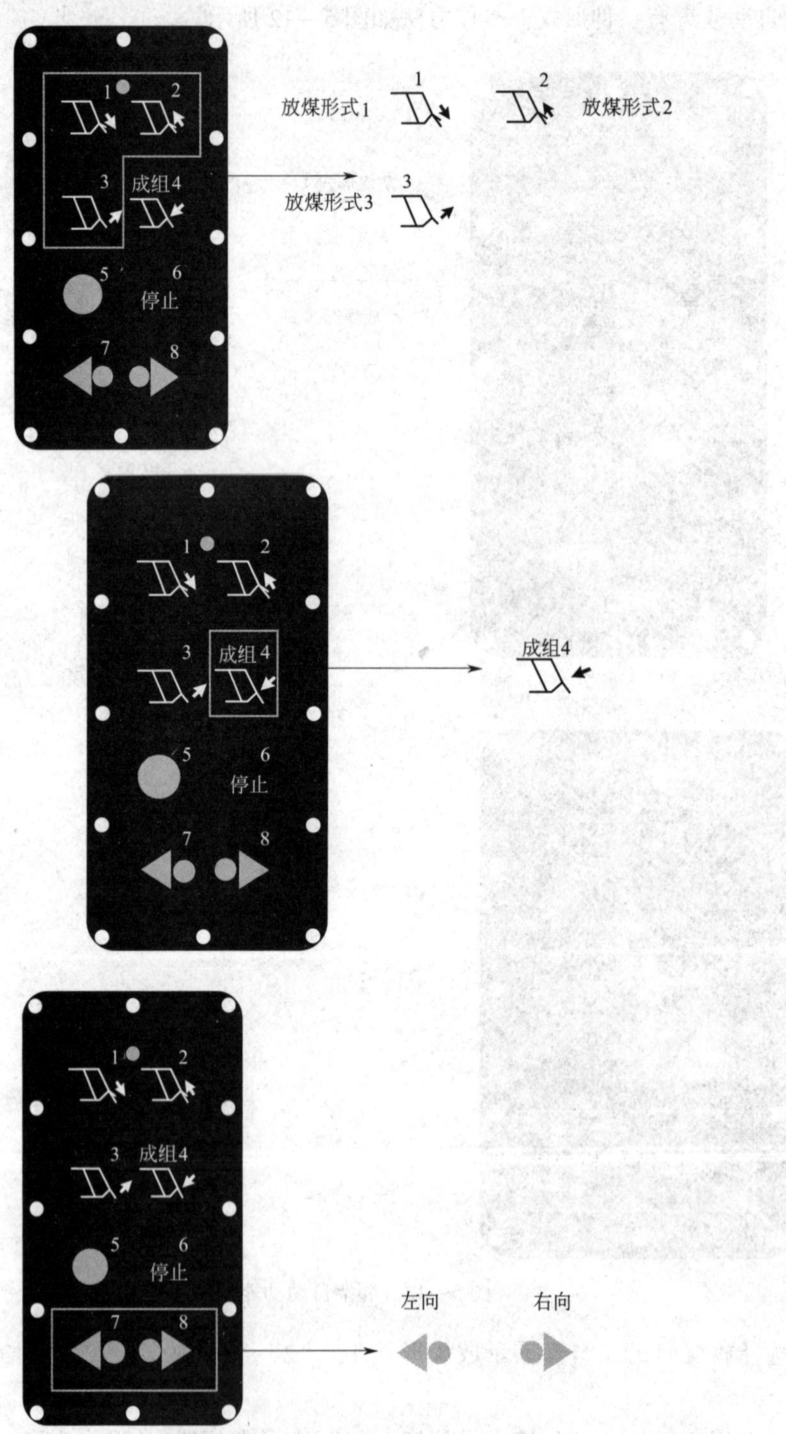

图5—13　成组自动放煤功能界面

1）成组功能选择（“4”表示成组）。

2）选择成组方向（“7”表示左向，“8”表示右向），操作完毕，放煤键盘向支架控制器发送成组自动放煤启动命令。

（5）邻架“回高位”功能

邻架“回高位”操作方法如图5—14所示。

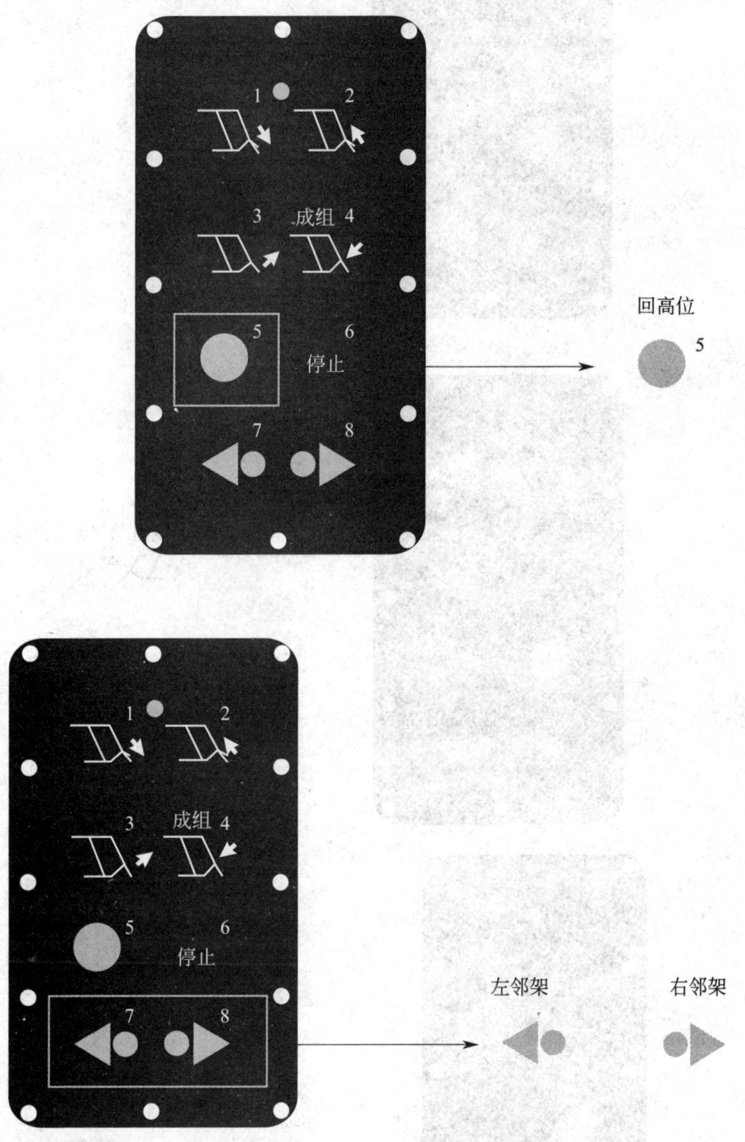

图5—14　邻架“回高位”功能界面

1）选择“回高位”按键“5”。

2）选择邻架方向（“7”表示左邻架，“8”表示右邻架），操作完毕，放煤键盘向支架控制器发送“回高位”命令。

（6）成组“回高位”功能

成组“回高位”操作方法如图 5—15 所示。

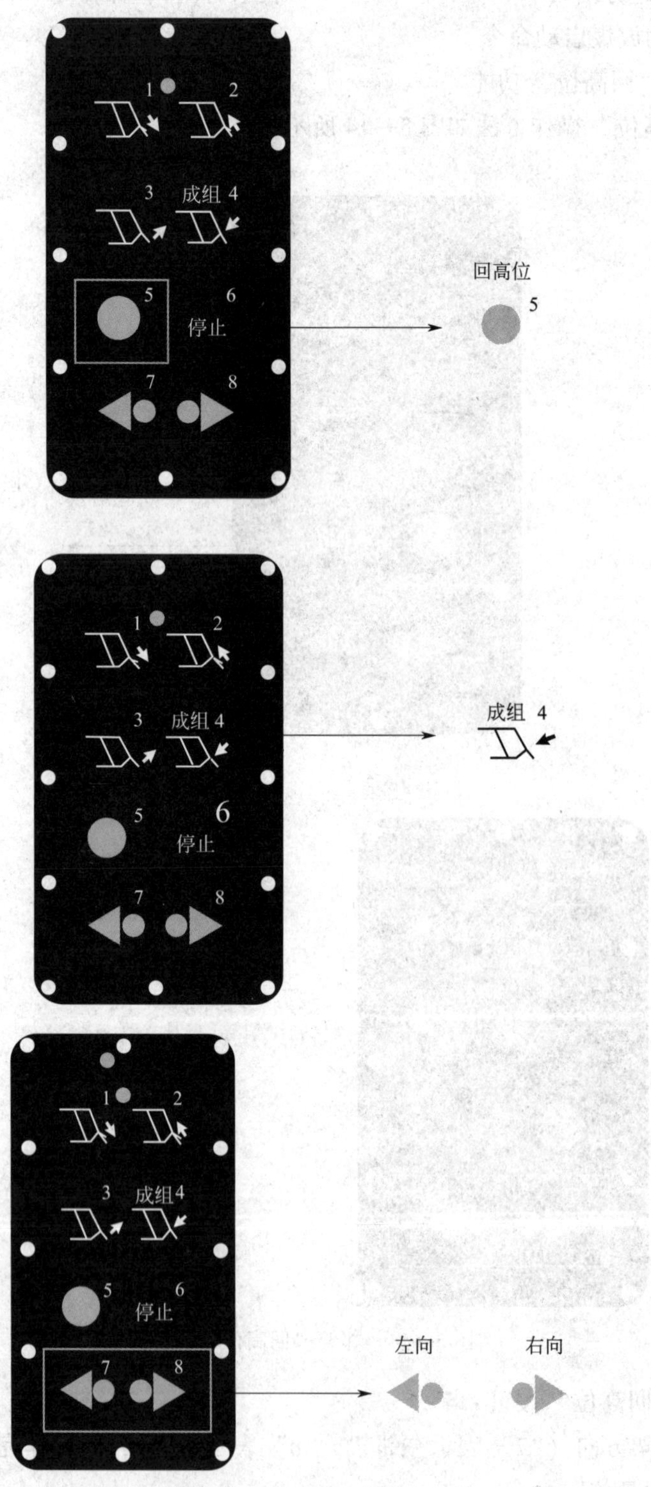

图 5—15　成组“回高位”功能界面

1）选择“回高位”按键“5”。

2）成组功能选择（“4”表示成组）。

3）选择方向（“7”表示左向，“8”表示右向），操作完毕，放煤键盘向支架控制器发送成组“回高位”命令。

（7）停止功能

停止功能指在操作放煤键盘的任何阶段，按下停止键“6”后，键盘处于初始状态，即相当于“归零”，没按任何按键，如图 5—16 所示。

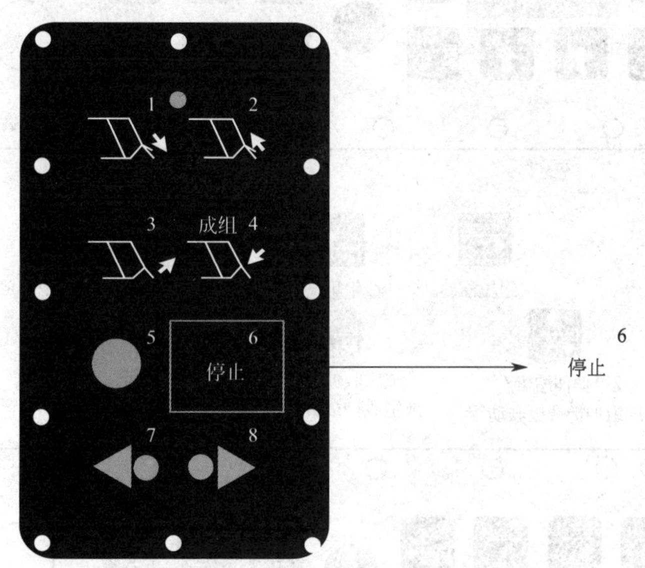

图 5—16　停止功能界面

5. 成组自动控制

成组自动控制操作步骤为：

（1）按“R”键（选择标志架右边的支架做成组动作）或“L”键（选择标志架左边的支架做成组动作）确定成组方位。

（2）按专用键确定功能（缺省为自动移架）。

（3）按“9”键（向右递进）或“8”键（向左递进）调整成组动作的递进方向。

（4）按启动键开始成组动作。在成组自动控制运行过程中，可按停止键取消并中止本次控制。操作过程如图 5—17 所示。

1）选择成组动作的方向。

2）选择成组自动功能（缺省为自动移架，推溜，拉溜，拉后溜，护帮板伸、收，伸缩梁伸、收，伸、收护帮板联动，喷雾）。

3）选择成组动作递进方向（由左至右或由右至左）。

4）成组动作启动。

6. 立柱在工作中发生卸载时的自动补压功能

在正常情况下，SAC 控制器会定时检测支架立柱压力，立柱在支撑过程中如果因某种原

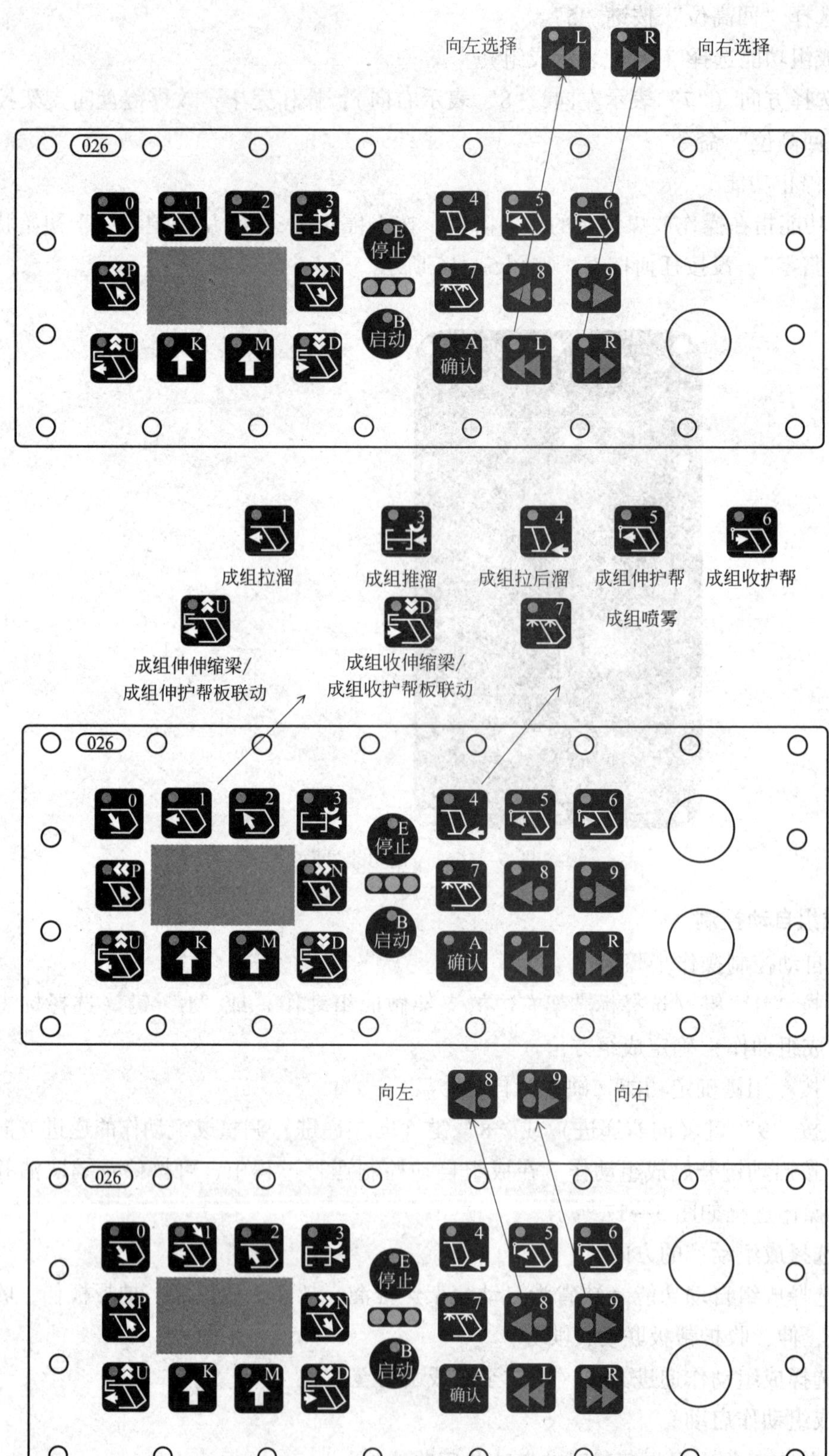
向左选择
向右选择
成组拉溜
成组推溜
成组拉后溜
成组伸护帮
成组收护帮
成组伸伸缩梁/
成组伸护帮板联动
成组收伸缩梁/
成组收护帮板联动
成组喷雾
向左
向右
停止
启动
确认

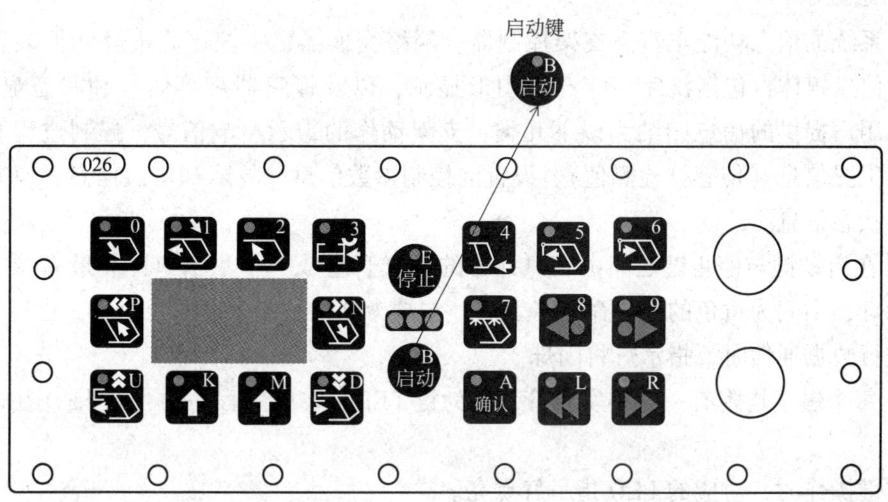

图 5—17　成组自动控制操作界面

因发生压力下降，当压力降至某一设定范围时，系统会自动执行升柱，补压到规定压力，并可执行多次，保证支护质量，如图 5—18 所示。

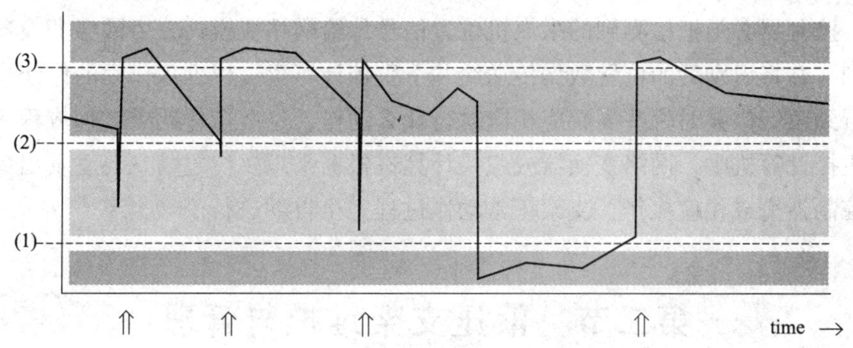

图 5—18　卸载时的自动补压功能曲线

在“成组禁止动作”列可以通过“立柱补压”参数项打开或关闭此项功能。

7. 闭锁及紧急停止功能

在进行工作面设备维修调试时，维修人员所在的支架不允许实施任何动作，为此系统设置了闭锁功能。此时，只要按下该架人机操作界面上的“闭锁”按钮，即实施闭锁操作，本架进入闭锁状态。闭锁操作使该架控制器硬件驱动电路的电源被切断，从而保证支架不会动作。左、右邻架则进入软件闭锁状态，通过软件作用，左、右邻架的驱动电路电源也被关断，禁止动作，只有解除闭锁操作，才能恢复正常的动作功能。被闭锁的三个支架以外的其他支架控制器则不受影响，仍可正常工作。

当工作面发生可能危及安全生产的紧急情况，需要立即停止或禁止所有支架的自动动作时，可按压任意一个支架控制器上的紧急停止按钮，全工作面支架自动动作立即停止，自动控制功能在紧急停止解除前被禁止，无法运行。

8. 信息显示

SAC 系统的信息功能丰富。支架控制器、网络变换器、主控计算机及其他装置上有多种形式的信息媒体，包括汉字、字符、图形显示，以及蜂鸣器声响信号和状态显示 LED。系统可向用户提供的信息归纳为以下几类：支架动作的警示声响信号、控制过程和状态信息、支架工况信息（传感器检测值）、设置的控制参数信息、故障和错误信息，以及一些系统本身的状态信息。

（1）在启动键与停止键之间由三只并排的发光管组成一个小窗口，其最右端为绿色的电源指示灯，中间为黄色的接收命令指示灯，左端为红色的命令发送指示灯，当控制器和人机界面进行数据通信时，指示灯将闪烁。

（2）每个键上均附有一只小发光管，称为键 LED。在应用程序中，键 LED 在以下情况时发亮：

①按键操作时，对应的 LED 指示灯点亮。

②进行操作时，作为系统导航，指示下一步允许执行的操作。

SAC 系统还具有向系统外（如地面调度室、监控中心）传输信息的功能。

9. 以采煤机位置为依据的支架自动控制

这是支架控制的高级功能。要实现这项功能，系统必须有采煤机位置检测装置和一台网络变换器。控制器必须把检测到的采煤机位置信号传给网络变换器，由网络变换器进行采煤机位置识别，并将识别后的位置数据传送给井下主控计算机。根据工作面的作业规程，确定采煤机运行到某一位置时哪些支架应相应执行什么动作，这些操作要求被编成程序存入网络变换器和主控计算机中，网络变换器或主控计算机根据采煤机位置信息自动发出命令，指挥相应支架控制器完成相应操作，支架正常动作过程完全自动进行。

第二节　液压支架维护与管理

一、液压支架的检修制度

1. 维修检修制度

液压支架的检修要做到“五检”，即班随检、日小检、周（旬）中检、月大检和季（年）总检。

“班随检”即生产班维修工跟班随检，着重维护保养和一般故障处理。

“日小检”即检修班维护检修可能发生故障的部位和零部件，基本保证三个生产班不出大的故障。

“周（旬）中检”即在班随检、日小检的基础上进行周（旬）末的全面维修检修，对磨损、变形较大的零部件和漏、堵零部件进行更换，一般在 6 h 内完成，必要时可增加 1~2 h。

“月大检”即在周（旬）检基础上每月进行一次全面检修，统计设备完好率，找出故障规律，采取预防措施，一般在 12 h 内完成，必要时可延长至一天，列入矿检修计划执行。

“季（年）总检”即在每月的基础上每季（年）进行总检。一般在一天内完成，也可与当日的“月大检”结合进行，统计季（年）设备完好率，分析故障规律，总结经验教训(亦可进行半年总结和年终总结)。

2. 对维护工人的要求

液压支架维护工要做到一不准、二安全、三配合、四坚持。

“一不准”即井下不准随意调整安全阀压力；“二安全”即维护中要保证人和设备安全；“三配合”即生产班配合操作工维护、保养好支架，检修班配合生产班保证生产班无大故障，检修时与其他工种互相配合，共同完成检修班任务；“四坚持”即坚持正规循环和检修制度，坚持事故分析制度，坚持填写检修日志和有关表格，坚持技术学习提高业务水平。

3. 液压支架维修的原则

液压支架维修的原则是井下更换、井上拆检。

二、液压支架的完好标准

1. 液压支架的零、部件齐全、完好，连接可靠合理。

2. 液压支架的立柱和各种千斤顶的活塞、活塞杆与缸体动作可靠，无损坏，无严重变形，密封良好。

3. 液压支架的承载结构件无影响使用的严重变形，焊缝无影响支架安全使用的裂纹。

4. 液压支架的各种密封良好，不窜液、漏液，动作灵活可靠。安全阀的压力符合规定数值，过滤器完好无缺，操作时无异常声响。

5. 支架连接软管与接头完整无缺、无漏液、排列整齐、连接正确、不受挤压，U 形销完整无缺。

6. 泵站供液压力符合要求，所有液体符合要求。

三、液压支架的维护内容

液压支架维护前做到“一清楚、二准备”。“一清楚”是指维护项目和重点要清楚；“二准备”是指准备好工具尤其是专用工具，准备好备用配件。

维护时做到“了解核实、分析准确、处理果断、不留后患”。“了解核实”是指了解故障的前因后果并核实无误；“分析准确”是指分析故障部位及原因要准确；“处理果断”是指判明故障后要果断处理，该更换的更换，需拆检的即上井检修；“不留后患”是指具有高度责任感和事业心，排除故障不马虎、不留后患，设备不“带病运转”。

1. 日维护内容

（1）检查各种连接销、轴是否齐全，有无损坏，发现严重变形或丢失的应及时更换或补齐。

（2）检查液压系统有无漏液、窜液现象，有漏液的零件应及时处理或更换。

（3）检查各运动部分是否灵活，有无卡阻现象，如有应及时处理。

（4）检查所有软管有无卡扭、堵塞、压埋和损坏，如有应及时处理或更换。

（5）检查立柱和前梁有无自动下降现象，如有应寻找原因并及时处理。

（6）检查立柱和千斤顶，如有弯曲变形或严重擦伤要及时处理，影响伸缩时要更换。

（7）立柱动作缓慢时，应检查原因，及时更换堵塞的过滤器。

2. 周维护内容

（1）周维护包括日维护的全部内容。

（2）检查顶梁与前梁的连接销轴及耳座，如发现裂缝或损坏，应及时更换。

（3）检查顶梁和掩护梁、掩护梁和前后连杆的焊缝是否有裂纹，如有应及时处理。

（4）检查各受力构件是否有严重的塑性变形和局部损坏，发现要及时更换。

（5）检查阀件的连接螺钉，如有松动应及时拧紧。

（6）检查立柱复位橡胶盒的紧固螺栓，如果松动应及时拧紧。

3. 月维护内容

（1）月维护包括周维护的全部内容。

（2）检查承载结构件有无变形、开焊现象，如有应进行整修。

（3）每半年对安全阀进行一次性能试验。

（4）大修时，吸液断路阀、过滤器等液压元件全部升井清洗检修。

四、SAC 支架电液控制系统的维护与维修

1. 维修标准

为了保障电液控制系统在工作面的维修能够顺利进行，除了认真维修好系统外，还必须做到以下几项：

（1）架间电缆维修后，必须跟工作面的其他电缆线捆在一起并插上销子。

（2）更换控制器后，必须用螺钉把控制器固定好。

（3）更换新的人机操作界面，应用螺钉固定好。

（4）更换所有行程传感器的千斤顶后，及时接上插头，并插上电缆和相关销子，进行测试。

（5）更换耦合器后，应用螺钉固定好。

（6）更换压力传感器以后，连接电缆要用扎带捆好，不能露在架间。

（7）拆卸、安装电磁铁上的防水盖时必须小心，以防电磁铁上的插座损坏。安装后，要把相连的电缆接好并固定。

2. 日常维护

要保证工作面支架自动化，就必须保证每一支架上的设备如控制器、人机操作界面、相关电缆、耦合器等完好无损。这就要求相关工作人员对这些设备进行日常维护，以下列举了维护这些设备的要求和方法：

（1）架与架之间的电缆线必须与工作面的其他电缆线捆在一起，以防止架间电缆线被磨损、拉断。

（2）支架控制器禁止用水冲洗，以防止水进入而导致支架控制器损坏。

（3）与传感器相连接的电缆线必须放在立柱之间，不能露在两支架中间，以防被煤块砸坏。

(4) 如果电磁铁前部有防水盖，就必须把防水盖安装好，防止电磁铁上的插座进水。

(5) 所有带插销的地方必须插上销子，以防接触不好。

(6) 为了保证电液控制系统的正常运行，维护人员对所出现的问题应能够及时处理与解决。

(7) 电控系统设备中的各种固定螺栓要保护好，如发现缺失，要及时补充。

(8) 控制器、人机操作界面、耦合器、电源箱等部件都必须安装固定好。

3. 系统的维护

(1) 每班都应有专职操作维护人员对系统进行检查维护，发现问题及时处理，确保系统完好。

(2) 专职操作维护人员每天下井后，要检查通信系统和传感器是否有故障，支架控制器、驱动器和电液换向阀组是否正常。

(3) 应控制液压支架电液控制系统的工作液清洁度，每周检查过滤站和过滤器滤芯的污染情况，以及乳化液浓度情况，做好记录，发现问题及时处理或汇报。

◎ 知识拓展

支架维护注意事项

1. 支架在工作面进行部件拆装更换时，应注意防止顶板冒落，做好人身和设备的安全防护工作。更换立柱、前梁千斤顶及各种控制阀等元件时，要先用临时支柱撑住顶梁后再进行。

2. 支架上的液压部件及管路系统有压力时，不得进行修理或更换。必须在卸载后进行。拆卸时严防污物进入。

3. 支架拆装和检修过程中，必须使用合适的工具，禁止硬打乱敲，尤其是各种液压缸的活塞杆表面、导向套、各种阀件的阀芯与密封面、管接头和连接螺纹等。对拆装的液压元件要标上记号，量取必要的尺寸，并分别放在适当的地方。拆下的小零件(如垫圈、开口销和密封圈等)应该放入工具袋内，防止丢失。

4. 支架上使用的各种液压缸和阀件等液压元件，一般不允许在井下拆装，如发现问题不能继续使用时，必须整件更换，送至井上进行修理。各种液压缸在井下拆装、搬运过程中，应先收缩至最低位置，并将缸体内液体放出，以免在搬运过程中损伤活塞杆表面。

5. 备换的各种软管、立柱、千斤顶和与各种阀件的进出液口，必须用合适的堵头保护，在存放和搬运过程中注意防止堵头脱落。

五、液压支架的管理

1. 支架检修后应做好检修记录，包括检修内容、材料和备件消耗、所需工时、质量检查情况和参加检修人员等，以便积累资料、分析情况，为今后维修创造条件。检修后的支架还应进行整架动作性能试验。

2. 支架的存放与配件储备要有计划，设专人负责保管，加强防尘、防锈、防冻措施。建立零部件专库：零部件（包括备配件）要分类存放，登记造册，账、卡、物相符，严格领用手续，零部件要有足够储备。对存放在地面露天的待检修或暂不下井的支架，应集中在固定的地方进行保管，并将支架各液压缸、阀件内的乳化液全部放掉，必要时注入防冻液，以防液压元件冻裂。

3. 软管在储存中应盘卷或平直捆绑，盘卷弯曲半径不得小于 200 mm。橡胶件和尼龙件应避免阳光直射、雨雪侵淋，存放温度应保持在-15 ℃～+40 ℃，存放相对湿度应为 50%～80%，严禁与酸、碱、油类及有机溶剂等物质接触，远离发热装置 1 m 以外。

第三节　液压支架零部件拆装与检修

当液压支架零部件在井下运行中出现故障时，由于井下环境特殊，原则上是井下更换，井上拆检，不允许在井下拆装修理。由于液压支架零部件工作原理基本是相同的，只是结构有所不同，所以就以前面讲述的液压缸和阀件为例讲解其拆卸装配过程，达到举一反三的目的。

一、液压缸拆装与检修

1. 液压缸的拆卸

以如图 2—14 所示的双伸缩立柱为例，说明液压缸的拆装步骤：

（1）用扁錾子将方钢丝挡圈 15 打出一段，然后用专用工具拆下挡圈。

（2）取下导向套 14。

（3）从导向套 14 上依次取下 O 形密封圈 16、挡圈 17、蕾型密封圈 21、挡圈 22、导向环 25、防尘圈 28。取出过程中应注意不要损伤密封元件表面。

（4）拆去一级缸 1，立柱一端（一级缸）与地面固定，另一端用天车吊起，起吊过程中应注意不要发生干涉现象。

（5）从二级缸 13 上取下卡箍 3，再取下卡键 2，然后依次取出支撑环 4、鼓型密封圈 5 和导向环 6。

（6）取下弹性挡圈 30。

（7）取出缸盖 29，从缸盖上取下防尘圈 31。

（8）取出防尘 O 形密封圈 27 和卡环 26。

（9）从二级缸内拉出活塞杆 12。

（10）从活塞杆上取下导向套 20，从导向套上取下 O 形密封圈 18 及挡圈 19、蕾型密封圈 23 及挡圈 24。

（11）从活塞杆上取下卡箍 8，再取下卡键 7，然后依次取出支撑环 9、鼓型密封圈 10 和导向环 11。

（12）从二级缸 13 底部拆下底阀。

◎ 注意

液压缸拆卸注意事项

1. 拆卸前，必须清除液压缸表面的煤粉、石渣。
2. 排出液压缸内液体。
3. 拆卸过程中，要防止因拆卸不当而引起的零部件及密封元件损坏。
4. 拆下来的零件应进行标记，按顺序放在合适位置，以便检修和组装。

2. 液压缸的检修

（1）缸体

1）检查缸体外观有无变形，检查焊缝的完好程度。

2）检查缸体与导向套的配合和密封段的表面尺寸、变形状况，表面粗糙度不低于 *Ra*0. 8 mm。

3）检查钢丝挡圈槽或卡环槽、止口的变形情况，对于螺纹连接的缸口，主要检查螺纹的变形及磨损状况。

4）检查缸体内表面磨损量以及相应的圆柱度，不得大于公称尺寸的2‰；表面粗糙度不低于 *Ra* 0. 4 mm；直线度应小于公称尺寸的0. 5‰；轴向划痕深度应小于0. 2 mm，长度不小于50 mm；径向划痕深度应小于0. 3 mm，长度小于圆周的1/3；轻微擦伤面积应小于50 mm^2，同一圆周的擦伤不多于2处；镀层处的轻微锈斑每处面积应小于25 mm^2，整件上下不得多于3处，用油石修整到要求的表面粗糙度后方可使用，否则重镀。

（2）活塞杆

1）检查外观及焊缝情况。

2）检查活塞密封段表面、止口、卡键槽的尺寸、变形状况，表面粗糙度不低于 *Ra*0. 8 mm。

3）检查外表面，要求表面粗糙度不低于 *Ra*0. 8 mm，支柱活塞杆直线度不得大于公称尺寸的1‰，千斤顶活塞杆直线度不得大于公称尺寸的2‰，其余要求与缸体内表面相同。

4）检查销孔的变形状况。

（3）导向套

1）检查外观情况，若焊有管接头时，检查管接头有无损坏，焊缝有无开裂。

2）检查钢丝挡圈槽的变形状况或螺纹的变形和磨损情况。

3）检查与缸体和活塞杆的配合表面，若配合表面磨损过多、间隙增大，会增大使用中的弯曲力矩，影响运动平稳性，应更换。

（4）各种密封圈

注意检查各种密封圈，如鼓形密封圈、蕾形密封圈、Y形密封圈及O形密封圈，发现有轻微的伤痕、磨损或老化时应更换。

（5）活塞

活塞磨损的深度为0. 2~0. 3 mm时应更换，因为活塞表面受伤后容易擦伤缸体内表面。

（6）其他零件

检查其他零件必要的尺寸、变形情况，对于存在轻微缺陷的零件可进行修理，对于有较重缺陷的零件、老化或接近老化的橡胶和塑料件应更换。

3. 液压缸的组装

以如图 2—14 所示的双伸缩立柱为例，说明液压缸的组装步骤：

（1）按所在位置依次将导向环 11、鼓形密封圈 10、支撑环 9 及卡键 7 装入活塞杆 12 的活塞上。

（2）将卡箍 8 放入卡键 7 的槽口内。

（3）将活塞杆 12 装入二级缸 13 内。

（4）按所在位置依次将蕾形密封圈 23、挡圈 24、O 形密封圈 18 、挡圈 19 装在导向套 20 上。

（5）将导向套 20 装入二级缸 13。

（6）将卡环 26 装入二级缸槽内，将导向套 20 固定。

（7）将 O 形密封圈 27 和防尘圈 31 装在缸盖 29 上。

（8）将缸盖 29 装入二级缸 13。

（9）装上弹性挡圈 30，将缸盖固定。

（10）按所在位置依次将导向环 6、鼓形密封圈 5、支撑环 4 及卡键 2 装入二级活塞上。

（11）将卡箍 3 放入卡键 2 的槽口内。

（12）将二级缸 13 装入一级缸 1 内。

（13）按所在位置依次将蕾形密封圈 21、挡圈 22、导向环 25 、防尘圈 28、挡圈 17、O 形密封圈 16 装入导向套 14 内。

（14）将导向套 14 装在一级缸 1 上。

（15）穿入方钢丝挡圈 15，将导向套 14 固定。

总之，组装步骤可按拆装步骤从后向前进行。

◎ 注意

液压缸组装时的注意事项

1. 组装前要用清洗剂清洗所有零件，达到清洁要求，然后涂适当的润滑脂。

2. 清除毛刺和锐角，特别是缸体供液口上的毛刺和锐角，防止组装时损伤密封件。

3. 注意密封圈安装的方向，O 形密封圈无方向，但与挡圈配合使用时，要注意挡圈的安装方向（要放在 O 形密封圈的受压侧面，当 O 形密封圈双向受压时，在其两侧都要放置挡圈）。

4. 组装过程中，应注意不要损坏密封件。

5. 对于方钢丝式缸口结构，组装时方钢丝挡圈一般换新件。

二、操纵阀拆装与检修

以球面式组合操纵阀为例讲解其拆装与检修。

1. 球面式组合操纵阀的拆卸

如图 2—26 所示，球面式组合操纵阀拆卸的具体操作步骤如下：

（1）使用专用扳手拧出压紧螺钉 2。

（2）取出端套 3。

（3）取出弹簧 1、弹簧座 4、钢球 5。

（4）取出手柄穿销（可拧入一个 M6 的螺钉，扒动螺钉，连同销子一齐拔出）。

（5）取下手柄 17。

（6）压下压块 15，取出半环 14。

（7）将压块 15 向外拉出时，可将定位套、阀杆 13、阀垫 12 等一齐取出。

（8）使用端面光滑的尼龙棒轻轻敲击，将阀体 16 内所余零件从左或从右一齐拆出。

◎ 注意

拆卸过程中应注意保护紧靠阀体的 O 形密封圈。尤其是当 O 形密封圈通过孔时更容易被棱角挤伤，注意保护阀座的密封面。

2. 球面式组合操纵阀的检修

球面式组合操纵阀拆卸后，主要检查下列事项：

（1）各零件的外观状况及表面粗糙度。

（2）放置密封件的沟槽的变形状况及表面粗糙度。

（3）各密封件的变形状况和完好程度，以及是否老化。

（4）弹簧的变形状况和完好程度。

（5）压块 15 压下时，阀垫 12 与阀柱 11 间的密封状况。

（6）压块 15 未压下时，钢球 5 与阀座 7 间的密封状况。

3. 球面式组合操纵阀的组装

组装前要用清洗剂清洗所有的零件，达到清洁的要求，然后涂适当的润滑脂。一般采用乳化液作为清洗剂，对乳化液清洗剂的要求是：水和乳化液的配比为 95∶5，加热温度为 80~100 ℃ 。

具体的组装步骤如下：

（1）将 O 形密封圈 6 及挡圈装在端套 3 上。

（2）将端套 3 装入阀体 16 孔内（以图示位置从右端装入）。

（3）将压紧螺钉 2 拧入阀体 16（不要完全拧入）。

（4）将弹簧 1、弹簧座 4、钢球 5 依次装入阀体 16 孔内。

（5）将 O 形密封圈 6 放入阀体 16 孔内，然后装入阀座 7。注意不要将 O 形密封圈 6 装在阀座上一齐装入阀体孔内，以免 O 形密封圈 6 过孔时被挤坏。

（6）将中阀套 8、阀柱 11、垫圈 9 依次装入阀体 16 孔内。

（7）将上阀套 10 上的内、外 O 形密封圈与挡圈先放入阀体 16 孔内，注意，内 O 形密封圈和挡圈先套在阀柱 11 上，然后装入上阀套 10。

(8) 将阀垫 12 装入阀杆 13。

(9) 将 O 形密封圈 6 和挡圈装在上端套上，然后将上端套套装在阀杆 13 上。

(10) 将阀杆组件和垫圈一齐装入阀体 16 内孔。

(11) 将中心弹簧装入阀体 16 内。

(12) 将压块 15 用圆柱销固定在定位套上，然后一齐装入阀体 16 内。

(13) 将压块 15 向阀体 16 内轻轻敲打，然后将半环 14 装入，卡住定位套。

(14) 通过手把穿销将手把 17 固定在阀体上。

(15) 拧紧压紧螺钉 2。

当各片阀装好后，将首片阀、中片阀和尾片阀依次用螺栓连接起来。

三、液控单向阀拆装与检修

下面以如图 2—35 所示的 KDF_2 型液控单向阀为例，说明液控单向阀的拆装与检修。

1. 液控单向阀的拆卸

(1) 将端盖 11 从阀体 2 中拧出。

(2) 取下弹簧、O 形密封圈、挡圈。

(3) 将减振阀 10、弹簧、压套 9、钢球 8 依次从阀体 2 中取出。

(4) 将杆套 1 从阀体 2 中拧出。

(5) 取下杆套 1 上的 O 形密封圈及挡圈。

(6) 取出顶杆 3，然后从顶杆 3 上取下 O 形密封圈 4 及挡圈。

(7) 从阀体 2 中取出弹簧 6。

(8) 将套 5 和阀座 7 从阀体 2 中取出（可用尼龙棒轻轻敲出）。

(9) 取下阀体 2 外供液口上的 O 形密封圈。

2. 液控单向阀的检修

以图 2—35 为例，液控单向阀拆卸后，主要检修下列各零件：

(1) 钢球与阀座：检查钢球与阀座是否有冲击水纹和侵蚀斑点，阀座有无不均匀磨损和径向伤痕，尤其是钢球与阀座的密封状况。

(2) 顶杆：检查顶杆有无弯曲，端部是否变形。

(3) 弹簧：检查弹簧有无锈斑或裂纹，塑性变形是否超过 5%。

(4) 各密封圈：检查各密封圈是否老化或变形。

(5) 其他零件：检查其他零件有无裂纹、锈蚀，安放密封圈的沟槽有无变形，螺纹是否损坏。

3. 液控单向阀的组装

组装前需将所有零件清洗干净（注意沟槽和螺纹处），对清洗剂的要求同前所述。以图 2—35 为例，组装应按下列顺序进行：

(1) 将套 5 按图装入阀体 2 内。

(2) 将杆套 1 端部 O 形密封圈与挡圈装入阀体 2 内。

（3）将O形密封圈4及挡圈装在顶杆3上，然后将顶杆3装入杆套1内。

（4）将O形密封圈套装在杆套1上，将弹簧6装入阀体2内，然后将杆套1拧入阀体2内。

（5）将阀座7装入阀体2，然后将O形密封圈装入阀座7沟槽内。

（6）将钢球8装到阀座7上。

（7）依次将弹簧、减振阀10、压套9装入阀体。

（8）将O形密封圈及挡圈装到端盖11上。

（9）依次将弹簧和端盖11装入阀体2。

（10）将O形密封圈按图装在阀体2供液口上。

四、安全阀拆装与检修

以如图2—30所示的弹簧式滑阀安全阀为例，说明安全阀的拆装与检修。

1. 安全阀的拆卸

（1）取下挡圈和安全阀端头O形密封圈。

（2）用内六方扳手取出螺钉后，依次取出弹簧挡圈1和过滤网2。

（3）拧下螺母11，取出橡胶垫12，用旋具拧下调压螺钉10。

（4）从阀壳8内依次取出弹簧9、弹簧座7、密封圈6、尼龙垫5、柱塞4。

2. 安全阀的检修

安全阀拆卸后，检查每一个零件并进行修理或更换。

（1）检查阀壳8，看其径向小孔有无堵塞现象，表面有无锈蚀、冲击水纹和磨损。

（2）检查特制密封圈有无变形和伤痕。

（3）检查弹簧座端面有无不均匀磨损和锈蚀斑点。

（4）检查弹簧有无锈蚀斑点和裂纹，塑性变形是否超过5%。

（5）检查过滤器是否有油污、脏物堵塞。

（6）检查安放密封件的沟槽的变形状况和表面粗糙度。

（7）检查螺纹的变形和磨损情况。

（8）检查其他零件有无裂纹、锈蚀等。

3. 安全阀的组装

组装前首先将所有零件清洗干净（注意沟槽和螺纹处），对清洗剂的要求同前所述。

（1）如图2—30所示，将特制密封圈装入阀壳8内，该特制密封圈装后不准扭曲。

（2）将特制O形密封圈套在柱塞4上，然后依次将过滤网2、弹簧挡圈1装入阀壳8内，拧上内六方螺钉，注意此时阀壳不可倒置。

（3）用工具将尼龙垫5、弹簧座7、弹簧9依次装入阀壳8内。

（4）拧入调压螺钉10紧固。

（5）装上橡胶垫12。

（6）将螺母11拧在阀壳8上。

（7）装上挡圈和安全阀端头 O 形密封圈。

◎ 注意

液压支架用阀安全注意事项

1. 在该装置运行之前，使用者必须接受装置的安装调试培训，培训合格才能对系统进行操作和维护。

2. 对所有液压元、部件进行维修和更换时，必须首先卸压，并确认无压情况下才可进行。

3. 电液控制系统投入运行前，专业人员应对系统的管路连接和所有元件的完好状况进行检查，确认连接正确无误、元件完好。

4. 系统操作维护人员随时对系统及系统中的元、部件进行检查，如发现异常，应立即向负责人报告，必要时停机检查。

5. 禁止任何对液压阀的安全性能有不良影响及后果的操作。液压阀出现功能故障时，应立即停机检查，排除故障。

6. 液压设备保养维修之前应先卸压，保证维修在无压状态下进行。保养维修之后，设备重新启动之前，应确保被松开的螺栓或 U 形卡重新紧固，确保接口正确，胶管和管路附件必须满足要求，并先进行功能试验。

7. 液压系统维修时，必须首先进行闭锁或对支架进行机械支护，以免发生意外，然后可进行液压系统局部泄压。

8. 拆卸高压胶管时，不可从接头的拆卸方向直视，以免受伤。

9. 对系统进行维修时，应遵守有关环境保护规定，避免对环境造成影响。任何对水质有害的物质，比如润滑脂、润滑油、液压油、冷却液和清洗液都不应排泄到地面上或直接排入下水道中，必须用专门的容器收集、运输、储存和处理。

第四节　液压支架常见故障及处理

液压支架在井下使用过程中，由于煤层地质条件复杂，影响支架使用的因素也较多，如果在日常的维护和保养方面做得不好，则支架出现故障也是难免的。本节对液压支架使用过程中经常发生的故障进行分析，总结故障处理的措施。

一、结构件和连接销轴的常见故障

1. 结构件

支架的结构件通常不会出现大的问题，但在使用过程中也可能出现局部焊缝裂纹。可能出现裂纹的部位是顶梁柱帽和底座柱窝附近、各种千斤顶支撑耳座四周，以及底座前部中间低凹部分等。其原因可能是焊缝质量差、焊缝应力集中或操作不当等。处理办法是采取措施防止焊缝裂纹扩大，不能拆换上井的结构件待支架转移工作面时上井补焊。

2. 连接销轴

结构件间以及结构件与液压元件间连接所用的销轴，可能出现磨损、弯曲、断裂等情况。结构件的连接销轴有可能磨损，一般不会弯曲、断裂，千斤顶和立柱两头的连接销轴出现弯曲、断裂的可能性大。销轴磨损、弯曲、断裂的原因主要是材质和热处理不符合设计要求、操作不当等。如发现连接销轴磨损、弯曲、断裂，要及时更换。

二、液压系统和液压元件的常见故障

支架的常见故障多数与液压系统和液压元件有关，诸如胶管和管接头漏液、液压控制元件失灵、立柱或千斤顶不动作等。因此，支架的维护重点应放在液压系统和液压元件方面。

◎ 注意

1. 拆卸液压元件、胶管前，应将泵站及截止阀关闭，并确保液压元件内部无压力，以免高压液体喷出伤人。

2. 支架用的各种阀类和液压缸均不允许在井下进行拆检和调整，若有故障时，应由专人负责用质量合格、型号和规格相同的阀件或液压缸进行整体更换，而且应确保所更换的液压元件具有有效期内的安全标志证书。

1. 胶管及管接头

造成支架胶管和管接头漏液的原因有以下几点：O 形密封圈或挡圈大小不当或被切、挤坏，管接头密封面磨损、尺寸超差或扣压不牢，使用过程中胶管被挤坏或管接头被碰坏，胶管质量不好或过期老化、起包渗漏等。采取的措施如下：对密封件大小不当或损坏的要及时更换密封圈；其他原因造成漏液的胶管和管接头均应更换；胶管和管接头在保存和运输时必须保护密封面、挡圈和密封圈不被损坏；换接胶管时不要猛砸硬插，安好后不要拆装过频，平时注意整理好胶管，防止挤碰胶管和管接头。

2. 液压控制元件

支架的液压元件（如操纵阀、液控单向阀、安全阀、截止阀、回油断路阀、过滤器等）若出现故障，可能原因有以下几点：密封件（如密封圈、挡圈、阀垫或阀座）等关键件损坏不能密封，阀座和阀垫等塑料件扎入金属屑而密封不严；液压系统污染，脏物杂质进入液压系统又未及时清除，致使液压元件不能正常工作；弹簧不符合要求或损坏，使钢球不能复位密封（如安全阀的开启、关闭压力出现偏差）；个别接头和焊堵的焊缝可能渗漏等。采取的措施如下：液压控制元件出现故障，应及时更换，保持液压系统清洁，定期清洗过滤装置（包括乳化液箱）；液压控制元件的关键件（如密封件）要保护好，弹簧要定期抽检性能，阀类要做性能试验，焊缝渗漏要在拆除内部密封件后进行补焊，按要求做压力试验。

3. 立柱及千斤顶

支架的各种动作要由立柱和各类千斤顶根据要求来完成，如果立柱或千斤顶出现故障（例如动作慢或不动作），则直接影响支架对顶板的支护和推移等功能。立柱或千斤顶动作慢，可能是乳化液泵压力低、流量不足造成，也可能是进回液通道有阻塞现象，也可能是几个动作同时操作造成短时流量不足，还可能是液压系统及液压控制元件有漏液现象。立柱或放顶煤不动作，则主要原因可能有以下几点：管路阻塞，不能进、回液；控制阀（单向阀、安全阀）失灵，进回液受阻；立柱、千斤顶活塞密封渗漏或窜液；立柱、千斤顶缸体或活塞杆受侧向力变形；截止阀未打开等。采取的措施如下：管路系统有污染时，及时清洗乳化液箱和过滤装置；随时注意观察，不使支架蓄压；立柱、千斤顶在排除蓄压等原因后仍不动作，则立即更换并上井拆检；焊缝渗漏要在拆除密封件后到地面补焊并保护密封面。

液压支架常见故障、原因及处理方法见表5—1。

表5—1　　液压支架常见故障、原因及处理方法

部位	故障现象	故障原因	处理方法
管路系统	管路无液压，操作无动作	1. 断路阀未打开 2. 软管被堵死，液路不通，或软管被砸（挤）破导致泄液 3. 软管接头脱落或扣压不紧，接头密封件损坏导致漏液 4. 进液侧过滤器被堵死，液路不通 5. 操纵阀内密封环损坏，高、低压腔串通	1. 打开断路阀 2. 排除堵塞物，更换损坏部分 3. 检修、更换 4. 清洗、更换 5. 检修、更换
立柱	乳化液外漏	1. 液压密封元件不密封 2. 接头焊缝有裂纹	1. 更换液压密封元件 2. 更换、上井拆检、补焊
	立柱不升或慢升	1. 截止阀未打开或打开不够 2. 泵的压力低，流量小 3. 操纵阀漏液或内窜液 4. 操纵阀、单向阀、截止阀等堵塞 5. 过滤器堵塞 6. 管路堵塞 7. 系统有漏液 8. 立柱变形或内外泄漏	1. 打开截止阀并开足 2. 查泵压、液源、管路 3. 更换并上井检修 4. 查清、更换并上井检修 5. 更换、清洗 6. 查清、排堵或更换 7. 查清，更换密封件或元件 8. 更换并上井拆检
	立柱不降或慢降	1. 截止阀未打开或打开不够 2. 管路有漏、堵 3. 操纵阀动作不灵 4. 顶梁或其他部位有干涉	1. 打开截止阀 2. 排除漏、堵或更换 3. 清理转把处塞矸或更换 4. 排除干涉物并调架
	立柱自降	1. 安全阀泄液 2. 单向阀不能闭锁 3. 立柱硬管、阀接板漏 4. 立柱内渗液	1. 更换密封件或重新调定卸载压力 2. 更换并上井检修 3. 查清，更换或检修 4. 其他因素排除后立柱仍降，升井检查
	达不到要求的支撑力	1. 泵压低，初撑力小 2. 操作时间短、未达泵压即停供液，初撑力达不到 3. 安全阀调压低，达不到工作阻力 4. 安全阀失灵，造成超压	1. 调泵压，排除管路堵漏 2. 操作应充液足够 3. 按要求调安全阀开启压力 4. 更换安全阀

续表

部位	故障现象	故障原因	处理方法
千斤顶	不动作	1. 管路堵塞或截止阀未开或过滤器堵塞 2. 千斤顶变形，不能伸缩 3. 与千斤顶连接件干涉	1. 排除堵塞部位，打开截止阀，清洗过滤器 2. 反复供液不动，则更换上井检修 3. 排除干涉
	动作慢	1. 泵压低 2. 管路堵塞 3. 几个动作同时操作导致短时流量不足	1. 检修泵，调压 2. 排除堵塞部位 3. 协调操作，避免过多动作同时操作
	个别连动	1. 操纵阀窜液 2. 回液阻力影响	1. 拆换操纵阀并检修 2. 发生于空载情况，不影响支撑
	达不到要求的支撑力	1. 泵压低，初撑力低 2. 操作时间短，未达到泵压，初撑力小 3. 闭锁液路漏液，达不到额定工作阻力 4. 安全阀开启压力低，工作阻力低 5. 阀、管路漏液 6. 单向阀、安全阀失灵，造成闭锁超阻	1. 调整泵压 2. 操作应充液足够，达泵压 3. 更换漏液元件 4. 调安全阀压力 5. 更换漏液阀、管路 6. 更换控制阀
	千斤顶漏液	1. 密封件坏 2. 缸底、接头焊缝出现裂纹	1. 除接头O形密封圈在井下更换外，其他均上井更换，检修补焊 2. 上井更换，检修补焊
操纵阀	不操作时有液流声，间或有活塞杆缓动	1. 钢球与阀座密封不好，内部窜液 2. 阀座上O形密封圈损坏 3. 钢球与阀座处被脏物卡住	1. 更换并上井检修 2. 上井更换O形密封圈 3. 多次动作无效，则更换清洗
	操作时液流声大且立柱千斤顶动作慢	1. 阀柱端面不平，阀垫密封不严，进液三通回液 2. 阀垫、中阀套处O形密封圈损坏	1. 更换，拆换阀柱 2. 更换
	阀体外渗液	1. 接头和片阀间O形密封圈损坏 2. 连接片阀的螺栓螺母松动 3. 轴向密封不好，手把端套处渗液	1. 更换O形密封圈 2. 拧紧螺母 3. 拆换密封件
	操作手把折断	1. 重物撞击而折断 2. 与阀片垂直方向重压手把 3. 手把制造质量差	1. 更换，严禁重物撞击 2. 更换，操作时不要猛推重压 3. 更换
	手把不灵活，转动费力，不能自锁	1. 滚动轴承损坏 2. 转子尾部变形 3. 卸压孔堵塞 4. 手把处进碎矸或煤粉过多 5. 压块磨损 6. 手把摆角小于80°	1. 更换、检修 2. 更换、检修 3. 清洗或疏通 4. 清洗 5. 更换压块 6. 调大手把摆角
液控单向阀	不能闭锁液路	1. 钢球与阀座损坏 2. 乳化液中有杂质，不密封 3. 轴向密封损坏 4. 与之配套的安全阀损坏	1. 更换、检修 2. 充液几次仍不密封，则更换、检修 3. 更换密封件 4. 更换安全阀
	闭锁腔不能回液，立柱千斤顶不回缩	1. 顶杆折断、变形，顶不开钢球 2. 控制液路阻塞，不通液 3. 顶杆处损坏，向回路窜液 4. 顶杆与套或中间阀卡塞，使顶杆不能移动	1. 更换、检修 2. 拆检控制液管，保证畅通 3. 更换、检修，换密封件 4. 拆检
	渗液引起的立柱自动下降	弹簧疲劳或顶杆歪斜，损坏了阀座	更换、检修

续表

部位	故障现象	故障原因	处理方法
安全阀	不到额定工作压力即开启	1. 未按要求调定安全阀开启压力 2. 弹簧疲劳失效 3. 误动了调压螺栓	1. 重新调压 2. 更换弹簧 3. 更换、上井调试
	降到关闭压力而不能及时关闭	1. 调座与阀体等有蓄压现象 2. 弹簧疲劳失效 3. 密封面粘住 4. 阀座、弹簧座错位	1. 更换、上井检修 2. 更换弹簧 3. 更换、检修 4. 更换、上井检查
	渗漏	1. O 形密封圈损坏 2. 阀座与 O 形密封圈不能复位	1. 更换 O 形密封圈 2. 更换、检查阀座、弹簧等
	外载超过额定工作压力而安全阀不能开启	1. 弹簧力过大，不符合要求 2. 阀座、弹簧座、弹簧变形卡死 3. 杂质脏物堵塞、阀座不能移动、过滤网堵死 4. 误动调压螺钉	1. 更换弹簧 2. 更换、上井检修 3. 更换、清洗 4. 更换、上井，重调
其他阀类	截止阀不严或不能开关	1. 阀座磨损 2. 其他密封件损坏 3. 手把紧，转动不灵活	1. 更换阀座 2. 更换密封件 3. 拆检
	回油断路阀失灵，造成回液倒流	1. 阀芯损坏，不能密封 2. 弹簧力弱或断折，阀芯不能复位密封 3. 杂质、脏物卡塞，不能密封 4. 阀壳与阀芯密封面破坏，密封失灵	1. 更换阀芯 2. 更换弹簧 3. 更换、清洗 4. 更换阀壳
	过滤器堵塞或过滤网不起作用	1. 杂质、脏物堵塞，造成液流不通或量小 2. 过滤网破损，失去过滤作用 3. O 形密封圈损坏，造成外泄液	1. 定期清洗，发现堵塞要及时拆洗 2. 更换过滤网 3. 更换 O 形密封圈
辅助元件	高压胶管损坏漏液	1. 胶管被挤、砸坏 2. 胶管过期，老化断裂 3. 胶管与管接头扣压不牢 4. 推移、升降时胶管被拉、挤坏 5. 高、低压管误用，造成爆裂	1. 清理好管路，更换坏管 2. 及时更换 3. 更换 4. 更换坏管，并整理好胶管，必要时用管夹整理成束 5. 更换裂管
	管接头损坏	1. 升降、推移架过程被挤、碰坏 2. 装卸困难，加工尺寸或密封圈不合格 3. 密封面或 O 形密封圈损坏，不能密封 4. 接头体渗液（锻件裂纹、气孔缺陷造成）	1. 及时更换损坏管接头 2. 拆检，密封圈不合格要更换 3. 更换 O 形密封圈或管接头 4. 更换接头
	U 形卡折断	1. U 形卡质量不符合要求，受力折断 2. 装卸 U 形卡时，敲击折断 3. U 形卡不合规格	1. 更换 U 形卡 2. 更换 U 形卡并防止重力敲击 3. 按规格使用 U 形卡
	其他辅助液压元件损坏	1. 被挤坏 2. 密封件损坏，导致不密封	1. 及时更换 2. 更换密封件

电液控液压支架常见故障、原因及处理方法见表 5—2。

表 5—2　　电液控液压支架常见故障、原因及处理方法

部位	故障现象	故障原因	处理方法
电液换向阀	阀芯与阀体间漏液	阀芯与阀体间的 O 形密封圈失效	更换阀芯与阀体间的 O 形密封圈
	电磁先导阀与阀体连接处漏液	电磁先导阀端面处 O 形密封圈失效	更换电磁先导阀端面处 O 形密封圈
	手动动作，电动不动作	1. 阀顶杆调节不合适 2. 连接器松动或损坏	1. 重新调节阀顶杆 2. 检查连接器连接
	操作时支架不动作或动作缓慢	1. 液控换向阀回液密封副损坏，造成高、低压窜液 2. 电磁先导阀回液密封窜液 3. 电磁先导阀按钮失效或电磁铁失效 4. 过滤器堵塞	1. 更换液控换向阀回液密封副零件或密封件 2. 调整电磁先导阀顶杆或更换电磁先导阀 3. 更换电磁先导阀 4. 清洗或更换过滤器
	不操作时支架动作或电液控换向阀有“嘶嘶”响声	1. 液控换向阀进液密封副损坏，造成窜液 2. 电磁先导阀进液，造成窜液	1. 更换液控换向阀进液密封副零件或密封件 2. 调整电磁先导阀顶杆或更换电磁先导阀
立柱液控单向阀	立柱不动作	1. 支架进液截止阀关闭 2. 系统内无压力或压力过小	1. 打开进液截止阀 2. 提高系统压力
	立柱自降	1. 与 B 口相连的操纵阀窜液 2. 单向阀密封破坏	1. 维修相应的操纵阀 2. 更换单向阀内部阀芯组件和密封大阀座
液控单向阀	不能闭锁液路	1. 阀或阀座损坏 2. 被液中杂质卡住，不密封	1. 更换、检修 2. 冲液几次仍不密封，则更换、检修
	立柱不动作	1. 支架进液截止阀关闭 2. 系统内无压力或压力过小	1. 打开截止阀 2. 提高系统压力
	立柱自降	1. 与 B 口相连的操纵阀窜液 2. 单向阀密封破坏	1. 维修相应的操纵阀 2. 更换单向阀阀芯组件和密封大阀座
	阀体功能口渗液	快速插头密封破坏	更换相应的密封件
	阀体与立柱阀板间漏夜	阀体与立柱阀板间的 O 形密封圈失效	更换阀体与立柱阀板间的 O 形密封圈
球形截止阀	截止阀关闭不严或不能开关	1. 阀座磨损 2. 其他密封件损坏 3. 手把紧，转动不灵活	1. 更换阀座 2. 更换 O 形密封圈 3. 拆检
回液断路阀	支架不动作，系统压力卸不掉	回液断路阀接反	正确安装回液断路阀
安全阀	不到额定工作压力即开启	1. 未按额定压力调定安全阀开启压力 2. 弹簧疲劳失效 3. 紧定螺钉松动	1. 重新调压 2. 更换弹簧 3. 紧固
	降到关闭压力不能及时关闭	弹簧失效	更换弹簧
	渗漏	1. O 形密封圈损坏 2. 阀芯不能复位	1. 更换 O 形密封圈 2. 更换阀芯、弹簧等
	外载超过额定工作压力时，安全阀不能开启	1. 弹簧力过大 2. 阀芯、弹簧座、弹簧变形卡死 3. 调压螺套故障，实际超调	1. 更换弹簧 2. 更换、上井检修 3. 更换调压螺套，重调
双液控双向闭锁	不能闭锁液路	1. 阀或阀座损坏 2. 被液中杂质卡住，不密封	1. 更换、检修 2. 冲液几次仍不密封，则更换、检修

续表

部位	故障现象	故障原因	处理方法
手动反冲洗过滤器	反冲口高低压漏液	阀座失效	更换阀座
	支架动作缓慢	过滤器严重堵塞、液体太脏或使用时间过长	左、右各反冲三次，看动作速度是否改观，如无改变，则只能更换滤芯
	电磁先导阀大面积不动作	可能是主阀过滤器堵塞，造成的原因可能是反冲洗过滤器滤芯失效	应及时更换主阀小过滤器和支架手动反冲洗过滤器滤芯
定向交替阀	不能闭锁液路	1. 阀或阀座损坏 2. 被液中杂质卡住，不密封	1. 更换、检修 2. 冲液几次仍不密封，则更换、检修
手动换向阀	支架动作缓慢	1. 工作液不干净 2. 更换胶管或接头时进入脏物	1. 更换工作液 2. 清洗
	主阀不动作时有“嘶嘶”声	阀芯窜液	更换对应阀芯
双控喷水阀	喷雾装置不出水	阀杆被弹簧卡住	更换弹簧
	喷雾装置一直喷雾	1. 进、出水口接反 2. 阀座损坏	1. 更换进、出水口 2. 更换阀座

液压支架 SAC 型电液控制系统常见故障、原因及处理方法见表 5—3。

表 5—3　　液压支架 SAC 型电液控制系统常见故障、原因及处理方法

部位	故障现象	故障原因	处理方法
通信	工作面人机操作界面显示“×××号支架人机界面通信故障”	可能是人机界面连接器、人机界面接口、控制器 C2 口三者的问题，也有可能是人机界面、控制器 CAN 通信有问题	用替代品逐一排除，是哪件的问题更换哪件
	工作面人机操作界面显示“×××号支架左邻架通信故障”	可能是邻架连接器、控制器 C1 口、左邻架控制器 C7 口三者的问题，也有可能是控制器 CAN 通信有问题	用替代品逐一排除，是哪件的问题更换哪件
	工作面人机操作界面显示“×××号支架右邻架通信故障”	可能是邻架连接器、控制器 C7 口、右邻架控制器 C1 口三者的问题，也有可能是控制器 CAN 通信有问题	用替代品逐一排除，是哪件的问题更换哪件
	工作面人机操作界面显示“×××号支架总线通信故障”	本架总线通信故障可能是本架靠近网络变换器一端连接器的问题，也有可能是控制器 CAN 通信有问题	用替代品逐一排除，是哪件的问题更换哪件
	工作面人机操作界面显示“×××号支架网络编号错误”	×××号支架网络编号错误	重新编号
操作界面	人机操作界面黑屏、连续复位、按键不动或无响应	人机操作屏损坏	更换人机操作屏
耦合器	通信信号（中间的两个灯闪烁表示正常，一个表示邻架通信，一个表示总线通信）在此耦合器处中断，而且相连的电缆完好	耦合器损坏	更换耦合器

续表

部位	故障现象	故障原因	处理方法
电源	电源箱提供的一路 12 V 直流电不正常，使本电源组内的控制器不能启动	电源模块或电源线坏	更换电源模块或电源线
	电源箱提供的二路 12 V 直流电不正常，使本电源的控制器不能启动	电源模块或电源线坏	更换电源模块或电源线
	电源箱提供的直流电是正常的，但本电源组内的控制器不能启动或反复复位，同时电源的指示灯变红，而不是正常时的绿色	本电源组内存在漏电的地方	先使电源只接一个控制器，看控制器能否启动。如果不能正常启动，此控制器或它的电缆存在漏电。如果能正常启动，则再接一个控制器，看效果。这种方式可以判断漏电是在哪一个控制器

思考练习题

1. 液压支架操作前有哪些准备工作？
2. 简述液压支架的操作方式与顺序。
3. 如何处理液压支架“压死”？
4. 液压支架的完好标准是什么？
5. 液压支架的日检、周检包括哪些内容？
6. 拆卸液压缸时应注意哪些事项？
7. 检修 ZC 型操纵阀时应注意哪些事项？
8. 详述结构件和连接销轴常见的故障及处理方法。
9. 立柱升不起来或活塞杆伸出太慢有哪些原因？如何处理？
10. 安全阀降到关闭压力时却不能及时关闭的原因有哪些？如何处理？

第六章 液压支架测试、安装、撤除与搬迁

学习目标

1. 了解液压支架立柱与“三阀”的测试内容与方法。

2. 熟悉液压支架下井前的准备工作，了解液压支架在工作面的安装方法，了解液压支架撤除与搬迁的准备工作和方法。

3. 掌握液压支架电液控制系统安装和调试方法。

第一节　液压支架测试

为了保证综采工作面的稳产、高产，延长支架的使用寿命，立柱和“三阀”（操纵阀、液控单向阀、安全阀）组装好后要对其性能进行反复试验，以确保在井下使用过程少出故障，液压支架的测试是支架下井前的一个重要环节。测试时，要求具备如下条件：用符合标准规定的乳化油与中性水按质量比 5∶95 配制的乳化液，经过滤精度为 0.125 mm 的过滤器，不设磁性过滤装置进行试验；工作液温度为 10~50 ℃；压力表精度为 1.5 级，直读式压力表量程为试验压力的 140%~200%。

液压支架测试项目、内容、方法及要求如下。

一、立柱的测试

1. 空载动作测试

空载工况下，立柱全程往复动作 3~5 次，要求不得有涩滞、爬行、干涉、外漏现象，对于双伸缩立柱，还要求升、降顺序必须是先二级缸后活塞杆。

2. 最低启动压力测试

将立柱水平放置，在无背压的情况下分别使两腔升压，测试其开始移动时的压力，要求开始伸出时的压力不大于 3.5 MPa，开始缩回时的压力不大于 7.5 MPa。对于双伸缩立柱，

还要使二级缸内保持在泵压之下，一级缸活塞杆进液，要求二级缸从最大长度开始缩回时的压力不大于 7.5 MPa。

3. 密封性能测试

（1）低压密封性能测试

为立柱上腔供入 1 MPa 的低压液，保持 3 min，不得出现降压或渗漏现象；然后使活塞杆外伸约 2/3 行程，为其下腔供入 1 MPa 的低压液，保持 3 min，不得出现渗漏现象；最后低压保持 4 h，不得出现降压现象。

（2）高压密封性能测试

为立柱上腔供入 1.1 倍泵站工作压力的压力液，保持 3 min，不得出现降压或渗液现象。然后使活塞杆外伸约 2/3 行程，为其下腔供入 1.1 倍安全阀工作压力的压力液，保持 3 min，不得出现渗液现象。最后高压保持 4 h，不得出现降压或渗漏现象。

4. 强度测试

为立柱下腔提供 1.15 倍泵站工作压力的压力液，活塞杆、二级缸全部外伸保持 3 min，不得出现渗漏现象，各零部件的变形不应影响装配和使用。然后使活塞杆、二级缸分别外伸约 2/3 行程，为其轴向加载至工作阻力的 1.5 倍，并保持 3 min，不得因零部件的变形影响装配和使用。

二、操纵阀的测试

操纵阀测试时，要求测试系统稳压缸容积为 4~8 L，连接软管长度不大于 1 m。

1. 灵活性测试

在泵站工作压力条件下，将操纵阀手把分别扳到工作位置与中间位置 3~5 次，要求动作灵活、位置准确，能自锁，不得有干涉现象。

2. 密封性能测试

（1）将操纵阀手把放在零位（中间位置），敞开回液孔和所有工作腔，在泵站工作压力和 1.96 MPa 压力分别供入进液孔的情况下稳压 2 min，总渗漏量不得大于 6 mL。

（2）将操纵阀手把依次扳到各工作位置，堵住工作孔，敞开回液孔，在泵站工作压力和 1.96 MPa 压力分别供入进液孔的情况下稳压 2 min，总渗漏量不得大于 6 mL（对于平面密封回转式操纵阀，总渗漏量不得大于 40 mL，对于有泄压孔的操纵阀，可按要求设定）。

（3）将操纵阀手把扳到零位，堵住所有工作孔，敞开进液孔，在泵站工作压力和 1.96 MPa 压力分别供入进液孔的情况下稳压 2 min，总渗漏量不得大于 6 mL。

3. 强度测试

（1）将操纵阀手把放在零位，敞开所有的工作孔和回液孔，为进液孔供 47.04 MPa 压力液，稳压 5 min，各零件不得有损坏现象。

（2）将操纵阀手把分别扳到各工作位置，并将工作孔堵住，为进液孔供 47.04 MPa 压力液，稳压 5 min，各零件不得有损坏现象。

三、液控单向阀的测试

液控单向阀测试时，要求其系统中稳压缸容积为 4~8 L。

1. 密封性能测试

（1）堵住与安全阀相接的口，以安全阀工作压力和1.96 MPa压力分别供入工作孔（A孔）的情况下稳压2 min，进液孔（P孔）及其他密封部位不得有渗漏现象。然后再为工作孔提供1.1倍的安全阀工作压力，保持4 h，进液孔及其他密封件不得有渗漏现象。

（2）为液控孔（P孔）分别提供1.96 MPa压力液和泵站工作压力液，稳压2 min，进液孔及其他部位不得有渗漏现象。

2. 灵活性测试

（1）为工作孔供入安全阀工作压力，以额定卸载压力卸载3次，不得出现卡阻现象。

（2）堵住与安全阀相接的口，为进液孔连续提供泵站压力，进液孔卸压后，单向阀关闭压力不低于泵站的90%。

四、安全阀的测试

1. 弹簧式安全阀的测试

（1）开启、关闭压力的调定

1）开启压力的调定。在流量为20～30 mL/min的情况下进行调定，其开启、溢流压力应为额定工作压力的95%～105%。放置较长时间的安全阀首次开启，压力大于额定工作压力的110%时，应重新调定。

2）关闭压力的调定。在流量为20～30 mL/min的情况下进行调定，其关闭压力应不低于额定工作压力的90%。

（2）密封性能的测试

安全阀分别在额定工作压力的90%和1.96 MPa时稳压2 min和4 h，不得出现渗漏现象。

（3）压力—流量特性曲线的测定

在流量为100 mL/min的情况下绘制压力—流量特性曲线，曲线上任一压力值应稳定在调定工作压力的90%～100%，压力波动值不大于调定压力的10%。

2. 充气式安全阀的测试

（1）漏气测试

按规定的压力充气后，将阀投入中性水中6 h，检查其是否漏气。

（2）开启、关闭压力的调定

在流量为40 mL/min的情况下进行调定，其开启压力应为额定工作压力的90%～110%。第一次测试4周后再重新测试一次，要求其开启压力不低于额定工作压力的90%。

在流量为40 mL/min的情况下进行调定，要求其关闭压力不低于额定工作压力的90%。

（3）密封性能的测试

充气式安全阀密封性能的测试同弹簧式安全阀密封性能的测试。

（4）压力—流量特性曲线的测定

充气式安全阀压力—流量特性曲线的测定同弹簧式安全阀压力—流量特性曲线的测定。

第二节　液压支架下井与安装

综采工作面使用的液压支架架数多、体积大，部件重，所以液压支架下井前准备、下井运送和工作面安装等工作是十分繁重的。

一、液压支架下井安装前的准备工作（有轨运输车运输）

1. 液压支架下井安装前，应设专门的调度指挥机构，建立和培训安装队伍，制订详细的安装计划，包括拆装、搬运的方案、程序、工期及技术措施。

2. 检查液压支架运送轨道的铺设质量、各井巷的断面尺寸、架设高度、巷道坡度、转弯方向、转弯半径等，以便设备运送时顺利通行。必要时应制作模型车试通行，以减少运送过程中的掉道、卡道、翻车事故。

3. 新型支架下井前，必须在地面进行试组装，并与采煤机、刮板输送机联合运转。检查支架的零部件是否完整无缺，支架的立柱、千斤顶、阀件是否动作灵活、可靠，有无渗漏现象等，验证支架与刮板输送机、采煤机的配合是否得当，以便采取相应的措施。

4. 准备好运输车辆、设备、安装工具等。

5. 检查工作面的安装条件，宽度不够要扩大，高度不够应挑顶或卧底，并清扫底板。

二、液压支架的装车和井下运送

1. 液压支架下井一般应整体运输，当顶梁较长时可将前梁分开运输。首先将支架降到最低位置，然后拆下前梁千斤顶，将支架主进、回液管的两端插入本架断路阀的接口内，使架内管路系统成为封闭状态。凡需要拆开运送的零、部件，应将其装箱编号运送，以防丢失或混乱。

2. 液压支架装车时应轻吊轻放，然后捆紧系牢，要求装卸方便、重心尽可能低、运输省力，严防斜井运输和井下运输途中翻倒，损坏支架。不得使软管或其他零件露出架体外，以防运输过程中损坏。

3. 液压支架运输过程中应设专人监护。在倾斜巷道和弯道搬运时应注意安全，防止出现翻车、掉道、卡道等运输事故。

4. 运输过程中，不得以支架上各种液压缸的活塞杆、阀件和软管等作为牵引部位，避免溜槽。工具应相互紧靠，以防碰坏这些部件。

三、液压支架的工作面安装

液压支架一般从工作面回风巷运入工作面。在工作面回风巷与工作面连接处，应根据支架结构及安装要求适当扩大其巷道断面，以利于支架转向。当采用分体运输，需要在连接处安装前梁时，还需适当进行挑顶，以便安装起重设备。液压支架送入工作面的方法有三种：

1. 利用刮板输送机运送液压支架

在工作面先安装好刮板输送机，此时输送机先不要安装挡煤板、铲煤板和机尾传动装置。在输送机溜槽上设置滑板，把液压支架用起重设备移放在滑板上，在刮板输送机上滑行至安装地点，再用小绞车将液压支架在滑板上转向，拉至安装处调整好位置，并与刮板输送机连接，然后接上主进液管和主回液管，升起支架支撑顶板，第一架支架安装完毕，按照此方法继续安装其他支架。待支架全部安装完毕后，再逐步装好刮板输送机挡煤板、铲煤板和机尾传动装置等。这种运送方法操作简单，运送的支架高度较低，转向和运送速度较快，但在大的倾斜工作面不能使用。

2. 利用绞车在底板上拖移液压支架

在工作面上、下出口处各设置一台慢速绞车，用起重设备将支架吊起后放到底板上并转向（当底板较硬时可直接用绞车拖拽，当底板较软时可在底板上铺设轨道，轨道上设置导向滑板），用绞车将液压支架拖至安装地点，再用两台绞车进行转向，调整好位置，接通液压管路，将液压支架升起支撑顶板。这种运送方法操作简单，运送的支架高度较低，运送平稳，适用于各种工作面的运送，但所用设备较多，操作较复杂，运送速度慢。

3. 利用平板车和绞车运送液压支架

在工作面回风巷与工作面连接处设轨道转盘，并在工作面铺设轨道。装有液压支架的平板车被拉入转盘后在其上进行转向，使其对准工作面轨道，利用绞车拉入工作面安装地点，然后通过两台绞车卸车并调好支架位置，接好液压管路，升起支架支撑顶板。这种方法适应性强，支架在工作面回风巷与工作面连接处转向时不需起吊，所用设备少，运送平稳，但运送高度较高，操作较难，并且要求工作面宽度大，以便平板车退出。

◎ 注意

液压支架在工作面安装时的注意事项

1. 做好安装前的准备工作，包括架设抬棚进行顶板支护和清理浮煤杂物等。

2. 架棚或进行顶板支护时的柱子不准支护在浮煤活矸上，一定要支护在坚硬的实底上，升紧、锁牢。

3. 利用机械设备将支架卸下车盘时，附近人员必须撤至安全地点，以防倒架伤人。

4. 严禁强拉硬拖，导向滑板要平整；替补柱必须及时，防止顶板冒落。

5. 严禁将钢丝绳拴挂在支架易损部位或部件上。

6. 拖拉过程中，要随时注意支架与周围支护情况，以防碰到支护柱。

7. 托拉时，绳头与支架必须连接可靠，拖拉钢丝绳两侧不得有人；变向拖拉时，必须有变向轮，同时变向三角区内严禁有人。

8. 支架在陡坡拖拉调向安装时，应采用绞车配合，一台绞车防止支架侧倒，另一台绞车拖拉。防侧倒绞车绳在支架接顶前应处于预紧状态。

9. 支架架设安装时要降低至最低高度。

10. 支架初次供液前，必须保证管路连接良好，将手把全部打到零位，所有人员撤出。

11. 支架安装好后，应立即支护顶板。

四、液压支架安装后的调试

当综采工作面液压支架安装好后，要进行调试，其步骤如下：

1. 理顺液压支架管路，并进行固定与吊挂。若邻架操作时，将操纵阀安设于上方邻架上，然后接通高、低压液压主回路。

2. 检查液压支架零部件如连接销、连接螺栓等是否齐全、完整，结构件有无损坏，并进行相应的处理。

3. 进行液压支架试操作，检查立柱、千斤顶活塞动作是否正确，管路连接是否正确，操纵阀有无漏液、窜液现象。如有问题应立即修理。

4. 检查液压支架的立柱是否有漏液、自降现象。

5. 当刮板输送机调整平直靠近煤壁后，将液压支架前移，有效地支护端面，需铺设顶网的工作面应挂好网片后再移支架。若滞后安装刮板输送机，因个别支架推移头暂不能与其相接时，可先用锚链将二者软连接，待试采推移中逐步调整相连。

6. 在移架过程中调整液压支架中心距，对于没达到其设计数量的工作面，可采用绞车、千斤顶或单体液压支柱等机具逐架调整，补齐支架，然后再进行试采。

五、工作面液压支架电液控制系统安装和调试

1. 安装前的准备

（1）核对供货清单与现场货物，检查与系统安装所需的电控元件型号是否一致，数量是否正确。检查液压元件是否已安装在支架上。

（2）对液压支架进行分组，确定电源箱和隔离耦合器所在的支架号，绘制整个工作面支架电液控制系统安装连接图。

（3）确认各个电控部件的安装位置，以及各电控部件连接器的长度和走线布置方式。

（4）将安装系统所需要的各种工具准备齐全，把编写的用户手册和备件手册发给用户。

（5）安装人员与矿技术人员制订系统的安装实施计划。

（6）有条件时应在地面组装 3~10 架，技术人员现场指导用户进行实际操作演练，对电液控制系统的操作和使用人员进行现场培训。

2. 安装

（1）电控元件在运输和搬运过程中要轻拿轻放，严禁碰撞摔落，防止损坏部件。

（2）支架电液控制系统安装要有生产企业技术指导。

（3）安装人员应按照用户手册中的“支架电液控制系统安装连接图——单架连接图”和系统配置图进行安装。

（4）安装时注意保证连接器走线流畅，有适当的余量，保证支架在正常动作时连接器不被支架部件剪切、挤压或者拉伸，尽量避免液压管路和连接器交叉，做到液压管路和连接器分离。

（5）注意安装顺序，先固定好支架控制器安装架，然后安装各传感器及连接器。连接器要插接到位，各 U 形卡也一定要安装到位，最后插装支架控制器。

（6）在插接各种连接器及电控部件时，将连接器限位槽对准插座限位销，禁止野蛮

操作。

（7）连接器安装到支架控制器上时可以涂抹凡士林或防水胶，以加强防水、防潮的效果，闲置的接口用专用塑料堵头堵好。

（8）安装压力传感器时，先卸压，再安装。传感器的安装位置和连接器的走线要以传感器不易被磕碰为原则，必要时加装弯头。

（9）红外线发射器一般安装在采煤机的中部位置，并尽量与红外线接收器保持在同一水平，红外线发射器不能被采煤机电缆或其他物体遮挡。红外线接收器要固定牢固，对准红外线发射器，前部不能被垂下的电缆或胶管遮挡。

3. 安装后的检查

（1）整个系统安装完毕后，仔细检查各个支架电控部件的连接状况，确保连接状况良好，各U形卡都插到位，连接器走线流畅，用扎带捆扎良好。

（2）确定系统连接正确，各部分连接可靠之后，给控制器供电，进行系统调试。

4. 液压支架电液控制系统调试步骤

（1）系统供电，给支架控制器传入应用程序（用一个带程序的支架控制器向其他支架控制器传输），观察工作面所有支架控制器的显示是否正常，信号通信是否正常。如果有问题，检查故障并分析原因，排除故障。

（2）在主控计算机上观察系统中的驱动器是否正常。压力传感器、行程传感器、红外线传感器显示是否正常。

（3）检查支架控制器或人机交互界面的急停和闭锁功能是否正常。

（4）通过支架控制器或人机交互界面对支架进行单架单动作操作，看架间通信和电磁阀的功能是否正常。

（5）检查电液换向阀组是否有漏液或窜液现象。

（6）检查乳化液浓度和清洁度，检查高压过滤站、支架过滤器、主阀过滤器的完好情况，检查是否出现堵塞或破损的现象。

（7）浏览支架控制器每一列各参数项的设置，并根据工作面具体条件和采煤工艺的需要，同综采队协商后进行程序参数的调整或设置。

（8）逐项检查成组自动控制功能。

（9）观察主机是否随着工作面支架的动作正常显示。

（10）跟机进行自动化各项参数设置，启动跟机自动化功能，检查运行状况。

系统安装、调试并确认正常后，组织人员对整个系统进行验收，填写验收报告。

第三节　液压支架撤除与搬迁

当一个综采工作面采完后，操作者要对支架进行撤除，并搬运到下一个工作面或升井检修。根据综采工作面的顶板条件、倾角、回采工艺不同，液压支架可以采取不同的撤除方法。

一、各种液压支架的撤除

1. 一般综采工作面液压支架的撤除

（1）直接撤架法

当工作面顶板条件较好时，可将液压支架直接撤除。先将液压支架侧护板缩回，使其降柱，用绞车和千斤顶将液压支架沿垂直煤壁方向拉出 1.5~1.8 m，再使其旋转 90°，然后用绞车拉到装车地点。其中，工作面端部的第一组支架撤除后，要打一木垛，支护顶板，之后每一组支架，都要沿工作面方向打木垛，当液压支架全部撤除后，再回收木垛。

（2）掩护撤架法

当工作面顶板条件较差时，多采用掩护撤架法撤除液压支架。先将工作面回撤端的顶板用单体液压支柱和木板梁维护好，然后将起始端部的两组或一组液压支架调向，使之与工作面煤壁平行，作为掩护撤架，以掩护其他液压支架的逐架撤除，并及时配以其他措施支护撤除空间。

2. 大倾角综采工作面液压支架的撤除

大倾角综采工作面液压支架的顶板管理具有特殊性，不仅撤架时顶板岩石易抽空，易使液压支架倾倒，而且采空区冒落矸石窜入工作面，也会给撤架工作带来很大困难，所以在工作面收尾时，特别要求网—绳—梁联合支护强度与质量，并且使用金属网封严整个撤除空间。

由于大倾角综采工作面撤架必须由下往上逐架回撤，需在工作面上出口做一绞车硐室，采用牵引力较大且增设制动装置的绞车，或者采用多台小绞车联合牵引，以及铺设轨（滑）道和装车平台等。

3. 大采高综采工作面液压支架的撤除

当大采高综采工作面收尾时，在保证撤除液压支架允许空间条件下，尽量缩小工作面采高，其收尾工艺与一般综采工作面收尾基本相同。但由于大采高液压支架需解体运输，所以还要设置装卸硐室，也可以在工作面撤架通道的适当高度处设工作面装卸站。根据液压支架解体、起吊、拆卸操作需要确定硐室高度，装卸硐室工作由扩大巷道断面、加强支护强度、安设起重钢梁、安设起重绞车等工序组成。另外还应安装装车平台、铺设搬运轨道等。

4. 撤除液压支架的一般步骤

综上所述，撤除液压支架的一般步骤如下：

（1）支设撤除液压支架所需的临时支护，清理杂物，固定好变向滑轮。

（2）将撤除的液压支架的邻架操作改为本架操作，缩回侧护板和伸缩梁。

（3）降柱、解除主油管（应降至最小高度）。

（4）拴好钢丝绳与支架的连接装置，开动绞车，将支架牵引抽出并调向，然后运出工作面。

二、液压支架撤除实例

以低位放顶煤支架的撤除为例，讲述液压支架的撤除方法。

1. 准备工作

一般情况下，煤矿撤除工作面支架的任务都是由综采安装队承担的，其他的辅助任务由机电队、运输队、通风队等协同完成。在工作面撤除支架前，矿上有关单位要制定详细的安全技术措施，由矿调度室协同生产技术科安排对工作面的上、下巷道进行整修，由运输单位负责对运输车辆和运输线路进行检查，合格后方可投入使用，并对上、下巷的浮煤、杂物进行彻底清理，确保运输畅通。上巷的通风设备由通风队负责运行。

2. 撤除顺序

（1）撤除支架按由下而上的顺序进行。

（2）撤除第一架支架前，要把道路上和架间的矸石、浮煤等杂物清理干净，在工作面下拐头打好木垛，坑木直径不小于200 mm，坑木间要用扒钉固定好，木垛要接顶，以防冒顶事故发生。

（3）撤除时，先在支架顶梁上方打上单体液压支柱控制顶板，保证支撑有力。

（4）拆除支架的立柱和解除主油管路及管件时，液压支架必须降至最低高度。

（5）拉架时，将40型刮板输送机链条用螺栓固定在支架的框架或推杆上，开动绞车缓慢拉出。用绞车把支架拉到上巷，然后在上巷解体、装车。

3. 安全注意事项

（1）撤除过程中，严禁在支架的千斤顶、立柱、侧护板、操作台上悬挂滑轮、手动葫芦、钢丝绳等。

（2）每撤除一架支架，应及时地在支架原位置打上密集柱以支撑顶板（如果顶板破碎，要打上木垛支撑顶板），撤除到第三架支架时，应在拉出的第三架支架位置打上木垛，控制顶板。

（3）用绞车拉移支架时，严禁用开口环，螺栓要拧紧，用荆笆盖住链条，防止链条断裂伤人。开始拉架时，所有的人员一律撤到安全的地方，当发现不安全因素时，也要等绞车停下来后，人员方可靠近，待查明原因后处理。

（4）拉架过程中，绞车如出现歪斜现象，要及时处理。

（5）拉架过程中，要有当班的安全负责人和技术人员对工作面的顶板和煤帮进行观察，发现问题和异常情况应及时发信号停车处理。

◎ 知识拓展

支架的装车与搬运

用平板车装支架时，在平板车两侧用单体液压支柱打好与支架上车的方向相反的支撑柱，必须将装车平台固定牢靠。支架装车时，必须使其重心装在平板车中心，支架要落到最低位置，侧护板、插板、伸缩梁都要收回。装车宽度不超过1.5 m，高度不超过2 m，用锁具把平板车的四角固定并锁紧，然后捆扎牢靠，检查无误后方可运出。支架上的其他小物件要包装好后分类运输，车装好后，要有专人检查，确认无误后，方可运出，并做好记录，填写检查人姓名、车号等。严格执行”开车不行人，行人不开车”制度，各个环节的运输由矿调度室统一协调。运输队人员把支架运到矿综采车间10 m范围内，与综采车间设备组交接手续，并在交接单上签字。

思考练习题

1. 对安全阀压力值的调定有何要求？
2. 液压支架下井安装前有哪些准备工作？
3. 液压支架的工作面安装有哪几种方法？
4. 液压支架安装后如何调试？
5. 液压支架撤除的方法有哪几种？
6. 液压支架撤除过程中有哪些安全注意事项？
7. 液压支架电液控制系统安装后有哪些检查内容？

第七章

乳化液泵站基础知识

学习目标

1. 了解乳化液泵站的组成、用途和主要参数。
2. 熟悉乳化液泵站的结构、型号及命名。
3. 掌握乳化液泵的工作过程，以及乳化液泵流量脉动产生的原因和引起的后果。
4. 了解乳化液箱的结构特点及其附属装置的工作过程。

煤矿用乳化液泵站是煤矿井下现代化高产高效综采工作面的关键设备之一，是保证综采工作面安全、可靠运行的重要动力单元。

国内生产厂家的乳化液泵产品结构大同小异，主要是 XRB、BRW 和 ZB(P)RW 系列。目前的流量系列有 80、125、160、250、315、400、450、500、550 等，大流量乳化液泵大多采用卧式五柱塞结构。

本章主要以使用较广泛的 BRW 系列为例，介绍国产乳化液泵站的组成、用途、工作过程、结构、液压系统、运转和维护等内容，同时简要介绍智能型乳化液泵站。

第一节　乳化液泵站概述

一、乳化液泵站用途和组成

1. 乳化液泵站的用途

乳化液泵站（简称泵站）是综合机械化采煤工作面的主要装备之一，是一种把电能、机械能转变为液压能的转换装置，是液压支架、单体液压支柱的主要动力源。

液压支架的支撑顶板、推溜、移架、调架、护壁、侧护、防倒、防滑等动作，工作面上、下出口处超前支护用的单体液压支柱等都要用泵站作为液压动力源。泵站还可以作为可弯曲刮板输送机的紧链液压马达、采煤机牵引链的张紧千斤顶、桥式转载机的固定与推移千斤顶，以及油缸、阀件试验设备和其他液压系统的动力源。

2. 乳化液泵站的组成

乳化液泵站主要由乳化液泵、乳化液箱和附属装置组成，通常是“二泵一箱”，形成泵—缸液压回路，如图 7—1 所示。两台乳化液泵通常一台工作，一台备用，交替使用。当工作面需要增大供液量时，可同时开动两台乳化液泵。也可根据要求做成有三台乳化泵与一台乳化箱组成的“三泵一箱”的泵站，其中两台泵同时工作，另一台备用。

图 7—1　乳化液泵站（二泵一箱）

各种不同流量和压力的乳化液泵站可分别满足普采工作面、高档普采工作面和综采工作面的不同要求。

二、乳化液泵站的技术特征

BRW 系列乳化液泵与乳化液箱组成乳化液泵站，主要用于煤矿综合机械化采煤工作面作为液压支架动力源，有 80 系列、125 系列和 200 系列等，如图 7—2 所示。可以根据表 7—1 选择相适应的乳化液泵和配套的乳化液箱。

图 7—2　BRW 系列乳化液泵

表 7—1　　**乳化液泵站主要参数**

类别	型号	额定流量（L/min）	额定压力（MPa）	电动机功率（kW）	柱塞直径（mm）	液箱容积（L）
BRW 系列	BRW80/15	80	15	30	32	640
	BRW80/20	80	20	37	32	640

续表

类别	型号	额定流量 (L/min)	额定压力 (MPa)	电动机功率 (kW)	柱塞直径 (mm)	液箱容积 (L)
BRW 系列	BRW80/31.5	80	31.5	55	32	640
	BRW80/40	80	40	75	32	640
	BRW125/31.5	125	31.5	90	40	1 000
	BRW160/31.5	160	31.5	110	45	2 000
	BRW200/31.5	200	31.5	125	50	2 000
智能型	ZBRW200/31.5	200	31.5	125	50	2 000
	ZBRW315/31.5	315	31.5	200	65	2 000
	ZBRW400/31.5	400	31.5	250	56	2 000

三、乳化液泵站型号编制

根据标准《煤矿用乳化液泵站 乳化液泵》规定，乳化液泵型号的编制方法及表示意义如下：

1. 一般乳化液泵

一般乳化液泵特征代号为特征的汉语拼音第一个大写字母。第一特征代号为用途特征，其中“B”表示“泵”，“R”表示“乳化液”，“P”表示“喷雾”，“Z”表示“注”。第二特征代号一般为结构特征代号，“W”表示“卧式”。例如，BRW200/31.5 即表示卧式乳化液泵，额定流量为 200 L/min，额定压力为 31.5 MPa。

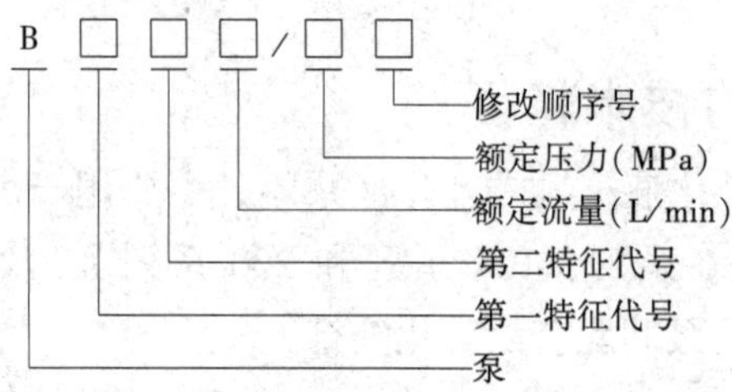

2. 智能型乳化液泵

智能型乳化液泵特征代号为特征的汉语拼音第一个大写字母。第一特征代号为用途特征，其中“Z”表示“智能型”，“B”表示“泵”，“P”表示“喷雾”，“R”表示“乳化液”，“W”表示“卧式”。例如，ZBRW400/31.5 即表示卧式智能型乳化液泵，额定流量为 400 L/min，额定压力为 31.5 MPa。

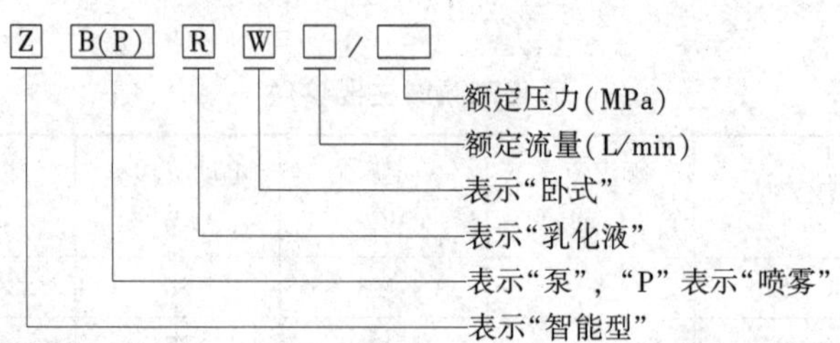

◎ 知识拓展

BRW500(400)/31.5 型乳化液泵站的用途

BRW500/31.5 型乳化液泵站是我国专为超厚煤层的高产、高效综采工作面而设计的超大流量电动往复泵，如图 7—3 所示。总体结构采用了成熟的卧式、一级齿轮减速、五缸、分体式阀体的形式，液力端结构有了较大的改进，使该产品具有压力平稳、结构简单、维修方便等优点。

BRW400/31.5 型乳化液泵站如图 7—4 所示，主要是为厚煤层要求快速移架的综采工作面提供高压乳化液，作为液压支架的动力源。该泵站由三台乳化液泵与一台乳化液箱组成，其中两台泵工作，另一台泵备用。与两台泵构成的流量为 500 L/min 的乳化液泵站相比较，此泵站成本低、体积小、质量轻、运输方便、维修简单。

图 7—3　BRW500/31.5 型乳化液泵站

图 7—4　BRW400/31.5 型乳化液泵站

四、智能型乳化液泵站概述

智能型乳化液泵站的作用是实现煤矿高产高效长距离综采工作面集中控制，提高工作效率，降低乳化液泵站系统故障。智能型乳化液泵站是在普通乳化液泵站的基础上增设了传感器，把传感器采集到的数据传送到智能型乳化液泵站的控制系统显示器上，以实现轴承温度、电动机绕组温度、蓄能器的压力，以及乳化液泵油位、油温和油压等的自动控制。智能型乳化液泵站能够根据系统压力反馈使自动启停泵组对系统压力进行自动补偿，对液压支架系统液体浓度进行精确监控并自动补偿，具有自动诊断并显示系统故障的功能，从而可以提高机组的功率因数，降低环境污染和噪声，达到节能降耗等目的。

智能型乳化液泵站一般由两台 BRW400/31.5 型乳化液泵组、一台 RX300(400)/25 型乳化液箱组和一台 ZJT1-250/1140 矿用隔爆兼本质安全型智能交流变频调速控制装置组成。两台泵组中，一台泵组工作，一台泵组备用。

智能型乳化液泵站分为标准型和潞安型两种，执行标准为《煤矿用乳化液泵站 乳化液泵》。

1. 标准型

标准型智能乳化液泵站由矿用隔爆兼本质安全型变频调速控制装置（简称变频装置，规格因泵站流量不同而不同）、自动配油箱（简称油箱，标准尺寸）、自动配液箱（如

图 7—5 所示，简称液箱，容积因泵站流量不同而不同）和乳化液泵站构成，如图 7—6 所示。

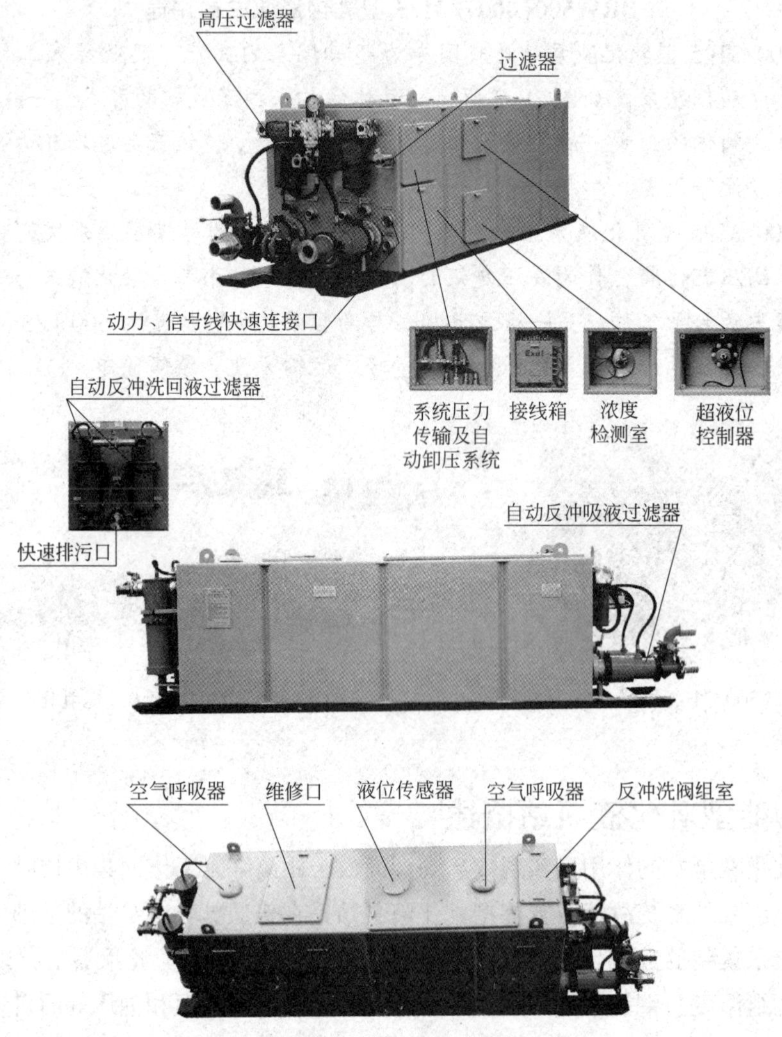

图 7—5　自动配液箱

变频装置由两个独立隔爆箱组合而成。右箱既是整个装置的总电源箱，又是控制系统工频旁路的控制箱，同时也是整个系统的控制核心部分。箱内装有电源隔离开关、可编程控制器及相关模块、工频回路真空接触器、三相变压器、控制变压器、电度表、彩色显示屏，以及电压、电流互感器。显示屏中可显示当前泵站的所有监控数据及运行状态。

油箱内预先盛放乳化油，以便系统完成自动配液功能。油箱内装油位传感器 1 个，泵室内安装配液油泵 1 台、校正油泵 1 台，外挂 1 台便携式油泵，侧面装有隔爆型接线箱。

液箱内实现自动配液功能，内装液位传感器 1 个、浓度传感器 1 个，外部装有系统压力传感器 1 个、系统压力卸载电磁阀 1 个，尾部装有进水配液电磁阀 1 个、进水校正电磁阀 1 个。头部泵组吸液位置装有吸液在线定时自动反冲洗过滤器 2 个，尾部装有回液在线定时自动反冲洗过滤器 2 个。

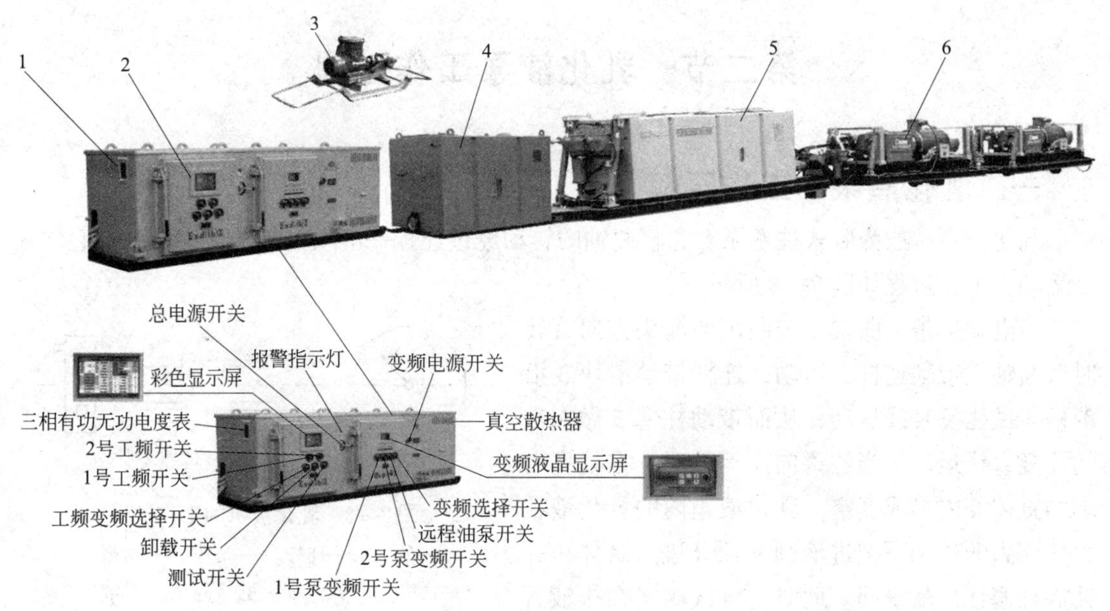

图 7—6　智能型乳化液泵站（标准型）

1—三相有功无功电度表　2—矿用隔爆兼本质安全型变频调速控制装置

3—移动式远程供油泵　4—自动配油箱　5—自动配液箱　6—乳化液泵组

乳化液泵组分别加装传感器进行数据监控和保护，分别有润滑油温度、压力、油位传感器各 1 个、泵组蓄能器压力传感器 1 个，如图 7—7 所示。如果是定制的乳化泵组，还可以监控乳化泵电动机绕组温度和电动机轴承温度。

图 7—7　乳化液泵组

2. 潞安型

潞安型智能乳化液泵站分别由配液站和供液站组成。与标准型相比，潞安型智能乳化液泵站增加了独立配液、远程供液、自动调平和手动调平、数据上传、乳化液使用量监控，以及油位、油温、油压蓄能器压力检测等功能。

第二节　乳化液泵工作过程

一、乳化液泵的工作原理

乳化液泵一般为卧式柱塞泵，它将曲轴的转动经过连杆—滑块机构转化为柱塞的直线往复运动，工作过程如图 7—8 所示。

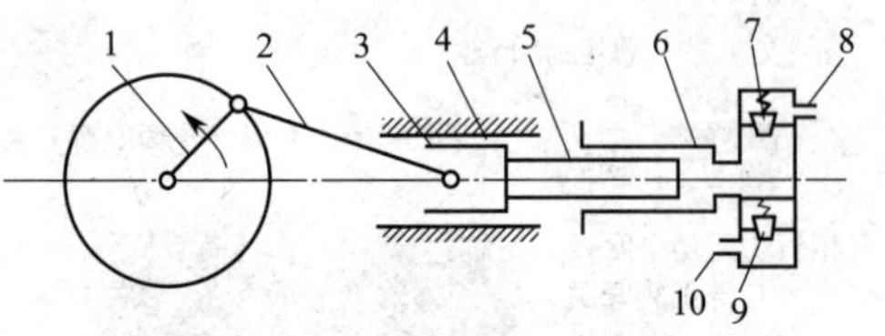

图 7—8　乳化液泵的工作过程

1—曲轴　2—连杆　3—滑块　4—滑槽　5—柱塞　6—缸体　7—排气阀　8　排液口　9—进液阀　10—进液口

当电动机带动曲轴 1 按图示的箭头方向旋转时，曲轴就带动连杆 2 运动，连杆带动滑块 3 沿滑槽 4 做往复直线运动，从而带动柱塞 5 做左右的往复直线运动。当柱塞向左运动时，在柱塞右端的缸体 6 内形成真空，乳化液箱内的乳化液在大气压力的作用下把进液阀 9 顶开进入缸体，并充满柱塞让出的空间。此时，排气阀 7 在排液管道内乳化液的作用下关闭，从而完成吸液过程。当柱塞向右移动时，缸体内的容积减小，乳化液受柱塞挤压而压力升高，从而使吸液阀关闭，排液阀打开，乳化液被挤出缸体，经主进液管输送到液压支架，完成排液过程。这样，柱塞每往复一次，就排液一次，柱塞不断运动，就不断进行吸、排液。由此可知，一个柱塞在吸液过程中不能排液，所以单柱塞泵的排液量是很不均匀的。为了使排液比较均匀，乳化液泵一般都做成三柱塞式的。即使这样，排液量也不是很均匀，致使压力有所波动。

二、乳化液泵的流量和压力

1. 乳化液泵的流量

乳化液泵的流量是指泵在单位时间内排出的液体容积，常用单位是 L/min。由乳化液泵的工作原理可知，柱塞排液一次所排出的乳化液量也就是柱塞一次行程中掠过的体积，如图 7—9 所示。

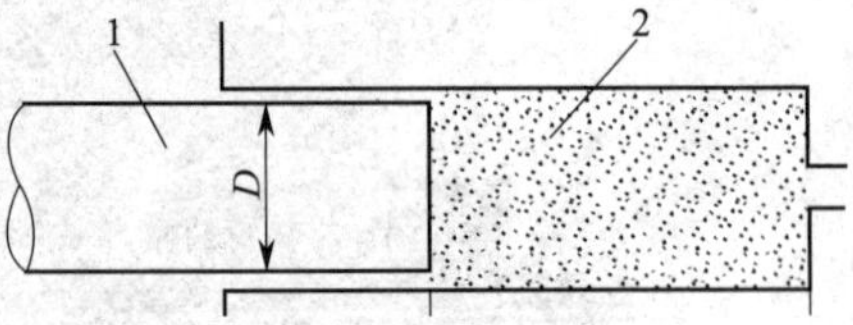

图 7—9　柱塞排液

1—柱塞　2—缸体

所以，柱塞一次行程排出的乳化液量可由下式计算：

$$V=\frac{1}{4}\pi D^2 S\times 10^{-3}$$

式中　V——柱塞一次行程排出的乳化液量，mL；

D——柱塞直径，mm；

S——柱塞行程，mm。

如果柱塞在 1 min 内往复 n 次，乳化液泵有 Z 个柱塞，那么泵在 1 min 内所排出的乳化液的理论流量为：

$$Q_1=VnZ\times 10^{-3}=\frac{1}{4}\pi D^2 SnZ\times 10^{-6}$$

式中　Q_1——乳化液泵的理论流量，L/min；

n——柱塞每分钟的往复次数；

Z——柱塞数目。

但是，泵总是有流量损失的，实际流量要比理论流量小一些。

2. 乳化液泵的压力

乳化液泵工作时排出的乳化液输送给支架液压系统，在输送过程中要克服外部负载和管道摩擦阻力。在泵流量基本不变的情况下，泵的压力将随着外部负载和管道摩擦阻力的大小而变化。当管道摩擦阻力一定时，外部负载越大，泵所产生的液压力越高。例如，为了减缓煤层顶板的自然下沉，增加顶板的稳定性，使支架尽快在恒阻状态下工作，需要支架给顶板一个初撑力。在初撑阶段，随着顶梁与顶板的接触，外负载不断增大，但是泵产生的液压力不允许无限增大，因为泵受到其结构、材料及制造等因素的限制，只能承受一定的压力。所以泵出厂铭牌上规定了一个额定压力，即泵允许连续运行的最高压力，实际工作中不允许超过这一压力。支架也正是在这个压力情况下对顶板产生一定的初撑力。

3. 流量脉动

乳化液泵柱塞的往复运动速度在曲轴每转动一周的过程中不断变化（按正弦规律变化），且泵的连续流量正是三根柱塞连续往复运动的总和，因此泵的流量也在不断地变化，时大时小，这种变化现象就是流量脉动。流量脉动必然引起液压系统高压管道内的压力变化，从而导致压力脉动现象的发生。流量和压力的脉动引起管道和阀的振动，特别是当泵的脉动频率与管道和阀的固有频率相近时，就会出现共振，严重时会使管道和阀门甚至泵损坏。为了减缓流量和压力的脉动，可在泵站中设置适当容积的蓄能器。现在我国许多生产厂家已经研制开发并投入使用的五柱塞泵可以大大减缓流量和压力产生的脉动。

第三节 乳化液泵的结构

了解乳化液泵的工作过程后，现以 BRW200/31.5 型乳化液泵（见图 7—10）为例讲解其结构，如图 7—11 所示。为了更清楚地了解 BRW 系列乳化液泵的结构，图 7—12 给出了实物分解图。

图 7—10 RBW200/31.5 型乳化液泵

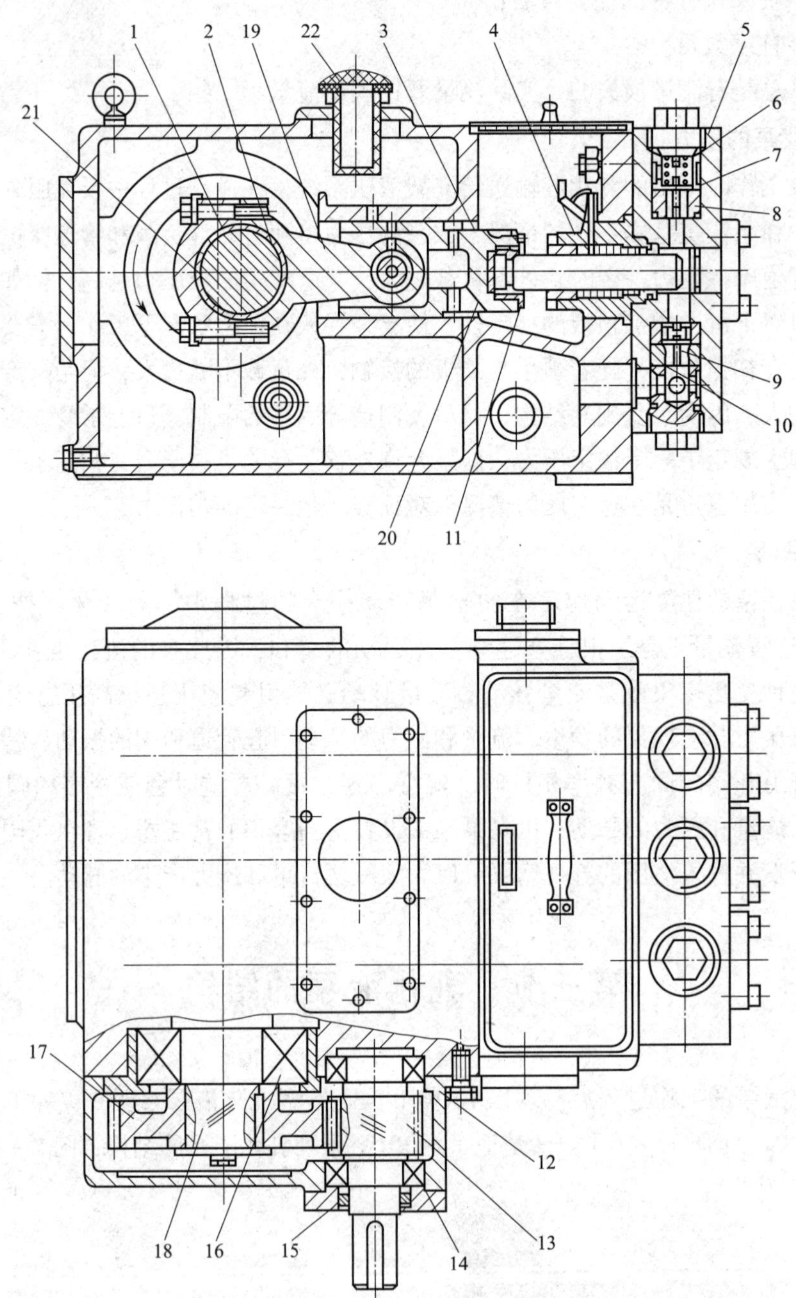

图 7—11 RBW200/31.5 型乳化液泵的结构

1—后瓦衬 2—前瓦衬 3、15—油封 4—高压钢套组件 5—泵头 6—O 形密封圈 7—排液阀芯 8—排液阀座 9—吸液阀芯 10—吸液阀座 11—锁紧螺套 12、14、16—轴承 13—小齿轮 17—大齿轮 18—曲轴 19—连杆 20—滑块 21—后轴瓦 22—放气帽

一、BRW 系列乳化液泵简介

BRW 系列乳化液泵为往复式柱塞泵，它主要由动力端（曲轴传动部分）和液力端（泵

头高压腔部分）组成。动力端润滑系统配置了冷却装置，并采用飞溅润滑和强制润滑相结合的设计方法，大大改善了泵组的润滑条件，降低了油温，增强了泵组的可靠性和安全稳定性。BRW 系列乳化液泵主要是为中厚与厚煤层的综采工作面提供高压乳化液，作为液压支架和推移工作面运输机时的动力源。该泵站由两台乳化液泵与一台乳化液箱组成，其中一台泵工作，另一台泵备用。

二、BRW200/31.5 型乳化液泵结构

BRW200/31.5 型乳化液泵的结构主要有曲轴箱组件、泵头组件（含高压钢套组件）和泵用安全阀三个部分。

1. 曲轴箱组件

RBW200/31.5 型的乳化液泵曲轴箱部分轴测图如图 7—12 所示，曲轴箱组件由箱体、一级减速齿轮、曲轴连杆滑块等主要零件组成。

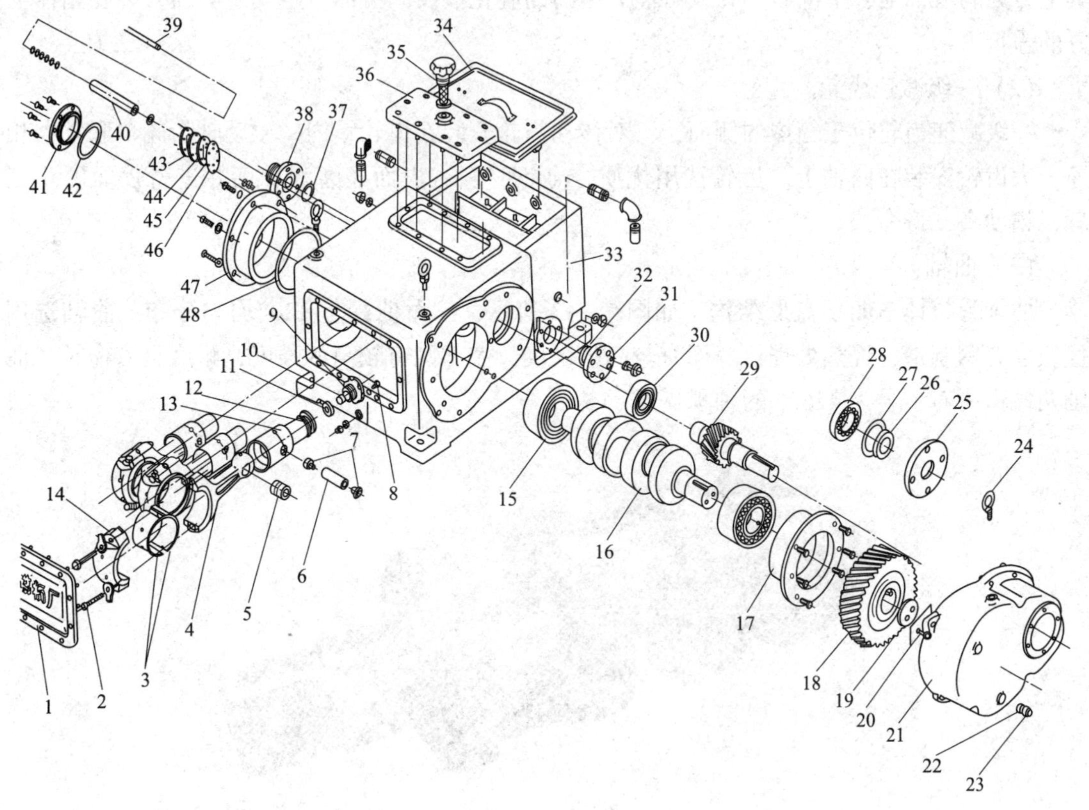

图 7—12 BRW200/31.5 型乳化液泵曲轴箱分解图

1—后盖板 2—连杆螺栓 3—前后轴瓦 4—连杆 5—连杆衬套 6—滑块销 7—滑块销保护塞 8—锁紧螺钉 9—压紧螺套 10—半块卡槽 11—承压块 12—密封环 13—滑块 14—大头瓦盖 15、28、30—轴承 16—曲轴 17、47—轴承座 18—大齿轮 19—压板 20—垫片 21—大齿轮箱 22—密封 23—油堵 24—起重螺钉 25—小齿轮轴承后盖 26—油封 27、32、37、42、48—密封圈 29—小齿轮 31—端盖 33—箱体 34—泵头盖板 35—注油过滤器 36—上盖板 38—进液接头 39—芯棒 40—筒体 41—轴承端盖 43—油杯压盖 44—透视片 45—油杯座 46—油杯垫片

（1）箱体

箱体上安装齿轮箱、齿轮、曲轴、连杆、滑块，以及泵头的基础，是承受柱塞推力及传动转矩的主要构件，因此，箱体必须具有一定强度的和足够的刚度。BRW200/31.5 型乳化液泵的箱体为整体式结构，材料为高强度铸铁。

箱体分为曲轴箱腔、乳化液进液腔和隔离腔三个腔体。

曲轴箱腔有三个滑道孔，上方设盛油池，用于滑道及连杆小头处的润滑。箱体上有曲轴和齿轮的安装孔，曲轴安装孔与滑道孔由专用镗床加工，加工精度高。曲轴箱后部有盖板，以便清洗曲轴箱，底部设有放油孔。曲轴箱腔内设有磁性过滤器，可吸附润滑油中的磁性物质，提高润滑油清洁度。进液腔设在箱体的前端，成五通腔，三孔与泵头进液口相连，吸液接头与此腔相通。进液腔上方设有放气螺孔，能放掉进液腔的空气，确保吸液性能。进液腔下方设有放液螺孔，可放掉进液腔积液。隔离腔处有三个与滑道孔同轴的高压缸套安装孔，其上方为润滑油池，下部有小孔，可泄放漏出的乳化液及润滑油。空气过滤器安装在箱体上方的盖板上。

（2）一级减速齿轮

一级减速齿轮位于箱体的侧面，一对传动齿轮安装在齿轮箱内。主动轴齿轮与联轴器相连，大齿轮安装在曲轴上。齿轮选用优质合金钢材料，齿面经磨削加工并进行表面硬化处理，精度高，寿命长。

（3）曲轴

曲轴为整体三曲拐盘形结构，如图 7—13 所示，三个曲拐呈 120°均匀分布。曲轴选用优质合合钢制造，经热处理，表面有较高的硬度，芯部则有较高的强度，耐磨且寿命长。曲轴两端由一对型号为 42622 的轴承支撑。

图 7—13　曲轴

（4）连杆

连杆用球墨铸铁制成，一端与曲拐相连，称为大头，一端与滑块相连，称为小头。大头为剖分式结构，连杆大头内装有合金瓦盖，用连杆螺栓与连杆体连接。连杆瓦盖与连杆体由两个圆柱销定位。为了确保连杆大头与曲拐之间的润滑良好，在连杆瓦盖上、下各钻一小孔，如图 7—14 所示，当曲轴旋转时，下部小孔没入油池，曲拐将润滑油从下部小孔带入轴瓦与曲拐之间的摩擦面，再经上部小孔排出。如此在轴瓦与曲拐的摩擦面上构成良好的油膜，实现可靠润滑。这种形式的润滑使得乳化液泵不能反转。连接小头为整体结构，其内压装有铜套，通过滑块销与滑块铰接。滑块销表面渗碳处理，硬度高、耐磨性好。滑块表面与铜套之间依靠从油池进入滑道孔内的油液进行润滑。

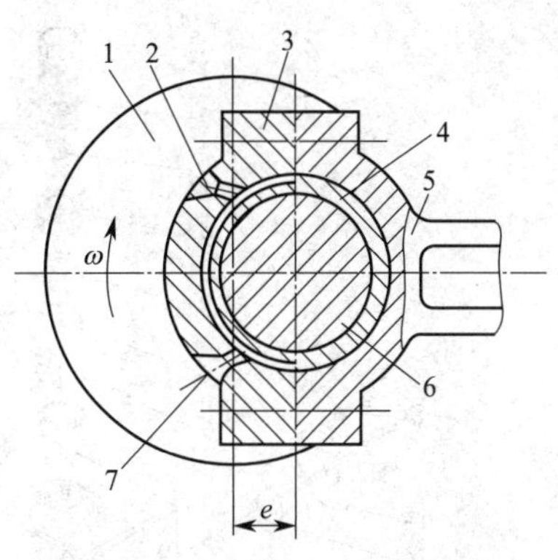

图 7—14　曲拐处润滑

1—曲轴　2—回油孔　3、5—连杆　4—轴瓦　6—曲拐　7—进油孔

(5) 滑块

滑块是连接连杆与柱塞的构件，它将连杆的平面运动转化成柱塞的直线往复运动。滑块与滑道孔之间装有三道活塞环，起油封作用，其密封性能良好，运行寿命较长。

滑块与柱塞之间采用半圆环连接，以便井下更换柱塞，如图 7—15 所示。两个半圆环 3 合起来卡住柱塞 6 左端的颈部，并用压紧螺母将其压在承压块 2 上。柱塞承受的高压液体的推力作用在承压块上。为了具有足够的承压能力，承压块经淬火处理，并可两面使用。柱塞与承压块之间还留有微小的间隙，以防止柱塞在运动中出现干涉现象，有利于提高柱塞及密封的寿命。为防止压紧螺母 5 松动，引起柱塞与承压块的间隙增大，导致柱塞与滑块之间的强烈撞击而损坏乳化液泵，在压紧螺母处增设锁紧螺钉 4。锁紧方法如图 7—16 所示，滑块上钻有三个螺孔，夹角为 30°，压紧螺母上等分有八个槽，槽与槽的夹角为 45°，当压紧螺母拧紧并使槽与三孔之一对准时，拧上锁紧螺母。这种锁紧方法最大误差为 15°，折算成间隙仅为 0. 6 mm。

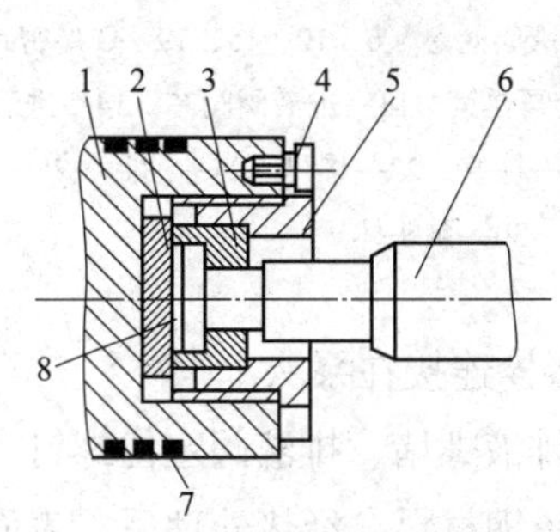

图 7—15　滑块与柱塞连接

1—滑块　2—承压块　3—半圆环　4—锁紧螺钉　5—压紧螺母　6—柱塞　7—活塞环　8—间隙

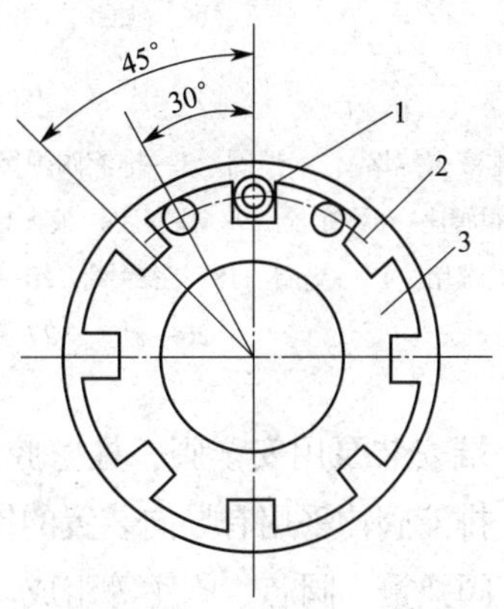

图 7—16　压紧螺母锁紧原理

1—锁紧螺钉　2—滑块　3—压紧螺母

2. 泵头组件

泵头组件主要由泵头体、吸液阀、排液阀、高压钢套（缸体）和柱塞等组成，分解图如图 7—17 所示。

泵头体为整体结构，由锻钢加工而成，强度较高。泵头内装有吸液阀和排液阀。在排液阀芯上方，有一个通孔连接三个排液阀的排液腔，称为排液集液腔。集液腔的一端安装卸载

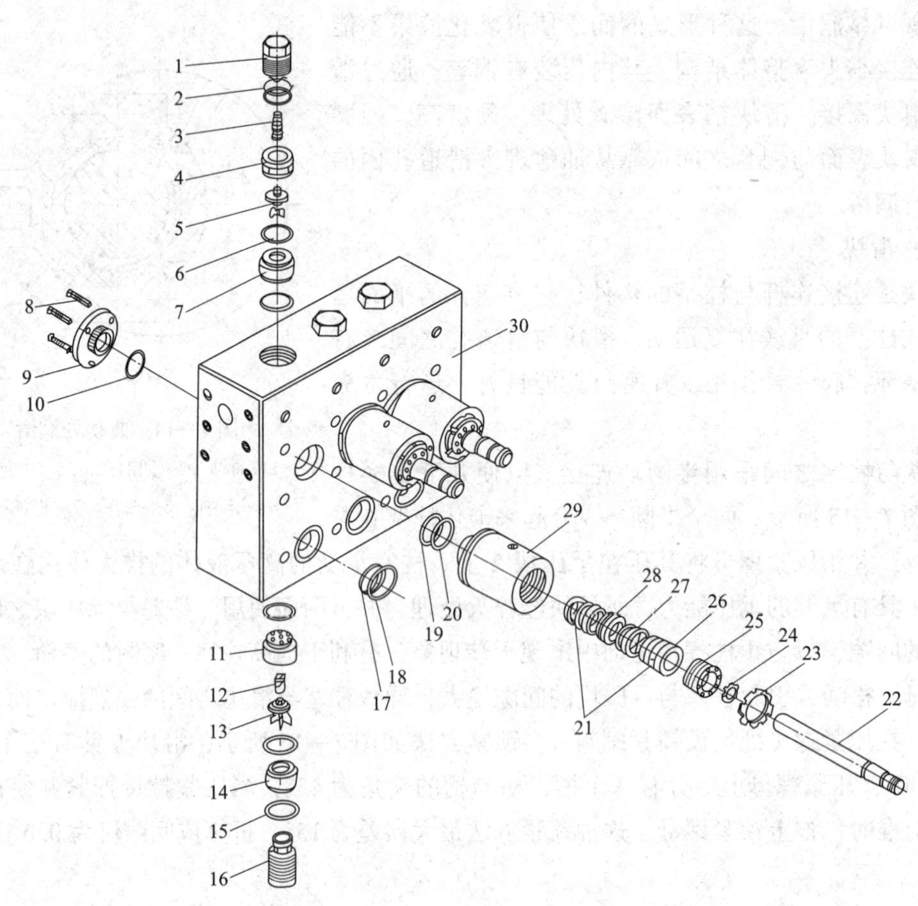

图 7—17　泵头组件分解图

1—排液阀螺堵　2—挡圈　3—排液阀弹簧　4—排液阀阀套　5—排液阀阀芯　6、10、15、19—O 形密封圈　7—排液阀阀座　8—螺栓　9—柱塞腔挡板　11—进液阀阀套　12—进液阀弹簧　13—进液阀阀芯　14—进液阀阀座　16—进液阀螺堵　17—垫圈　18—密封圈　20—挡圈　21、28—垫片　22—柱塞　23—螺母　24—油封　25—导向铜套　26—衬垫　27—盘根密封　29—高压缸套　30—泵头体

阀，另一端安装泵用安全阀，柱塞腔前端设有压盖，用螺栓连接在泵头上。

吸、排液阀均采用有导向装置的锥阀。排液阀主要由排液螺堵、排液阀定位螺钉、排液阀套、排液阀弹簧、阀芯、阀座等组成。阀芯、阀座均为不锈钢材料，经热处理后，表面有较高的硬度，装配时经精细研磨，以确保密封性能。经性能测试，锥阀结构的泵的容积效率略高于球形阀结构的泵。为了减少吸液阻力，提高泵的吸液性能，吸液阀的通径比排液阀的通径稍大。为减少阀的滞后，吸、排液阀上均装有复位弹簧，吸液阀的弹簧要比排液阀的弹簧稍软。

柱塞密封由高压钢套、导向铜套、衬垫、盘根密封圈及锁紧螺母等组成，如图 7—18 所示。高压钢套是柱塞密封的安装腔，也是箱体与泵头的定位件，与泵头柱塞连接处用 O 形密封圈密封。导向铜套是柱塞往复运动的定位件，有较好的耐磨性。柱塞密封质量是决定泵的容积效率和正常供液的关键因素之一，BRW200/31.5 型乳化液泵采用三道盘根密封圈。为了提高密封圈的寿命，每道密封圈之间还设有垫片。为了提高密封性能，装配时三道盘根密封圈的接口要 120°相互错开，并有一定的压缩量。

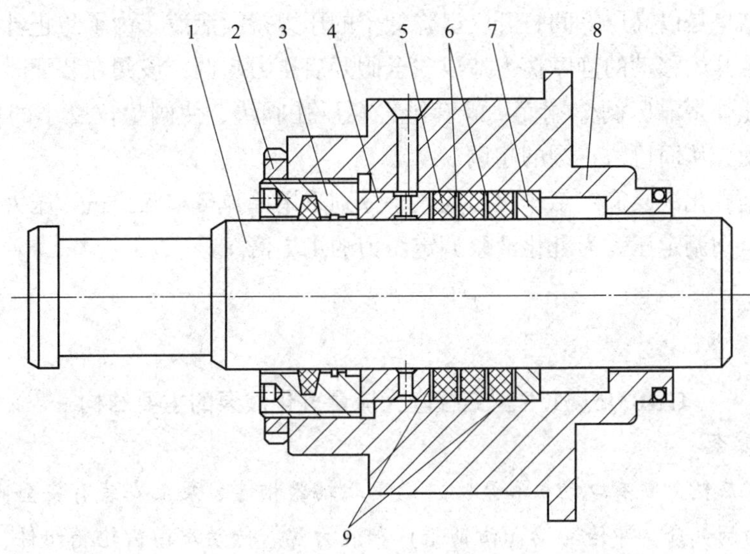

图 7—18　柱塞密封

1—柱塞　2—锁紧螺母　3—压紧螺套　4—导向铜套
5—盘根密封圈　6、9—垫片　7—衬垫　8—高压钢套

更换密封时，先卸下柱塞腔压盖，拧松压紧螺母，以减少柱塞与密封件之间的摩擦力，然后脱开柱塞与滑块的连接处，从泵头前端抽出柱塞，再用工具取出柱塞密封，检修更换后，重新装配即可完成。

3. 泵用安全阀

泵用安全阀是泵的压力保护元件。乳化液泵在使用过程中，当高压管道堵塞或自动卸载阀失灵时，将会引起泵压突然升高，导致泵及管道、阀件等零件损坏。泵用安全阀安装在泵头上，由阀体、阀芯、阀座和弹簧等组成，结构如图 7—19 所示。

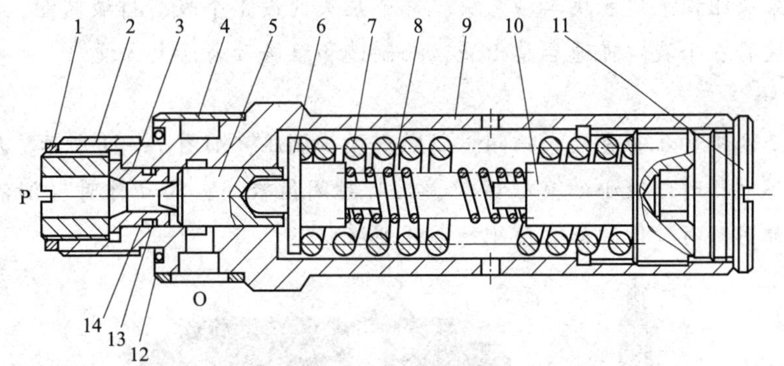

图 7—19　泵用安全阀

1—锁紧螺母　2—压紧螺套　3—阀座　4—阀套　5—阀芯　6—顶杆　7—弹簧
8—小弹簧　9—阀壳　10—弹簧座　11—保护塞　12、14—O 形密封圈　13—挡圈

该阀为直接作用二级卸载的平面密封式安全阀，阀芯外径与阀体间有一隙缝阻尼段。该

阀开前的密封直径小，打开后隙缝阻尼的直径大一倍，这就使阀打开前、后液压力作用面积发生变化，其结果是以高压瞬间打开，以降低了的压力持续泄液。为了防止乳化液变质分解出的物质和阀芯开始移动的静摩擦力造成安全阀开启压力超调，该阀在装配时采用浮动装配的方法，首先让弹簧靠紧阀体端面，螺套则轻轻压住阀垫，使阀垫仅受小的比压。打开阀前，阀芯先移动，从而可防止阀的超调。

该阀可根据乳化液泵额定工作压力的大小分别采用单弹簧和双弹簧，压力的大小由调整螺钉调整，安全阀调定压力为乳化液泵调定压力的 1.1 倍。

◎ 知识拓展

GRB315/31.5 型五柱塞大流量乳化液泵的主要结构

1. 五柱塞泵

在滑橇式底托上安有电动机和泵，它们用联轴器相连。泵上安装有安全阀和卸载阀，泵的结构分为两部分，即传动端（曲轴箱）和液力端。传动端由齿轮箱组件、箱体组件、曲轴组件、滑块连杆组件、齿轮泵组件、磁性过滤器、油冷却器等组成。液力端由高压缸套组件、泵头组件等组成。GRB315/31.5 型五柱塞大流量乳化液泵如图 7—20 所示。

图 7—20　GRB315/31.5 型五柱塞大流量乳化液泵

分离型泵头组件采用 5 块单独泵头，每个泵头内设 1 个吸、排液阀组，然后再用 1 个高压集液块将 5 个液口贯通后总出液，给制造和维修带来很大方便。

2. 安全阀

安全阀是两级卸压的直动式锥阀，以碟形弹簧调压，如图 7—21 所示。所谓两级卸压是指：阀不动作时以较小的直径密封，此时封闭值较高；阀动作时（泄液时）封闭直径较大，此时只有较低的压力值维持卸压泄液状态。

图 7—21　安全阀

第四节　乳化液箱的技术特征与结构

乳化液箱是储存、回收、过滤和沉淀乳化液的设备，它与乳化液泵组成泵站，向支架提供压力液体，一台乳化液箱可供两台乳化液泵使用。

目前我国有很多乳化液箱，虽然结构不同，但基本的工作原理相似，而 XRXT 型、RX200/16A 型、RX315/25 型乳化液箱在乳化液箱系列中具有很强的代表性，本节将以 XRXT 型、RX200/16A 型和 RX315/25 型乳化液箱为例，介绍乳化液箱的主要技术参数、结构与工作原理，以及吸液过滤器和回液过滤器。

一、乳化液箱的技术特征

部分国产乳化液箱的技术特征见表 7—2。

表 7—2　　部分国产乳化液箱的技术特征

型号	工作室容积（L）	卸载阀调压范围（MPa）	卸载阀恢复工作压力（MPa）	蓄能器充气压力（MPa）	外形尺寸（长×宽×高）（mm）	质量（kg）
XRXT	640	5~35	调定压力的70%~85%	泵站额定工作压力的63%	2 130×720×1 040	500
X_{10}RX	1 000	10~32	调定压力的75%~85%	—	2 660×800×1 176	500
RX-640	640	—	—	—	1 650×630×750	330
RX-400	400	—	—	—	2 150×760×1 050	510
PRX-1000	1 000	5~32	调定压力的75%~85%	21	2 300×900×1 050	500

二、乳化液箱的结构

1. XRXT 型乳化液箱的结构

XRXT 型乳化液箱的工作室容积为 640 L，如图 7—22 所示。箱体由钢板焊接而成，箱内分四部分，即沉淀室、消泡室、磁性过滤室和工作室。工作面支架回液先进入沉淀室，将密度大的杂物沉淀在箱底部，再返上去进入消泡室，将气泡隔离在消泡室上，再经下面进入磁性过滤室，经磁性过滤器吸附掉液体中的磁性杂质，经网状过滤器除去其他悬浮微粒，最后进入工作室，由吸液断路器进入乳化液泵。

箱体左端下部设有清渣孔，可从该处打开侧盖将沉淀室中的沉淀物清理出去，上部设有回液接头，支架回液从该接头进入沉淀室。箱体右端设有液位观察窗和乳化液溢流管，可从液位观察窗观察工作室液位的高低。当工作室液位超过网状过滤器安装高度时，多余的乳化液可自动由溢流管排出。

除此之外，乳化液箱上还安装有 2 套压力控制装置（2 个卸载阀，2 个压力表开关及压力表）、2 个吸液断路器、1 个蓄能器和 1 个交替阀。

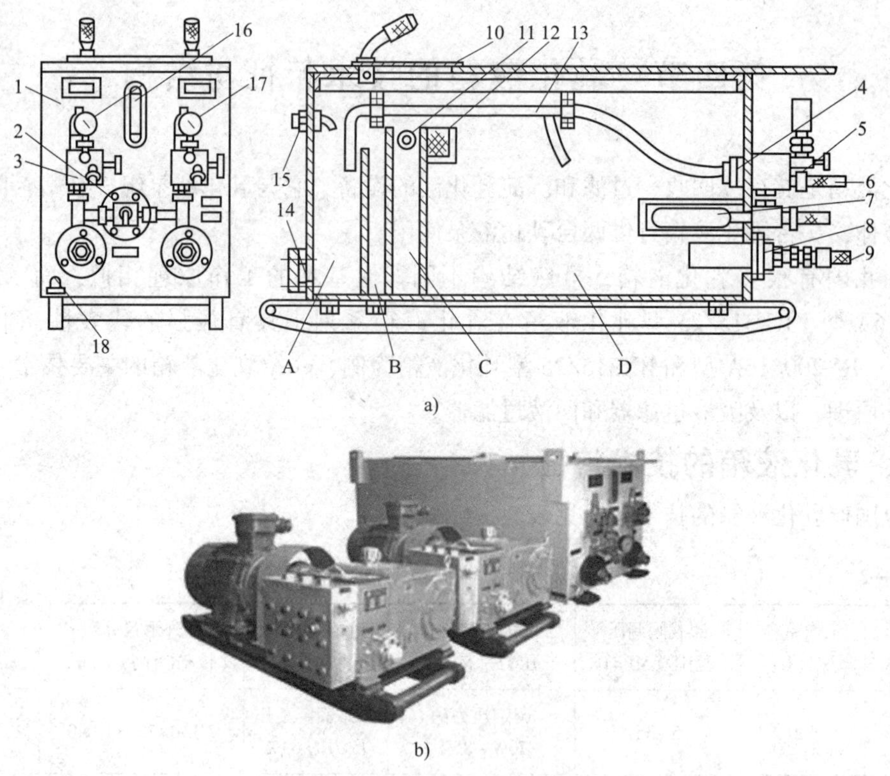

图 7—22 XRXT 型乳化液箱

a）结构图 b）实物图

1—箱体 2—交替阀 3—卸载阀 4—回液断路器 5—压力表开关 6—高压软管 7—蓄能器 8—吸液断路器 9—吸液软管 10—视孔盖 11—磁性过滤器 12—网状过滤器 13—总卸载管 14—清渣孔盖 15—支架回液接头 16—液位观察窗 17—压力表 18—溢流管

A—沉淀室 B—消泡室 C—磁性过滤室 D—乳化液室

2. RX200/16A 型乳化液箱的结构

RX200/16A 型乳化液箱是与 MRB 型乳化液泵配套的一种乳化液箱，主要由乳化液箱体吸液过滤器、高压过滤器、卸载阀、交替阀、蓄能器、回液过滤器、磁性过滤器、压力表、配液阀等零件组成，如图 7—23 所示。

RX200/16A 型乳化液箱内分为回液过滤沉淀室、乳化油储存室、储液室三部分，液压支架回液进入回液过滤沉淀室，经沉淀过滤后的乳化液通过磁性过滤器吸附掉液体中的磁性杂质后进入储液室，乳化液泵通过吸液过滤器直接从此室吸取清洁的乳化液。当系统有乳化液损耗导致油液不足时，应向液箱补液。这时打开配液油路，通过配液阀配制的乳化液直接进入储液室。箱体由钢板焊接而成，具有足够的强度和刚度。箱体的后端是回液过滤沉淀室，与回液过滤沉淀室相隔的是乳化油储存室。支架回液和由乳化油储存室内的配液阀配制的乳化液首先进入沉淀室，沉淀大颗粒后，乳化液越过挡板进入隔板腔，悬浮在液面的乳化液泡沫被隔板阻挡，接着进入过滤室，由磁性过滤器吸附掉乳化液中的铁磁性颗粒，然后经网式过滤槽再次过滤，洁净的乳化液进入储液室，乳化液泵经吸液过滤器吸取乳化液进行

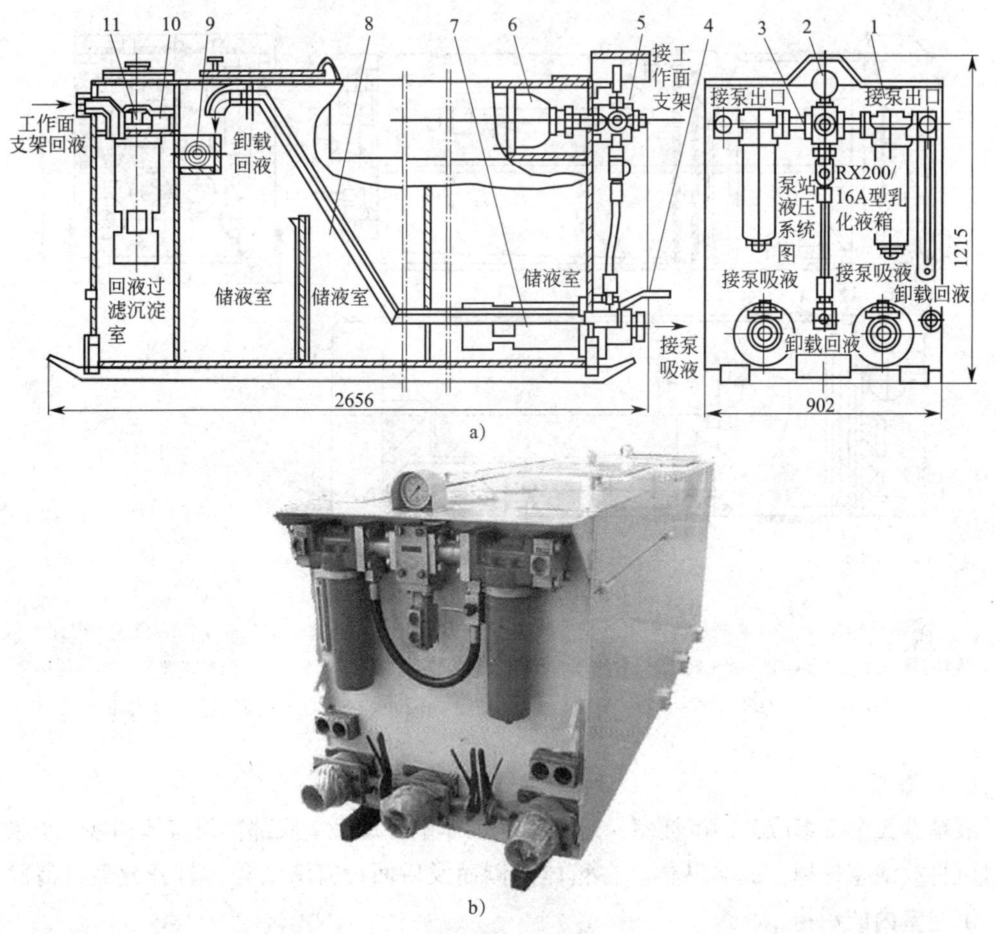

图 7—23　RX200/16A 型乳化液箱

a）结构图　b）实物图

1—高压过滤器　2—压力表　3—卸载阀（ϕ13 mm 球形截止阀）

4—供液阀（ϕ60 mm 球形截止阀）　5—交替阀　6—蓄能器

7—吸液过滤器　8—卸载回液阀　9—磁性过滤器　10—低压安全阀　11—回液过滤器

工作。

箱体左端下部设有清洁口，清渣时，打开盖板就可将沉积在沉淀室内的污物和垃圾清理出去。左端上方有回液接头，工作时与液压支架的总回液管相连。液箱的每个间隔均设放油塞，更换乳化液时可将放油塞拧掉，放尽液箱内的乳化液。液箱右端靠右面设有 1 个长方形的液标，用于观察箱中乳化液液位。当乳化液面超过最高液位时，乳化液便从箱内溢流管上端流入，经此管从乳化液箱底部流出。

3. RX315/25 型乳化液箱的结构

RX315/25 型乳化液箱是 GRB315/31.5 型五柱塞大流量乳化液泵所配套使用的乳化液箱，主要由乳化液箱体、配液装置、磁性过滤器、吸液截止阀、交替阀、高压过滤器、蓄能器、回液过滤器、截止阀、压力表、液位液温计等零部件组成，如图 7—24 所示。

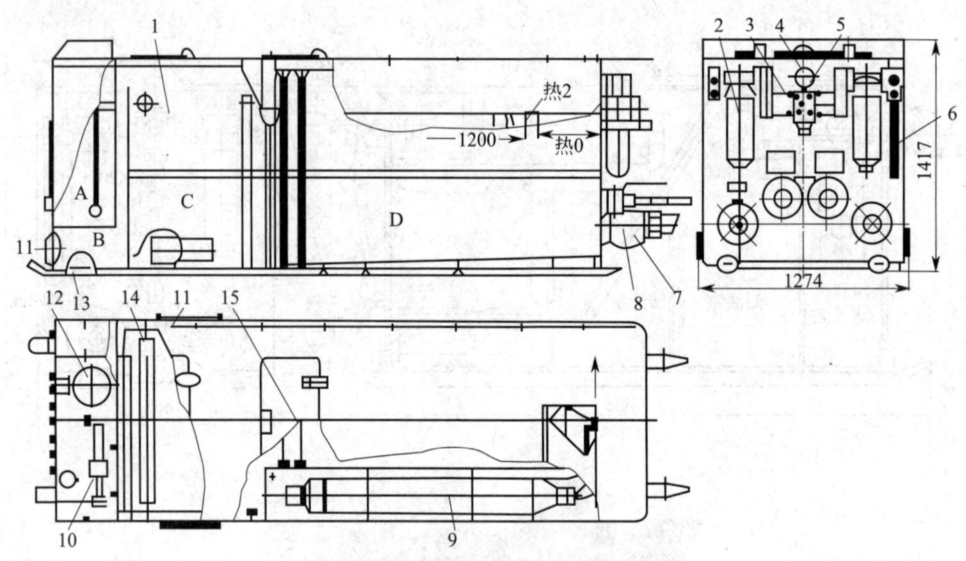

图 7—24　RX315/25 型乳化液箱

1—乳化液箱体　2—高压过滤器　3—交替阀　4—压力表　5—截止阀（ϕ25 mm）　6—液位液温计　7—吸液截止阀　8—回液截止阀　9—蓄能器　10—配液装置　11—清渣盖　12—回液过滤器　13—放油塞　14—磁性过滤器　15—平板式滤网　A—储油腔　B—沉淀室　C—过滤室　D—工作室

（1）液箱

液箱由 3 个室组成，即沉淀室、过滤室、工作室。每个室底部都设有放油塞，更换乳化液时可将放油塞拧掉，放尽液体。在箱体两侧面及后面设有清渣盖，打开此盖可清除过滤室、沉淀室内的污物。

该液箱的工作过程是：储油腔内乳化油供配液用，打开配液截止阀（供水压力为 0.3~0.8 MPa），即可输出乳化液至沉淀室，通过配液阀调节浓度，然后经磁性过滤器和平板网过滤器后，洁净的乳化液进入工作室供泵吸液。

液箱的面板上部正中贴有交替阀，左、右两侧各有 1 个高压过滤器，面板中部有 2 个回液截止阀。下部是 2 个吸液截止阀。面板上还设有显示液位及液温的液位液温计。其供液过程为：打开吸液截止阀，工作室内的乳化液通过吸液软管进入泵内，泵排出的高压乳化液经卸载阀、高压软管、高压过滤器进入交替阀。交替阀上有 6 个出口，正面出口为 ϕ25 mm 截止阀，打开此阀，高压液体可直接回液箱，供泄压用，后面出口连接 40 L 蓄能器，用于吸收液体的压力脉冲和稳定泵的卸载动作。面板中部的 2 个回液截止阀平时常开，当检修需拆卸回液管时才关闭，封存乳化液。

（2）高压过滤器

高压过滤器是泵站的重要过滤元件。它与泵卸载阀高压出口相连，对泵输出的压力液体进行精过滤。RX315/25 型乳化液箱所配过滤器为 ZU · I-H630×20F 型，它的额定工作压力是 31.5 MPa，过滤精度为 20 μm。

高压过滤器主要由壳体、滤芯、堵塞指示器和旁路阀组成。高压乳化液经滤芯过滤后输出洁净的工作液体。当滤芯被污物堵塞时，过滤面积将减小，应及时清洗。当堵塞严重时，内部旁路阀自动打开，工作液经旁路阀进入系统。

（3）吸液截止阀

吸液截止阀为 Q41F-16 型球阀，它的公称通径为 100 mm，通过法兰连接。其手柄方向与阀长度方向一致时为“开”，转动 90°时为“关”，操作方便。

（4）交替阀

交替阀的作用是当两台乳化液泵交替工作时，自动切断高压系统与备用泵的通路，或供两台泵同时工作时使用。

它由两组单向阀反向装置而成。当一端有高压液体进液时，此端单向阀打开，而另一端单向阀在液压力的作用下关闭，从而切断了高压系统与备用泵的通道。当两端同时供液时，则两单向阀同时开启。

（5）回液过滤器

回液过滤器为 PZU-800×630 型，它的公称流量为 800 L/min，过滤精度为 630 μm，其性能与特点如下：

1）具有永久磁铁，可滤除液中 1 μm 以上的铁磁性颗粒。

2）具有旁通阀，由于流量脉动造成过滤器压差过大或滤芯被污物堵塞时，旁通阀会自动开启（开启压力为 0.4 MPa），保护滤芯及系统正常工作。

3）更换滤芯方便，只需旋开过滤器顶盖即可更换。

（6）配液阀

配液阀的作用是将乳化油和水按一定比例配成乳化液。一般配液要求的供水压力为 0.3~0.8 MPa。若水压太低，则吸不上乳化油，或吸入乳化油量不足，达不到所需配比。乳化液的浓度及配比可通过调节“配比调节杆”控制乳化油的吸入多少来实现。

第五节　乳化液箱附属装置

本节主要讲述 XRXT 型、RX200/16A 型和 RX315/25 型乳化液箱的附属装置，如卸载阀、压力表开关、吸液过滤器、回液过滤器、蓄能器、交替阀、配液阀的结构和工作过程。

一、卸载阀

卸载阀的作用是当工作面支架不需要压力液而泵仍在运行时，泵排出的压力液通过卸载阀直接流回乳化液箱，使泵在空载状态下工作。

XRXT 型乳化液箱上的卸载阀主要由单向阀 12、主阀 10、先导阀 5、顶杆 3、手动卸载阀 13 组成，如图 7—25 所示。

乳化液泵排出的压力液由 P 孔进入手动卸载阀 13，推开单向阀 12，由接头 1 经交替阀后送到工作面支架。同时，压力液绕过手动卸载阀，经主阀 10 上的节流孔 11，再经孔道 6 到达先导阀下腔 4，液压力作用在先导阀 5 上。当液压力低于调压弹簧 7 的调定压力时，先

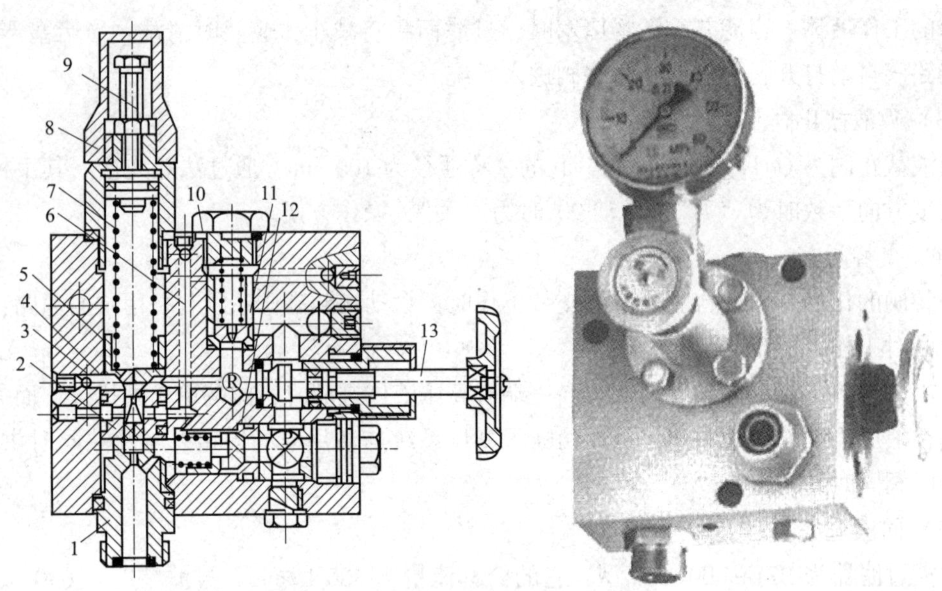

图 7—25　卸载阀

1—接头　2—先导阀座　3—顶杆　4—先导阀下腔　5—先导阀　6—孔道　7—调压弹簧　8—保护帽　9—调压螺钉　10—主阀　11—节流孔　12—单向阀　13—手动卸载阀　R—回液孔

导阀 5 处于关闭状态。此时，孔道 6 中的压力液不流动，节流孔 11 两侧的液压力相等，主阀上部的液压力加上弹簧作用力大于主阀下部的液压力，主阀也处于关闭状态，乳化液泵不能卸载。当工作面用液量减少或不用液时，泵排出的压力液压力急剧升高。当达到卸载阀的调定压力时，先导阀 5 打开，先导阀下腔 4 的压力下降，顶杆 3 在下部液压力作用下上移并顶住先导阀。此时，一小部分液体经节流孔 11、孔道 6、先导阀下腔 4、回液孔 R 流回乳化液箱。由于液体流过节流阀时产生压力差，节流阀内侧压力低于外侧，使得主阀上部液压力加上弹簧力小于主阀下部的液压力，主阀上移开启。这时，大部分液体绕过手动卸载阀 13，经被打开的主阀直接由回液孔 R 回到乳化液箱。与此同时，泵压立即下降，单向阀 12 关闭，顶杆 3 继续顶住先导阀，维持在打开位置，泵一直处于卸载状态。

当工作面用液使主进液管压力低于卸载阀恢复压力时，调压弹簧 7 把先导阀关闭，先导阀下腔 4 与回液孔 R 断路，节流孔 11 液体不动，节流孔内外侧压力相等，主阀在弹簧的作用下关闭。泵排出的压力增高，打开单向阀 12，又继续向工作面供液。

二、压力表开关

压力表开关装在卸载阀的正面，其上装有压力表，可观察支架主进液管的工作压力，也可观察蓄能器内氮气压力。

压力表开关由 ϕ6 mm 钢球 1、阀座 2、顶杆 5、螺杆 8、手轮 9、螺套 7 和密封元件等组成，如图 7—26 所示。

当不需要观察压力时，松开手轮，钢球在弹簧力和高压乳化液的作用下与阀座接触，阀关闭，而在压套孔内有一条小直槽经泄压孔与大气相通，表压为零。需要观察压力时，转动手轮，通过顶杆将钢球顶开，并使顶杆锥面顶住阀座的密封面，切断压力表腔与大气的通路，此

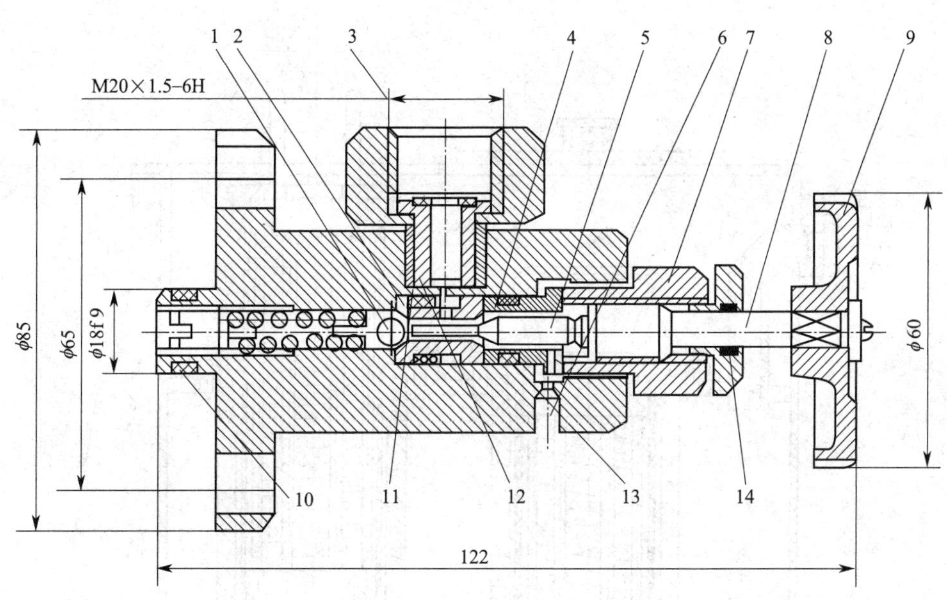

图 7—26　压力表开关

1—φ6 mm 钢球　2—阀座　3—压力表接口　4—压套　5—顶杆　6—泄液孔
7—螺套　8—螺杆　9—手轮　10、11、12、13、14—O 形密封圈

时即可通过压力表观察到液压支架主进液管内的液体压力。这里应注意，旋转手轮首先顶开钢球，在顶杆锥面未顶住阀座密封面的状态下，可能有少量高压乳化液从泄液孔中喷出。

三、吸液过滤器和回液过滤器

1. 吸液过滤器

吸液过滤器安装在乳化箱体右端下部，如图 7—27 所示。

乳化液泵吸液软管与吸液过滤器相接，该部件由供液球阀、吸液滤芯及吸液断路阀三部分组成，其中球形转阀与吸液滤芯用螺纹连为一体。

图 7—27　吸液过滤器

供液球阀是一个截止阀，工作时打开，乳化液吸液滤芯、供液球阀与乳化液泵管道相通。注意吸液滤芯要经常清洗，才能保证吸液通道的畅通。

清洗吸液滤芯时，可将吸液滤芯连同供液球阀一起从箱体拆下，此时，吸液断路阀的阀芯在弹簧作用下复位关闭，储液室内的乳化液因为清洗吸液滤芯造成大量流失，吸液滤芯清洗干净安装复位，吸液断路阀芯又被打开，恢复导通状态。

2. 回液过滤器

回液过滤器由滤芯、断路阀等组成，如图 7—28 所示。

回液过滤器的作用是对工作面液压支架的回液进行过滤。为了增大过滤面积及交替清洗滤芯而不影响泵站工作，在液箱中并联安装了两个回液过滤器。

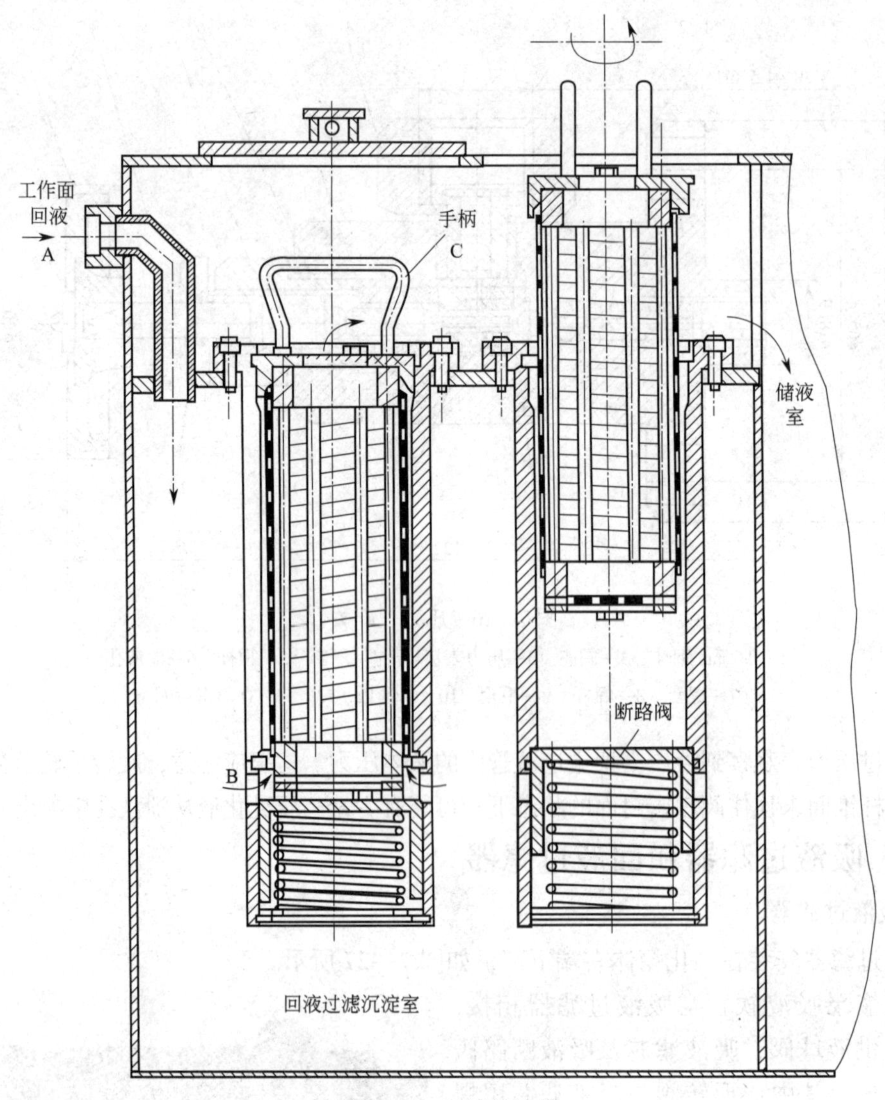

图 7—28　回液过滤器

清洗回液过滤器的方法是用手握住回液过滤器上部的手把，将其旋转 120°，然后将手把往上提，就可以将滤芯提出液箱。此时，回液过滤器底部的断路阀芯在弹簧的作用下自动上升直至关闭。清洗完毕，按要求装上。在两个回液过滤器中间装有一个低压安全阀，起旁路阀的作用，它的开启压力为 0.15~2 MPa，目的是保护回液过滤器不因压力升高而损坏。

四、蓄能器

1. 结构与工作原理

为了减少压力波动，稳定工作压力，在供液系统中必须设置蓄能器。蓄能器是将压力液体的部分液压能储存起来，当系统需要时再释放出来的装置。因此，蓄能器可作为辅助的或应急的动力源，可以补充系统的泄漏，稳定系统的工作压力，吸收泵的脉动和回路上的液压冲击等。NXQ 系列囊式蓄能器采用无缝钢管旋压成型工艺，具有结构紧凑、外形美观、质量轻、惯性小、性能稳定的特点，RX200/16A 型乳化液箱采用 NXQ-L25/320-H 型气囊式蓄能器，如图 7—29 所示。NXQ-L 系列蓄能器技术特征见表 7—3。

表 7—3　　NXQ-L 系列蓄能器技术特征

<table>
<tr><th rowspan="2">型号</th><th rowspan="2">公称容积（L）</th><th rowspan="2">公称压力（Pa）</th><th rowspan="2">质量（kg）</th><th colspan="6">基本尺寸（mm）</th></tr>
<tr><th>D</th><th>L</th><th>L_1</th><th>L_2</th><th>M</th><th>D_1</th></tr>
<tr><td>NXQ-L0.4/-H</td><td>0.4</td><td rowspan="4">10</td><td>3.1</td><td rowspan="3">φ89</td><td>270</td><td>140</td><td rowspan="4">50</td><td rowspan="4">M27×2</td><td rowspan="4">φ32H9</td></tr>
<tr><td>NXQ-L0.63/-H</td><td>0.63</td><td>3.7</td><td>320</td><td>190</td></tr>
<tr><td>NXQ-L1/-H</td><td>1</td><td>5.0</td><td>420</td><td>290</td></tr>
<tr><td>NXQ-L1/-H</td><td>1</td><td>5.9</td><td>φ114</td><td>335</td><td>205</td></tr>
<tr><td rowspan="2">NXQ-L1.6/-H</td><td rowspan="2">1.6</td><td rowspan="8">10~20</td><td>10.8</td><td rowspan="8">φ152</td><td rowspan="2">355</td><td rowspan="2">215</td><td rowspan="8">65</td><td rowspan="8">M42×2</td><td rowspan="8">φ50H9</td></tr>
<tr><td>11.6</td></tr>
<tr><td rowspan="2">NXQ-L2.5/-H</td><td rowspan="2">2.5</td><td>12.8</td><td rowspan="2">420</td><td rowspan="2">280</td></tr>
<tr><td>13.8</td></tr>
<tr><td rowspan="2">NXQ-L4/-H</td><td rowspan="2">4</td><td>16.4</td><td rowspan="2">530</td><td rowspan="2">390</td></tr>
<tr><td>17.7</td></tr>
<tr><td rowspan="2">NXQ-L6.3/-H</td><td rowspan="2">6.3</td><td>21.8</td><td rowspan="2">700</td><td rowspan="2">560</td></tr>
<tr><td>23.7</td></tr>
<tr><td>NXQ-L10/-H</td><td>10</td><td rowspan="12">31.5</td><td>42.5</td><td rowspan="4">φ219</td><td>655</td><td>490</td><td rowspan="4">86</td><td rowspan="4">M60×2</td><td rowspan="4">φ70H9</td></tr>
<tr><td>NXQ-L16/-H</td><td>16</td><td>44.9</td><td>865</td><td>700</td></tr>
<tr><td>NXQ-L25/-H</td><td>25</td><td>56.3</td><td>1 180</td><td>1 015</td></tr>
<tr><td>NXQ-L40/-H</td><td>40</td><td>59.8</td><td>1 705</td><td>1 540</td></tr>
<tr><td rowspan="2">NXQ-L40/-H</td><td rowspan="2">40</td><td>123.2</td><td rowspan="8">φ299</td><td rowspan="2">1 095</td><td rowspan="2">910</td><td rowspan="8">106</td><td rowspan="8">M72×2</td><td rowspan="8">φ80H9</td></tr>
<tr><td>141.5</td></tr>
<tr><td rowspan="2">NXQ-L63/-H</td><td rowspan="2">63</td><td>175.5</td><td rowspan="2">1 530</td><td rowspan="2">1 345</td></tr>
<tr><td>201.6</td></tr>
<tr><td rowspan="2">NXQ-L80/-H</td><td rowspan="2">80</td><td>213.9</td><td rowspan="2">1 855</td><td rowspan="2">1 670</td></tr>
<tr><td>246.7</td></tr>
<tr><td rowspan="2">NXQ-L100/-H</td><td rowspan="2">100</td><td>261.2</td><td rowspan="2">2 235</td><td rowspan="2">2 050</td></tr>
<tr><td>301.2</td></tr>
</table>

该蓄能器外壳是长圆形钢瓶，内装胶囊，充气容积为 25 L，压力为 31.5 MPa。蓄能器一端装有充气阀，另一端装有托阀，充气阀为单向阀，由此阀向气囊中充氮气。为了防止蓄能器爆炸，在胶囊中禁止充氧气和压缩空气。在蓄能器进液端装有托阀，以防止充满气体的胶囊被挤出进液口。

当蓄能器接入液压系统后，压力液进入进液口，压缩胶囊，使蓄能器壳体内形成两部分：囊中是压缩的氮气，囊外是乳化液。当泵压升高时，则有一部分进入蓄能器，胶囊进一步被压缩，从而减缓了管路压力的升高。当泵压降低时，胶囊中的氮气膨胀，将一部分乳化液挤出蓄能器而进入管路系统，从而补偿了系统中的压力降低。这样，蓄能器就起到了减小压力波动的作用。

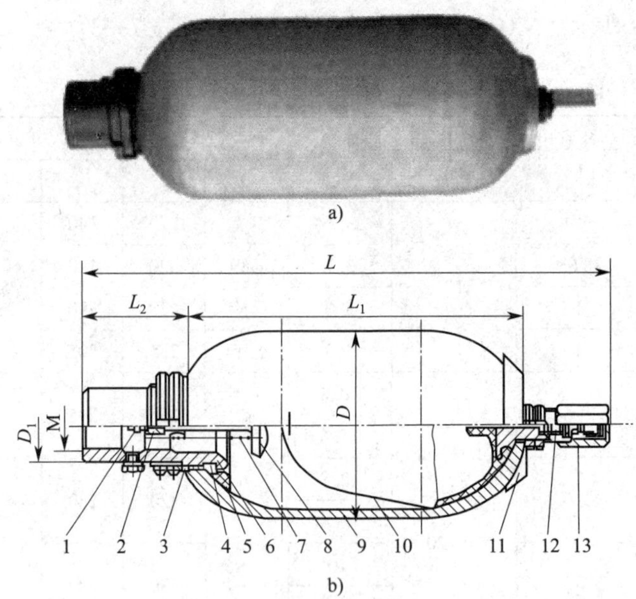

图 7—29 NXQ-L25/320-H 型气囊式蓄能器

a）实物图 b）结构图

1、13—螺母 2—活塞 3—压环 4—支撑环 5—橡胶环 6—阀体 7—弹簧 8—托阀 9—壳体 10—胶囊 11—铭牌 12—充气阀

◎ 知识拓展

蓄能器的充气方法

1. 氮气瓶直接充气法

将氮气瓶中的氮气通过充气装置直接充入蓄能器的方法称为氮气瓶直接充气法。充气装置如图 7—30 所示，它由三个接头——压力表接头 1、氮气接头 4、放气接头 5 和顶杆 3 等组成。充气时将压力表安装在压力表接头 1 上，氮气瓶通过软管与氮气接头 4 相接，蓄能器充气阀与 M30×2 的螺纹相接。

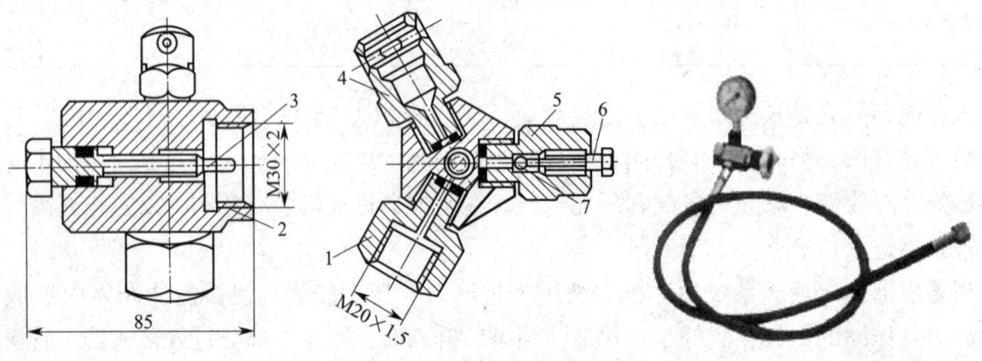

图 7—30 充气装置

1—压力表接头 2—阀体 3—顶杆 4—氮气接头 5—放气接头 6—放气螺钉 7—钢球

充气具体操作方法如下：

（1）慢慢打开氮气瓶上的开关，使氮气缓慢进入胶囊（由于氮气瓶中的压力比蓄能器里的气体压力高，所以氮气自然会进入蓄能器里），直到压力表上指示出所需要的压力为止，然后关闭氮气瓶开关。充气时不要过猛，以免把充气阀的橡胶塞子冲到胶囊里去。橡胶塞子是胶囊的保护件。

（2）充好氮气后，拧松充气装置放气接头5上的放气螺钉6，放掉充气管中的残余高压气体。

（3）拆下充气装置。

（4）检查充气阀有无漏气，然后牢固地装上压帽（气阀帽）和螺盖（保护罩）。

2. 蓄能器增压法

当氮气瓶内的压力较低，不能满足蓄能器所需的充气压力时，可再配一套充气增压装置，即一个蓄能器和一套充气装置，采用增压的方法进行充气。具体操作方法如下：

（1）首先用氮气瓶直接充气法为两个蓄能器都充入氮气。

（2）把两个蓄能器充气阀的进气口用充气管连起来，使一个蓄能器当作增压器，另一个蓄能器当作被充气蓄能器。

（3）将相当于增压器的蓄能器的充气阀顶开，并将另一端接入液压系统。

（4）开启乳化液泵，为相当于增压器的蓄能器供高压乳化液，压缩胶囊，使胶囊中的氮气进入被充气的蓄能器。

（5）用上述方法反复为蓄能器充气，直到蓄能器的氮气达到所需压力为止。

3. 专用充氮机充气

若蓄能器充气压力较高且需充气的蓄能器数量较多时，可用专用的充氮机充气。氮气瓶直接与充氮机连接，通过充氮机的增压缸将吸入的氮气增压并注入蓄能器，反复动作便完成蓄能器的充气。

2. 蓄能器气体压力与压力测量

蓄能器的气体压力与卸载阀的工作稳定性有十分密切的关系，具体来讲，蓄能器在使用过程中，气体的压力不得高于泵额定工作压力的90%，不得低于泵额定工作压力的25%。充气时，一般以最大氮气压力值为依据。乳化液泵站液压系统主液路的最低工作压力为卸载阀的恢复工作压力（RX200/16A型乳化液箱为调定压力的80%），因此，蓄能器的充气压力应为泵站调定压力的72%，泵站工作压力与蓄能器气体压力值见表7—4。

表7—4　泵站工作压力与蓄能器气体压力值　MPa

泵站工作压力	蓄能器气体最高工作压力	蓄能器气体最低工作压力
31.5	22.7	7.88
30	21.6	7.50
28	20.2	7

续表

泵站工作压力	蓄能器气体最高工作压力	蓄能器气体最低工作压力
26	18. 7	6. 50
24	17. 3	6
22	15. 8	5. 60
20	14. 4	5

当蓄能器的气体压力小于上述最低工作压力时，应当及时补充氮气，当蓄能器的气体压力高于上述最高工作压力时，应放掉一部分氮气。因此，必须知道蓄能器内氮气的实际压力，具体的测量方法是：把交替阀出口用带有节流阀的堵头堵住（亦可用截止阀），开动乳化液泵，当泵压迅速升高至调定压力处于卸载状态后，关闭乳化液泵，然后打开压力表和节流阀，这时压力表的指针从调定压力逐渐下降，只要注意观察，就可以看到压力表指针在某一压力值突然下降为零。这个压力值就是蓄能器胶囊内氮气的压力。

◎ 注意

使用蓄能器的注意事项

1. 在使用蓄能器前，必须先检查与它连接的管道是否清洗干净，油液是否清洁，以防止管道或油液中的铁屑磨损气囊。

2. 在使用蓄能器前，必须先按系统的压力要求进行补气（蓄能器出厂时气囊内的气体压力为 0. 1 MPa）。

3. 蓄能器应油口向下垂直安装，使气体封在壳体上部，避免进入管路。

4. 不得用焊接、铆接或机械加工等方法来固定蓄能器。

5. 蓄能器严禁充氧气或空气。必须充氮气或其他惰性气体。

6. 能量储存时，充气压力应低于系统最低工作压力的 90%（一般为 60%～80%）。

7. 蓄能器设置后，应检查接口处是否漏气、漏油。

8. 蓄能器设置后，应按规定定期进行气压检查和技术检验。

3. 蓄能器的检查和维修

蓄能器设置后，开始每月检查胶囊气压一次，半年后，每半年检查一次。检查时，在蓄能器进油口与油箱连接的油路上设置一个截止阀，并在截止阀前装一个压力表，慢慢打开截止阀，使压力油流回油箱，同时注意压力表，压力表指针先是慢慢下降，达到某压力值后急速降到零，指针移动的速度发生变化的数值，就是充气压力。此外，还可以利用充气工具直接检查充气压力，但每检查一次都会放掉一点气体。

当皮囊破损时，卸下蓄能器前必须泄去压力油，然后才能拆下其零部件。

五、交替阀

交替阀由螺母 1、阀套 2、阀芯 3、阀座 4、阀壳 5 等组成，如图 7—31 所示。

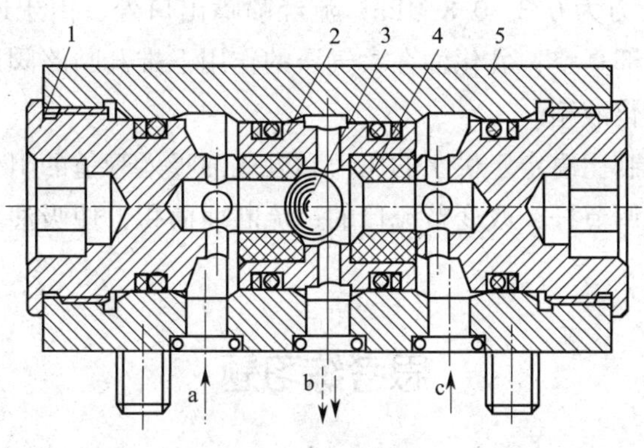

图 7—31　交替阀

1—螺母　2—阀套　3—阀芯　4—阀座　5—阀壳

交替阀的作用是在两台乳化液泵交替工作时，自动切断高压系统与备用乳化液泵的通道。

交替阀的工作过程如下：交替阀中间的阀芯在高压液流的作用下自动地压向低压侧的阀座，从而切断高压系统与备用乳化液泵的通路，形成一台乳化液泵工作的单独液路。

此外，交替阀具有多通路功能，左右两侧与高压过滤器连接，上方安装了一只压力表，后面与蓄能器相接，前端为高压乳化液的出口。

六、配液阀

配液阀的作用是将乳化油和水按一定比例配制成乳化液。配液阀主要由阀壳、喷嘴、内芯、节流阀杆及断路阀组成，如图 7—32 所示。

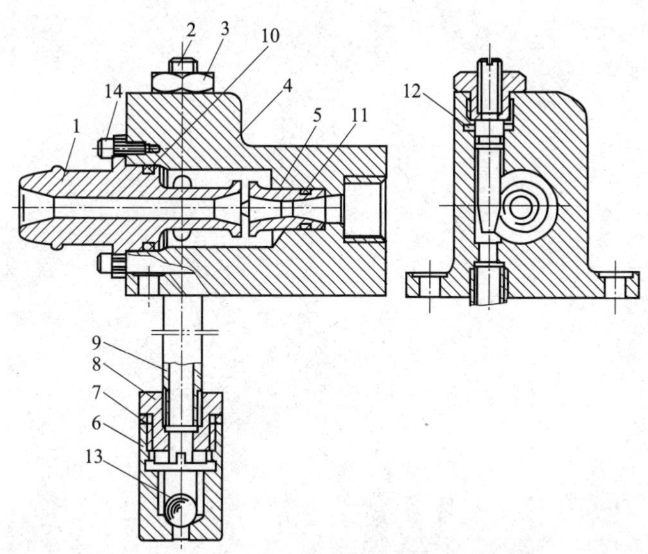

图 7—32　配液阀

1—压盖　2—节流阀杆　3—螺母　4—阀壳　5—喷嘴　6—单向阀壳　7—垫圈

8—空心堵　9—吸油管　10、11、12—密封圈　13—阀球　14—螺钉

该阀要求的供水压力为0.3~0.8 MPa，流经喷嘴出口处，由于通道变小，水流速度加快、静压减小，造成局部真空，乳化油在大气压的作用下推开断路阀进入混合腔，经内芯将混合好的乳化液注入乳化液箱。

混合的乳化液的配制比决定于供水的压力和乳化油吸入管道的阻力。根据所在工作面水的压力，只要调节配比调节杆，改变节流口的过流断面面积，使吸油阻力改变，便能获得所需配比的乳化液。

思考练习题

1. 乳化液泵站由哪些部分组成？各部分有何作用？
2. 如何编制乳化液泵站型号？
3. BRW200/31.5 型的乳化液泵主要由哪几部分组成？
4. BRW200/31.5 型的乳化液泵连杆大头与曲拐之间是怎样润滑的？
5. RB200/16A 型乳化液箱主要由哪些部分组成？
6. 详述 RX315/25 型乳化液箱的工作过程。
7. 乳化液箱有哪些附属装置？
8. 蓄能器充气的具体操作方法是什么？

第八章

乳化液泵站液压系统及乳化液

学习目标

1. 了解乳化液泵站液压系统的要求。
2. 掌握常用乳化液泵站的液压系统图，说明其组成及供液路线。
3. 了解乳化液的组成成分及特性，熟悉乳化液的使用和管理工作，掌握乳化液的配制方法。

在综采工作面，乳化液泵站与液压支架及其调节、控制、保护组件和各种辅助装置组成了一个完整的液压系统。乳化液泵站液压系统是这个完整的液压系统的一部分。它既能可靠地向工作面的液动装置输送所需压力等级的乳化液，又能将释放能量后流回液箱的乳化液净化后再加压送出，形成循环式的连续供液。乳化液的配制好坏也是影响系统压力的主要因素之一。

第一节　乳化液泵站液压系统

一、对乳化液泵站液压系统的要求

为了保证工作面液压支架及其他液动装置有可靠的压力源和良好的工作性能，对乳化液泵站的液压系统有以下几个要求：

1. 泵站液压系统应能满足工作面液压支架及其他液动装置的工作要求。当工作面液压支架及其他液动装置工作时，乳化液泵站能及时地供给规定压力和流量的高压乳化液，并能让工作后的乳化液顺畅地流回泵站的乳化液箱中。

2. 当乳化液泵站的排出压力超过调定值时，应由限压保护装置自动泄压。当压力降至调定值后，限压保护装置应能自动关闭，恢复液压系统的正常工作。

3. 能保证乳化液泵在空载状态下启动，启动后能很快进入正常工作状态。

4. 当乳化液泵停止向工作面供液时，应保持工作面管路系统的压力。停泵时，应能保证液压支架及其他液动装置高压管路中的液体不倒流。

5. 应有压力和流量的缓冲减振装置。

6. 应有良好的过滤装置，以便能把混入乳化液中的铁屑、机械杂物及悬浮物过滤掉，防止其进入乳化液泵、液压阀件及液动装置而影响泵站的正常工作。

7. 应有压力指示装置，以便随时观察泵站工作压力。

8. 需要在乳化液泵站处就地配制乳化液时，应有乳化器、乳化油箱及水过滤装置与自动控制装置。

二、XRB_2B 型乳化液泵站的液压系统

XRB_2B 型乳化液泵站由两台并联的乳化液泵 1（一台工作，另一台备用）、安全阀 2、卸载阀组 3、蓄能器 5、乳化液箱 10 和管路等构成，如图 8—1 所示。

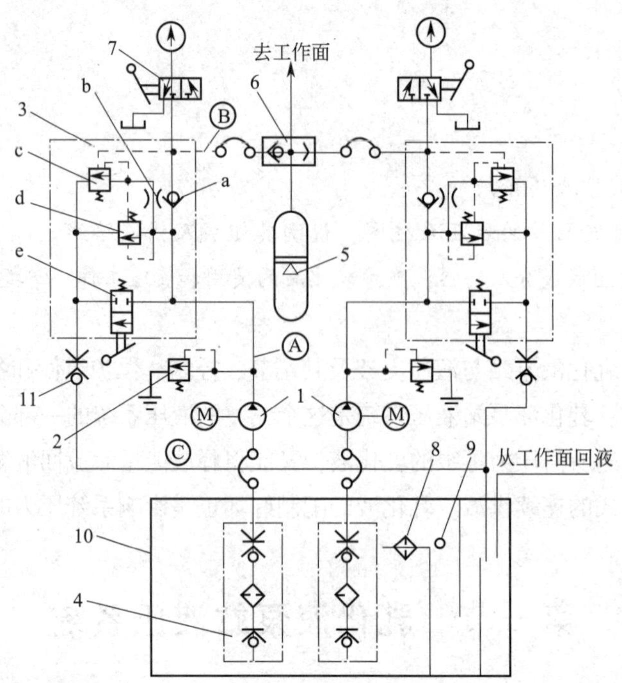

图 8—1　XRB_2B 型乳化液泵站的液压系统

1—乳化液泵　2—安全阀　3—卸载阀组　4—吸液断路器　5—蓄能器　6—交替阀　7—压力表开关　8—过滤网　9—磁性过滤器　10—乳化液箱　11—回液过滤器　a—单向阀　b—节流阀　c—先导阀　d—主阀　e—手动卸载阀　A—供液管　B—进液管　C—回液管

1. 泵站启动

首先打开手动卸载阀 e，使乳化液泵在空载的条件下启动。乳化液泵经吸液断路器 4 从乳化液箱吸液，排出压力液经供液管 A、手动卸载阀 e、回液断路器 11、回液管 C 回到乳化液箱沉淀室。

2. 泵站正常工作

待乳化液泵启动并运转正常后，慢慢关闭手动卸载阀，使泵的排液压力升高，直到手动卸载阀完全关闭。泵排出压力液打开单向阀 a，经进液管 B、交替阀 6、工作面主进液管到

工作面支架，支架回液经主回液管到乳化液箱沉淀室。

3. 泵站卸载

当工作面暂不用液而泵站继续工作时，高压管路中的乳化液压力急剧升高。当升高至卸载阀的动作压力时，先导阀 c 和主阀 d 打开，单向阀 a 关闭。此时，乳化液泵卸载，排出压力液经主阀 d 和先导阀 c、回液断路器 11，回液管 C 回到乳化液箱沉淀室。

当工作面支架需供液时，即主进液管压力下降至卸载阀恢复压力时，先导阀 c 关闭，主阀 d 关闭，泵压升高，打开单向阀 a，恢复供液。

4. 泵站安全保护

乳化液泵站的安全保护实质上是压力保护。如图 8—1 所示，泵站的一级压力保护由卸载阀组 3 实现。为了防止自动卸载阀组失灵或系统瞬时压力超过额定工作压力，使系统元件及泵受损坏，泵站液压系统中增设了安全阀 2，以实现对系统进行二级超压保护。安全阀的调定压力约为卸载阀调定压力的 110%，当泵排出的压力超过安全阀调定压力，安全阀开启喷液时，应立即打开手动卸载阀 e，使乳化液泵卸载，然后停泵检查超压原因并处理，否则不能再次启动泵站。

三、MRB200/31. 5C 型乳化液泵站的液压系统

MRB200/31. 5C 型乳化液泵站通常由两台乳化液泵和一台乳化液箱组成。一台泵使用，一台泵备用，以保证采煤工作面连续工作的需要。如流量要求增加或单泵工作流量明显不足时，备用泵亦可投入运行，两台泵可同时供液使用。MRB200/31. 5C 型乳化液泵站的液压系统由乳化液泵、原理控制装置、管路、乳化液箱等按一定的方式组合而成，如图 8—2 所示。

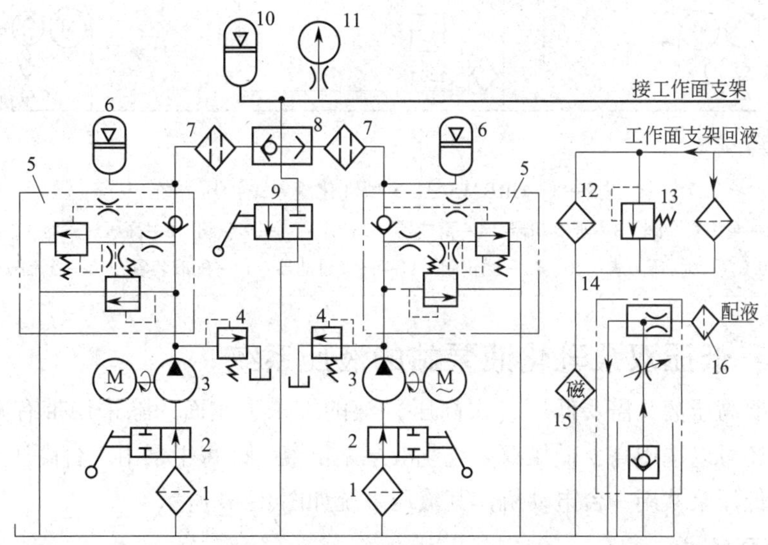

图 8—2　MRB200/31. 5C 型乳化液泵站的液压系统

1—吸液过滤器　2—供液阀　3—乳化液泵　4—泵用安全阀　5—WXF5 型卸载阀　6—25L 小蓄能器　7—高压过滤器　8—交替阀　9—卸载阀　10—大蓄能器　11—压力表　12—回液过滤器　13—低压安全阀　14—配液阀　15—磁性过滤器　16—过滤器

该泵站液压系统的工作过程与 XRB_2B 型乳化液泵站液压系统基本相同，不同之处有以下几个方面：

1. 在吸液回路中设置了供液阀。
2. 泵工作时必须注意供液阀是否在导通状态。
3. 高压回路中设置了高压过滤器，应注意其堵塞情况，以及时清洗。
4. 回液路中设置了两组过滤器，应注意定期对过滤器进行检查与清洗，以防堵塞。

◎ 知识拓展

GRB315/31.5 型乳化液泵站液压系统

GRB315/31.5 型乳化液泵站为两泵一箱结构，可一台泵单独供液，另一台备用，也可以两台泵同时对支架供液，额定流量可达 315 L/min。该泵也可以清水为工作液，作为地面的动力源。GRB315/31.5 型乳化液泵站液压系统如图 8—3 所示。

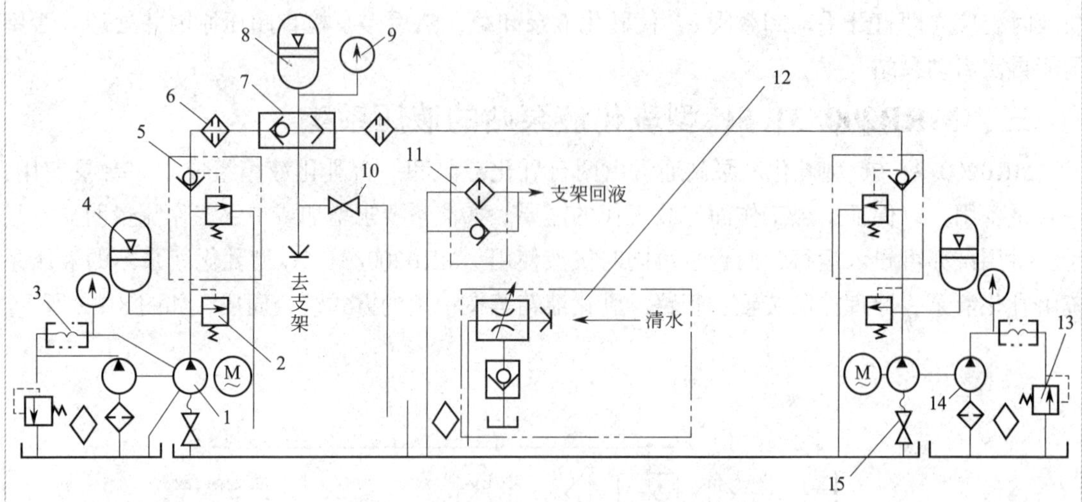

图 8—3　GRB315/31.5 型乳化液泵站液压系统

1—泵　2—泵用安全阀　3—水冷却器　4—蓄能器（25 L）　5—卸载阀　6—高压过滤器　7—交替阀　8—蓄能器（40 L）　9—压力表　10、15—截止阀　11—回液过滤器　12—配液装置　13—溢流阀　14—齿轮泵

四、高、低压双泵乳化液泵站的液压系统

对于既需要高压液又需要低压（次高压）液的综采工作面，除采用带有减压装置的乳化液泵站外，还可以选用高、低压双泵乳化液泵站供液。即每组泵由 1 台高压泵和 1 台低压泵组成，高、低压泵共用一台电动机，其液压系统如图 8—4 所示。

1. 乳化液泵启动

为使高、低压双泵乳化液泵站在空载条件下启动，启动前需打开换向阀 2 和 17，同时要关闭换向阀 1，然后启动电动机。此时的液路系统是：乳化液箱 11→高压泵 10→单向阀 3→换向阀 2→回液过滤器 24→乳化液箱 11（泄液）。低压系统是：乳化液箱 11→低压泵 14→自动调压阀 16→换向阀 17→回液过滤器 24→乳化液箱 11（泄液）。

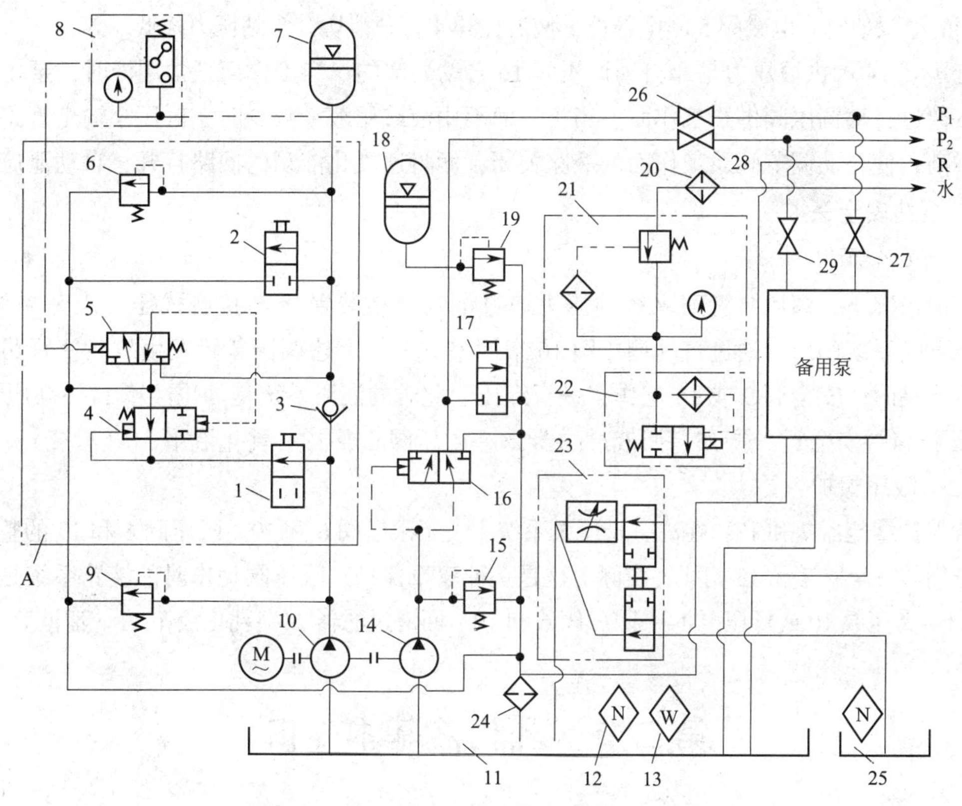

图 8—4 高、低压双泵乳化液泵站的液压系统

1、2、17—换向阀 3—单向阀 4—液控阀 5、22—电磁阀 6、19—限压阀 7、18—蓄能器 8—接触式压力表 9、15—安全阀 10—高压泵 11—乳化液箱 12—液位开关 13—液温开关 14—低压泵 16—自动调压阀 20—水过滤器 21—水减压阀 23—乳化器 24—回液过滤器 25—乳化油箱 26、27、28、29—截止阀 A—电气转换装置 P_1—去工作面高压液 P_2—去工作面低压液 R—工作面回液流向

2. 泵站正常工作

(1) 高压泵

乳化液泵启动后，关闭换向阀 2，待管路压力达到 0.98~14.7 MPa 后（此压力为推动液控阀杆所需的压力），则打开阀 1，以保证电气转换装置正常工作。这时乳化液泵站开始正常工作，其液路系统是乳化液箱 11（吸液）→高压泵 10→单向阀 3→截止阀 26→去工作面高压液 P_1。

(2) 低压泵

乳化液泵启动后，关闭换向阀 17，低压泵转入正常工作。此时低压泵的液路系统是乳化液箱 11→低压泵 14→自动调压阀 16→截止阀 28→去工作面低压液 P_2。

工作面回液自 R 流回，经回液过滤器 24 回流入乳化液箱 11 中。

3. 泵站自动调压

高压泵 10 的供液压力是靠电气转换装置 A 和接触式压力表 8 进行自动调节的，通过调节，压力能保持在一定的范围之内。当泵站压力降到调定范围的下限值时，电磁阀 5 动作，使液控阀 4 关闭，切断了无压回路，泵站压力上升并保持在要求的压力范围内。当泵站压力升高到调定范围的上限值时，电磁阀 5 断电释放，使液控阀 4 打开泄压，泵站压力降低。

低压泵 14 的供液压力是靠自动调压阀 16 自动调节的。当工作面正常用液时，泵排出的压力液通过自动调压阀供给工作面。当工作面不用液或用液量减少时，低压泵输出管路内的压力增高，使自动调节阀通工作面的液路关闭，而将通乳化液箱的回路打开，自动泄流。

4. 泵站安全保护

（1）安全阀保护

一般情况下，高压泵管路系统的压力通过电气转换装置 A 与接触式压力表 8 来调整，低压泵管路系统的压力通过自动调压阀 16 来调整。一旦上述调压装置发生故障使管路内压力急剧升高时，安全阀 9 或 15 动作，进行卸压。此时的液路系统是乳化液箱 11→高压泵 10 或低压泵 14→安全阀 9 或 15→回液过滤器 24→限压阀 6 或 19→乳化液箱 11（泄液）。

（2）限压保护

为保护蓄能器 7 和 18，在高、低压泵系统中设了限压阀 6 和 19。限压阀 6 和 19 的整定压力值分别与安全阀 9 和 15 相同，实际上这是一种双重保护。限压阀动作时的液路系统是乳化液箱 11→高压泵 10 或低压泵 14→限压阀 6 和 19→回液过滤器 24→乳化液箱 11（泄液）。

第二节　乳化液基本知识

目前，国内外广泛使用乳化液作为液压支架中传递液压能、润滑和防锈的工作介质。乳化液泵是乳化液泵站的心脏，那么，可以认为流动的乳化液是乳化液泵站的血液，可见乳化液在泵站液压系统中起着非常关键的作用。本节主要讲解乳化液的组成成分及特性，介绍乳化液的配制方法，以及乳化液的使用与管理方法。

一、乳化液的组成及特性

乳化液由两种互不相溶的液体混合而成，其中一种液体呈细粒状均匀分布在另一种液体中，形成乳状液体。呈细粒状的一相称为分散相或内相，而另一相称为连续相或外相。

若将油分散到水中，则油为内相，水为外相，混合成的乳化液称为水包油型乳化液，以 O/W 表示。若将水分散到油中，则水为内相，油为外相，混合成的乳化液称为油包水型乳化液，以 W/O 表示。乳化液类型如图 8—5 所示。

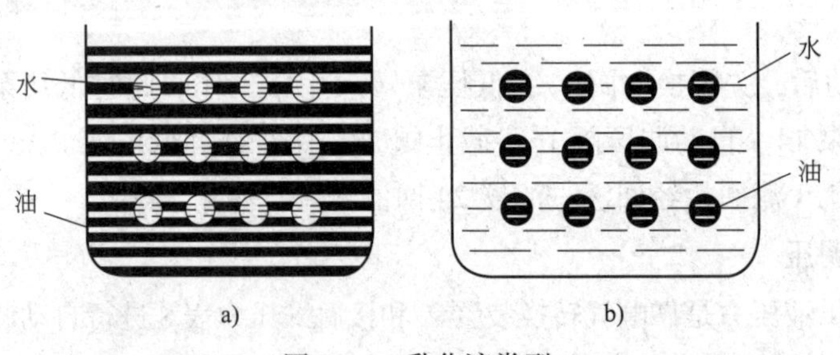

图 8—5　乳化液类型

a）油包水型　b）水包油型

一般地说，能使水和油形成稳定的乳化液的物质称为润滑剂，而能与水“自动”形成稳定的水包油型乳化液的“油”称为乳化油（或称为可溶性油）。由此可知，水包油型乳化液由水和乳化油组成。

目前，国内外液压支架均采用由水和乳化油组成的水包油型乳化液，即5%的乳化油均匀地分布在95%的水中，其颗粒度为0.001~0.005 mm 。

1. 乳化油

乳化油的主要成分是基础油、乳化剂、防锈剂和其他添加剂（偶合剂、防霉剂、抗泡剂、络合剂）。

（1）基础油

基础油是乳化油的主要成分，它作为各种添加剂的载体时，会形成水包油型乳化液中的小油滴，可增加乳化液的润滑性，其含量占乳化油组成的50%~80% 。

常用的基础油为轻质润滑油。为了使乳化油流动性好，易于在水中分散乳化，一般选用黏度低的5号或7号高速机械油。常用的M-10乳化油以5号机械油为基础油。

（2）乳化剂

乳化剂是使基础油和水乳化形成稳定乳化液的关键性添加剂。它是一种能强烈地吸附在液体表面或集于溶液表面，并改变液体的性能（如降低液体表面张力），促使两种互不相溶的液体形成乳化液的表面活性物质。乳化剂能在基础油的油滴周围形成一层凝胶状结构的保护薄膜，以阻止油滴发生积聚现象，使乳化液保持稳定，同时还具有清洗、分散、起泡、渗透、润湿等作用。

（3）防锈剂

防锈剂是乳化液的一个不可缺少的组成部分，用以防止与液压介质相接触的金属材料受到腐蚀，或使腐蚀速度降低到不影响使用性能的最低限度。用于乳化油的防锈剂主要为油溶性防锈剂，是一种能溶于油中并能降低油的表面张力的表面活性剂，由极性和非极性两种基团组成。在使用过程中，极性基团吸附在金属材料与油的接触面上，同金属（或氧化膜）发生相互作用，在金属表面形成水不溶性或难溶性化合物；而非极性基团则向外和油互溶，从而形成紧密的栅栏，阻止水、氧气等其他腐蚀介质进入金属表面，起到防锈作用。

（4）其他添加剂

乳化油除了基础油、乳化剂、防锈剂这三种主要成分外，为了满足使用性能的综合要求，还加入了一些其他添加剂。

1）偶合剂。乳化油中应用偶合剂的目的，在于使乳化油中的皂类借偶合剂的附着作用与其他添加剂充分互溶，以降低乳化油的黏度，改善乳化油及乳化液的稳定性。

2）防霉剂。加入防霉剂后，可防止乳化油中的动植物油脂和皂类在温度适宜或使用时间较长的情况下发生霉菌，造成乳化液变质。

3）抗泡剂。加入抗泡剂后，可降低乳化液的起泡性。由于乳化液中含有较多的表面活性剂，具有一定的起泡能力，在使用过程中，有时因激烈搅动或者水质变化，会产生大量的气泡，严重时可造成气阻，影响液压支架的正常动作。另外，气泡的存在会使乳化液的冷却性能和润滑性能降低，甚至造成摩擦部位的局部过热和磨损。因此，在乳化油的配方中必须考虑抗泡剂，以满足使用要求。

4）络合剂。络合剂可在乳化油中与钙、镁等金属离子形成稳定常数大的水溶性络合物，以提高乳化液的抗硬水能力。

2. 水

配制乳化液的水的质量十分重要，它不但直接影响到乳化液的稳定性、防锈性、防霉性和起泡性，也关系到泵站和液压支架各类过滤器的效率和使用寿命。

世界各国对配制乳化液的用水都有严格的要求，我国根据矿井水质的具体条件，参照国内外使用液压支架的经验，以及当前乳化油的研究和生产情况，对于配制乳化液的水质量有以下要求：

（1）配制乳化液的水应无色、透明、无味，不含有机械杂质和悬浮物。特别应注意的是杂质不仅加速液压元件的磨损，使密封性能降低，堵塞阀孔，而且对乳化液的稳定性也有不利的影响。

（2）配制乳化液的水的 pH 在 6~9 范围内为宜。水的 pH 过大或过小都会腐蚀金属。

（3）氯离子的含量应不大于 200 mg/L。氯离子的含量过高会对金属产生腐蚀作用，同时对乳化液的稳定性也有很大的影响。

（4）硫酸根离子的含量应不大于 400 mg/L。硫酸根对金属有腐蚀作用，同时对乳化液的稳定性也有很大的影响，硫酸根发生反应生成的硫化氢还会使乳化液带有臭鸡蛋味。

（5）水的硬度不应过高，水的硬度是指溶解在水中的钙、镁离子的含量。水中钙、镁离子的含量越多，水的硬度就越大，反之硬度就越小。我国液压支架配制乳化液用水的硬度等级（以碳酸钙的浓度表示）分为七级，见表 8—1。在实际生产中，应根据不同水质硬度来确定乳化油的种类。

表 8—1　　我国液压支架配制乳化液用水的硬度等级分类

级别	分类	水质硬度情况（mg/L）
Ⅰ	极软水	0~75
Ⅱ	软水	75~150
Ⅲ	中硬水	150~300
Ⅳ	硬水	300~450
Ⅴ	高硬水	450~700
Ⅵ	特高硬水	700~1 000
Ⅶ	超高硬水	>1 000

3. 液压支架用水包油型乳化液的特性

（1）具有足够的安全性

因水包油型乳化液含有 95%以上的中性水溶液，既不可燃也不助燃，所以在要求防爆的井下具有足够的安全性。

（2）经济性好

水包油型乳化液的来源广，价格便宜。

（3）黏度小，黏温性能良好

水包油型乳化液的黏度接近于水的黏度。由于黏度小，减少了支架管路中的能量损耗。良好的黏温性能（即黏度随温度变化的程度）有利于泵站和各类阀工作性能的稳定。

（4）具有良好的防锈性与润滑性

由于水包油型乳化液中有一定成分的防锈剂和基础油，所以在井下使用时，对支架具有良好的防锈性和润滑性能。

（5）稳定性好

水包油型乳化液中有一定成分的乳化剂、偶合剂和抗泡剂，使其不易产生气泡，并具有良好的化学稳定性。

（6）对密封材料的适应性好

水包油型乳化液对常用的丁腈橡胶密封材料有良好的适应性，不会使密封材料产生过分的收缩和膨胀，造成密封失效。

（7）对人体无害

水包油型乳化液无刺激性，对环境污染小，冷却性好。

水包油型乳化液的缺点是黏度小，容易漏损，且润滑性不如矿物油。因此，要求乳化液泵和液压阀有很好的密封性能和防锈性能。

二、乳化液的使用和管理

1. 乳化液的检验

乳化液在配制和使用过程中应按规定进行以下性能检验：

（1）稳定性

将 100 mL 的试验用乳化液装入容量瓶中，并封闭瓶口，在 70 ℃温度下放置 16 h，如果析出油脂状物量不大于 0.1 mL，并且无沉淀物为合格。

（2）防锈性

将 45 钢或 62 铜试棒（要求试棒光滑明亮，无明显的加工痕迹）插入温度为 60 ℃的试验用乳化液中，并放置 24 h 后取出，观察锈蚀情况。45 钢试棒以无锈蚀和无色变为合格，62 铜试棒除无色变、锈蚀外，还要观察试液是否变绿，如试液变绿，尽管试棒无色变，也为不合格。

（3）对橡胶密封材料的适应性

将丁腈橡胶试件放入试验用 70±2 ℃的乳化液中，静置 168 h 后取出，计算试件的体积膨胀率，如试件体积膨胀率在-2%~+6%之间为合格。

（4）消泡性

将 50 mL 的试验用乳化液装入 100 mL 量筒中，室温条件下，上下激烈摇动 1 min，静置观察消泡情况。若 15 min 内泡沫全消，则认为该乳化液消泡性良好。

（5）防霉性

将 50 mL 的试验用乳化液放入量杯内，加入新鲜玉米粉 2 g，然后在 25~30 ℃的暗处静置 30 天，观察有无黑色物或臭味产生，没有为合格。

2. 乳化油的储存和管理

（1）使用单位要有乳化油油库，不同牌号的乳化油要分类保管，统一分发，做到早生产的乳化油先用，防止超期变质。

（2）乳化油的储存期不得超过 1 年，凡超过储存期的，必须经检验合格后才能使用。

（3）桶装乳化油应放置在室内，防止日晒雨淋。冬季室内温度不得低于 10 ℃，以保证乳化油有足够的流动性。

（4）乳化油是易燃品，在储存、运输时应注意防火。

（5）井下存放乳化油的油箱要严格密封。油箱过滤器要齐全，防止杂物进入油箱。

（6）乳化液的领用和运送应由专人负责，使用专用的容器和工具，不得使用铝容器，防止杂物混入，影响乳化油的质量。

3. 乳化液的配制和使用

（1）配制方法

配制乳化液的方法有两种：一种是人工配液，即根据乳化液配比称量出乳化油和水，然后倒入乳化液箱混合，由人工将其搅拌均匀；另一种方法是在乳化液箱内设置的配液器中进行自动配液。自动配液时容易调整配液浓度，能使乳化油和水均匀混合，减轻了劳动强度，所以各煤矿井下作业时大多采用配液器自动配液。

◎ 知识拓展

乳化器

乳化器是煤矿高档普采工作面和综采工作面乳化液泵站自动配比乳化液的装置，如图 8—6 所示。它可根据需要，方便地调节乳化液的配制比例，而且结构简单，操作方便。乳化器适用于煤矿井下具有瓦斯、煤尘爆炸危险的环境条件下，特别适用于煤矿采掘工作面。乳化器主要由乳化油箱、配液阀、水开关、油标、吸液管和吸液单向阀组成。

乳化油箱的容积分为 25 L、30 L 和 40 L 三种，配比调节范围为 1.5%～5%。

图 8—6 乳化器

（2）使用注意事项

1）配液后，应严格检验配油浓度是否达到规定要求。浓度检验可用折光仪，也可用计量法和破乳法。

2）工作过程中如发现乳化液大量分油、析皂、变色、发臭或不乳化等异常现象，必须立即更换新液，然后查明原因。

3）泵站乳化液可备有足够的副液箱，以备大量回液和清洗液箱时储液用。

4）杜绝乳化液随意排放，以防污染。

5）应采用同一牌号、同一工厂生产的乳化油。两种牌号的乳化油混用时，要进行乳化油的相溶性、稳定性和防锈性试验，合格后才能使用。

6）乳化液的工作温度不得高于 40 ℃。

◎ 知识拓展

乳化液的防冻问题

水包油型乳化液是低浓度的乳化液，它的凝固点在-3 ℃左右，并具有与水相类似的冻结膨胀性，受冻后，不但体积膨胀，而且稳定性也受到严重影响。3%浓度的乳化液受冻后，几乎全部破乳。因此，在严寒季节，对于液压支架（包括乳化液泵站）必须采取足够的防冻措施，以防缸体及其他元件损坏。

思考练习题

1. 对乳化液泵站液压系统的要求是什么？
2. 简述 XRB_2B 型乳化液泵站液压系统的工作过程。
3. 乳化液有哪几种类型？液压支架中常采用哪一种？
4. 液压支架用乳化液有哪些特征？
5. 检验乳化液有哪些项目？
6. 配制和使用乳化液应注意什么问题？

第九章 乳化液泵和泵站安装、运转、维护及故障处理

学习目标

1. 了解开泵前的准备和需要检修的部位，掌握乳化液泵操作及注意事项，了解乳化液泵站的完好标准及维修与管理。

2. 能够分析乳化液泵站常见故障产生的原因，能够正确处理乳化液泵站的常见故障。

乳化液泵站是支架液压系统的关键设备，它运转的好坏直接影响着采煤工作面液压支架和液压支柱的正常工作以及泵站的使用寿命，必须正确使用乳化液泵站并对它进行正确的操作。

乳化液泵站在井下的使用过程中，影响乳化液泵站正常工作的自身因素较多，如果在日常的维护和保养方面做得不好，乳化液泵站就会出现故障，直接影响到井下的生产。本章在对有关生产厂家收集的资料进行统计后，对乳化液泵站使用过程中经常发生的故障进行现场分析，总结出故障处理的措施。

第一节 乳化液泵安装、运转操作

一、乳化液泵的井下安装

1. 乳化液泵要安装在干净而安全的地点，其工作位置应尽量水平。

2. 电动机及乳化液泵的固定螺栓必须拧紧。

3. 电动机轴与乳化液泵轴应对正，两联轴节间应留 2~4 mm 间隙。

4. 使用前，应将液箱内各腔清洗干净。

5. 连接乳化液箱和乳化液泵之间的吸液管路、高压管路和卸载管路。

6. 连接乳化液配比装置的进水管。

7. 按含3%~5%乳化油的水溶液比例配制足够的乳化液，观察液箱的液标部分，液面应到达上液位。

8. 连接至工作面的高压管路及回液管路。

9. 连接电动机线路（660 V/1 140 V、50 Hz）。

二、乳化液泵安装后的启动前检查

1. 检查曲轴箱内是否有润滑油，其油位应在油标中间。

2. 检查柱塞腔上滴油槽内是否有足量的润滑油。

3. 检查所有放液开关是否开启。

4. 用手盘动联轴器，应转动灵活，无反常卡死现象。

三、乳化液泵安装后的试车检查

安装后，用转动开关使泵合闸，启动中检查以下几个方面：

1. 电动机转向应与箭头标记一致。

2. 泵内排气，打开放气螺堵，放尽高压腔内的空气，直到出现恒定流量为止，看是否有泄漏处。

3. 泵启动时，点动开关，在确认电动机转向正确后，使泵空转5~10 min，然后逐级加载，每20 min升高额定压力的25%，在升温正常，无泄漏、无抖动等异常现象后，方可投入使用，泵的温度不得超过80 ℃。

四、乳化液泵的运转

1. 开乳化液泵前的准备工作

操作司机必须经过技术培训，合格后方可入岗。在开泵前应对泵站进行如下检查：

（1）检查各关键部位是否有锈蚀、碰伤，各重要螺堵及连接是否松动，密封是否可靠。

（2）乳化液泵的工作环境应在相对清洁的环境中，放置平稳，底座的倾斜角小于2°，因为倾斜角过大，将严重影响飞溅润滑的效果。

（3）电动机与乳化液泵的联轴器间应有2~4 mm间隙，以防机器运转升温后轴的长度增加。两联轴器应保持同轴状态，不同轴将使乳化液泵的振动幅度增加。

（4）检查乳化液泵润滑油油位是否符合要求，不足时应及时补充。曲轴箱内应有在油标中位的40~50号机械油，柱塞腔滴油盒也应充满同样的机械油。

（5）用手盘动联轴器，应转动灵活，无阻滞现象。

（6）检查乳化液箱液位，附有自动配液装置的液箱，检查乳化油油位是否符合要求，不足时应补充，严禁只用清水，以免引起液压系统元件的锈蚀。

（7）检查吸液断路器是否接通，过滤器是否堵塞，必要时应进行清洗。

（8）检查各工作管路、电路是否接通。

2. 开乳化液泵的顺序

（1）打开乳化液泵的吸液截止阀，以及回液管在乳化液箱上的截止阀。

（2）打开手动卸载阀，使乳化液泵空载启动。

（3）闭合电磁起动器换向开关。

（4）点动开关，检查运转方向正确后再开乳化液泵，禁止开倒车。

（5）当电动机转速正常后，先关闭去工作面的截止阀，然后反复开、关手动卸载阀，使自动卸载阀多次动作，检查自动卸载阀的动作是否灵敏，动作压力是否符合要求。

（6）上述检查正常后，打开工作面供液截止阀，关闭手动卸载阀，把乳化液泵输出的高压乳化液输送到工作面去。启动过程中要随时注意各有关部位有无漏液现象。

3. 停乳化液泵的顺序

（1）先打开手动卸载阀，使乳化液泵排液回乳化液箱，卸载运行。

（2）按下电磁起动器的按钮，使乳化液泵停止运转。

（3）将电磁起动器的换向开关打回零位，并进行闭锁。

◎ 注意

乳化液泵运转中的注意事项

1. 不允许同时开启两台高压泵，当使用一台高压泵、一台低压泵时，不准两台同时启动。

2. 不准在运转中随意调整安全阀、卸载阀、减压阀的动作压力。

3. 不准甩开高压过滤器直接供液。

4. 不准甩开系统中的任何元件。

5. 注意机器运转声音是否正常。

6. 要经常观察压力表指针是否在正确指示范围之内，发现问题及时停泵。

7. 注意卸载阀的工作状况是否正常。

8. 注意润滑泵的压力是否符合要求（润滑油压力一般要高于 0.2 MPa）。

9. 检查机器温度，最高不得超过 60 ℃。

10. 检查乳化液温度，最高不得超过 40 ℃。

11. 乳化液泵在运转过程中，如发现蓄能器、卸载阀、安全阀、压力表等保护装置失效时，应立即停泵进行处理。在未排除故障前，严禁再次开泵。

12. 泵站周围应清洁、无杂物，工作中不允许随意打开乳化液箱盖。

五、智能型乳化液泵站的使用与操作

1. 智能型乳化液泵站连接注意事项

（1）在专业技术人员指导或确认下对设备进行正确排列，否则将影响设备的正常使用。

（2）按控制装置铭牌标示电压等级引入电源。接线腔有明确的接线柱标示。

（3）必须严格做好接地工作，否则会引起设备的谐波干扰。

（4）控制装置通过铜壳多芯快速插件分别连接油箱一条控制线、液箱一条控制线、泵组一条控制线，应按铭牌标示连接。多芯控制线外部均有胶管护套，一端铜插件，一端不锈钢插件。三台泵组控制线依次串联。

2. 加乳化油

（1）使用便携式供油泵向油箱加油。油泵通过胶管插入油桶（吸程 2.5 m），油泵出油口连接油箱的进油口（输送距离 30 m）。

（2）油泵电动机通过工频接线腔的远程油泵接线柱连接 380 V 电源。首先给控制装置工频、变频部分送电，然后操作控制装置门盖上的便携式油泵开关，观察油泵电动机转向，正确后实现供油。

3. 自动配液

保持油箱油位不低于 100 mm。根据铭牌标示，连接油箱和液箱的配液油泵管路和校正油泵管路，做好进油准备。将进水管与液箱进水过滤器连接，保持水路畅通，并保证水压为 2~6 MPa。油箱、液箱控制线路连接正常后，控制装置送电，即可进行自动配液。

4. 智能型乳化液泵站 1#泵变频启动/停止

（1）首先将“工频/变频”选择开关拨至“变频”位置，将“1#泵变频启停”开关向右旋动，1#泵即可启动，向左旋动则 1#泵在 20 s 内降频停机。

应以显示屏幕显示的泵组状态为准。如果电动机已经停止，但显示屏幕仍显示运行状态，说明程序仍未完全退出，应等待几秒后屏幕显示泵组停止，再进行下一步操作。

（2）若操作失误，先操作变频启动开关后发现“工频/变频”选择开关未拨至“变频”位置，此时变频散热风机运转但泵组电动机不转，应首先进行 1#泵停止操作，等屏幕显示 1#泵停止后再重新进行。严禁先操作“1#泵变频启停”开关后操作“工频/变频”选择开关。

5. 智能型乳化液泵站 1#泵工频启动/停止

首先将“工频/变频”选择开关拨至“工频”位置，将“1#泵工频启停”开关向右旋动，1#泵即可启动，向左旋动则 1#泵立即停机。

注意，同一台泵不允许既开工频，又开变频。

6. 智能型乳化液泵站系统卸载

首先停止乳化液泵运行，然后将“工频/变频”选择开关拨至“停止”位置，操作“卸载”开关即可实现卸载。观察显示屏幕中的系统压力，直至为零。

7. 变频运行乳化泵故障停机后复位

非重大故障可以迅速复位，如欠压、过压等；重大故障必须 1 min 后才允许复位，如短路、漏电、过流、过载等。操作方法为手按变频控制箱门上的“复位”按钮。

8. 工频运行乳化泵故障后复位

直接操作工频控制箱门上的“复位”按钮即可。

9. 变频器当前参数的检查

变频器当前运行参数可以循环查看，操作变频控制箱门上的“变频选择”开关，每操作一次即可查看一个参数值。

10. 配液数据

液位低于 450 mm 时开始配液，高于 750 mm 时液位正常，750~800 mm 之间时自动校正浓度。液位超过 820 mm 时，浮球开关强制动作，停止配液相关的所有工作。

11. 保护数据

（1）吸空保护。液位低于 300 mm 后系统进入该保护，强制停机。

（2）爆管保护。系统压力在 5 s 内由标准压力降低至 10 MPa，系统强制停机。

（3）泵组温度保护。泵组润滑油温度超过 70 ℃时声光报警，超过 90 ℃时强制停机。

（4）油压保护。泵组润滑油压力低于 10 MPa 时强制停机。

（5）油位保护。泵组润滑油油位低于红线时强制停机。

（6）蓄能器压力监控。泵组蓄能器压力低于 16 MPa 时声光报警。

六、乳化液泵变频操作

1. 变频器送电前注意事项

电源应为 1 140 V，液箱与泵组之间管路全连接好，无漏液现象，变频器壳体内部无雾气、露水，变频器安全可靠接地。

2. 变频器操作

（1）电气控制箱操作界面

左箱门盖上分别有“1#泵工频启停”“2#泵工频启停”“停止/工频/变频”“备用”和“备用”五个转换开关，内部有泵机电源开关和浓度校正选择开关。

右箱门盖上分别有“程序”“设定”“增加”“减少”和“复位”五个变频器设定按钮和“1#泵变频启停”“2#泵变频启停”“显示选择”“备用”四个控制开关。

（2）将隔离换向开关打到“合”的位置（上、下为工频启动时泵组正、反转）。

（3）看屏幕显示参数：液位在 400 mm 以上，泵组油温 90 ℃以下，泵组变速箱内润滑油的温度如果大于等于 70 ℃，系统将会报警，大于等于 90 ℃，系统将会强制停机且启动故障记忆保护。设备上电后，泵组温度将会直接显示在显示屏中。此项也是电光报警的首选项。液箱内的乳化液液位如果低于 450 mm，系统将会自动配液，到达 750 mm，配液完成。当乳化液液位低于 400 mm 时，系统将会报警且强制停机。

（4）变频启动

变频器控制线路为一拖二的结构形式，可以任意变频运行一台乳化液泵组，不允许同时变频运行两台乳化液泵组。变频运行任意一台乳化液泵组时，允许工频启动另一台乳化液泵组。

将控制装置左箱门盖上“停止/工频/变频”开关扳至变频位置，然后操作右箱门盖上的转换开关“1#泵变频启停”或“2#泵变频启停”，变频器将会驱动泵组运行。观察电动机运转的方向是否正确，如果运行反向，则应先将电动机停止，然后操作右箱门盖上的“移相”开关，重新启动泵组即可。电动机方向调整正确后，应及时将“移相”开关锁定，以免设备运行过程中误操作，同时观察真空散热装置下方的散热风机转向是否正确，否则应调整风机的转向。泵组运行时，屏幕会显示泵组变频运行状态。

（5）工频启动

两台乳化液泵组在工频运行状态下可以同时运行。但不允许同一台泵组工频运行的同时再用变频运行。将控制装置左箱门盖上“停止/工频/变频”开关扳至工频位置，然后操作门盖上的“1#泵工频启停”或“2#泵工频启停”开关，泵组将会运行。

（6）相关保护

1）具有泵组曲轴箱油温温度保护（温度达 70 ℃时报警，达 90 ℃时保护停机）。

2）压力系统管线突然爆裂停机（压力 5 s 内由 28.5 MPa 下降到 10 MPa 时）。

3）低液位吸空保护（当液位低于 300 mm 时，泵组强制停机，当液位低于 400 mm 时，无法正常开启变频器）。

◎ 知识拓展

智能型乳化液泵站操作规程

1. 不允许用隔爆电磁起动器做变频调速控制装置的前级电源，否则其中的保护器会误动作。

2. 变频调速控制装置、泵组、液箱必须可靠接地，否则会引起安全事故或设备误动作。

3. 电动机绝缘电阻在 50 MΩ 以上，外壳应可靠接地。严禁带电拆装和检修设备。

4. 安装或拆卸电控线路时，应按控制装置后接线腔内的铭牌操作。

5. 严禁用兆欧表测量变频器绝缘电阻。

6. 变频控制装置真空散热器端严禁低于水平线以下，否则会因散热故障烧毁变频器。

7. 泵站液箱、泵组应水平安装，液箱与水平面的夹角不应超过 15°。

8. 曲轴箱的油位应在观察窗红线以上，绿线以下。

9. 电动机的转向应与转向箭头指示方向相同，否则应调整换向开关方向或使用变频移相功能，确保电动机运转方向正确。

10. 检修泵组时应首先将运行的另一台泵组改用工频控制，并将检修泵组的控制开关锁定。

11. 严禁在泵组运行过程中操作“停止/工频/变频”选择开关。

12. 浓度检测器、进水过滤器、卸载高压过滤器、磁过滤器、板式过滤器等应定时进行清洗，否则影响设备正常工作。

13. 当环境温度低于 0 ℃而不用泵时，必须放净液压系统的液体，以防冻裂液压元件或液压管路。

第二节　乳化液泵站的维护

乳化液泵站运转的好坏直接影响着采煤工作面液压支架和液压支柱的正常工作，以及泵站的使用寿命。必须正确使用乳化液泵站并对它进行维护、检修。

一、乳化液泵站维护的基本要求

1. 为了使乳化液泵站连续、可靠、安全运行，预防乳化液泵站故障的发生，必须坚持对在井下使用的乳化液泵站进行维护保养工作，包括班检、日检、周检、月检等。检修制度应由泵站司机和专职检修人员按照检修内容严格执行，并做好详细的检修记录。

2. 乳化液泵站在井下使用一段时间后，可能会出现较大故障，需要升井检修和试运转。

3. 建立健全泵站管理制度及维修工作制度，如泵站司机岗位责任制、操作规程、交接班制度、定期检修制度、检修规程等，是保证乳化液泵站安全运行和延长泵站使用寿命的有效措施。

二、乳化液泵站维护

1. 乳化液泵站的班检

（1）检查泵站各部螺栓及连接件，特别是泵头吸液侧和排液侧的螺栓不得松动。

（2）检查弹性联轴器的各连接件与紧固件是否完整、紧固。

（3）检查各管路及接头，发现渗漏及时处理。

（4）检查乳化液泵润滑情况，如有不足及时补充。

（5）检查卸载阀的性能，及时调整不合乎要求的压力。

（6）检查乳化液箱的液量，不足时及时补充。

（7）用袖珍折光仪检查乳化液的浓度，并及时调整。

（8）检查各种保护装置的动作是否灵敏可靠。

（9）调整漏液柱塞密封的螺母。

（10）清除泵站周围的杂物，擦拭设备上的积尘和油污。

2. 乳化液泵站的日检

（1）检查泵站各部螺栓、销钉是否松动。

（2）检查管路、阀门柱塞腔、油箱的密封情况，以及是否有渗液现象。

（3）检查乳化液箱内的液量，乳化液的配比，以及乳化液是否变质。

（4）检查曲轴箱内的润滑油，观察油位是否在规定的范围内。

（5）检查泵的运转声音是否正常，卸载阀的动作情况是否正常。

（6）检查、清洗过滤器，擦拭机器。

3. 乳化液泵站的周检

（1）周检包括日检的全部内容。

（2）如需要时，更换乳化液箱内的乳化液。

（3）检查吸、排液阀的工作性能，检查复位弹簧是否断裂。

（4）检查泵各运动件和连接件是否松动、变形、损坏等。

（5）检查各部位密封圈是否有损坏现象，柱塞表面是否完好。

（6）检查蓄能器的充氮压力是否符合要求。

（7）检查电气系统、防爆面、开关接触器等是否完好。

4. 乳化液泵站的月检

（1）月检包括周检的全部内容。

（2）清洗乳化液箱和磁性过滤器。

（3）新乳化液泵运转 150 h 左右应换油一次，同时清洗油池。

（4）检查蓄能器的氮气压力，低于规定值时，应充氮气。

（5）检查泵曲轴、连杆、瓦衬和滑块。

（6）检查齿轮的啮合和磨损情况。

5. 升井检修

泵站经半年运行后，由于磨损及锈蚀等原因失去原有的精度和性能，因此要进行升井检查与维修，更换必要的易损件，调整各部运动部件的间隙，以恢复原有的使用性能。

◎ 注意

乳化液泵站升井检修注意事项

1. 零件要进行清洗。
2. 各部零件发现锈点，应清洗干净，进行防锈处理。
3. 应更换损坏的过滤网。
4. 各密封圈如发现切断、损坏、老化，应更换新件。
5. 各阀面如发现损坏，应修复或更换新件。
6. 升井检修后进行装配，并按出厂检验要求进行试验。

6. 乳化液泵常见故障快速维修

（1）密封圈的更换方法

目前，更换柱塞密封大多不需拆卸泵头，只需抽出柱塞就可以进行。拆卸时先卸下锁紧螺钉，压紧螺套，脱开柱塞与滑块的连接，拧下泵头柱塞腔螺堵，松开缸套螺堵，让滑块将柱塞顶出，从泵头端慢慢抽出柱塞，卸下螺母及钢套螺堵，取出导向套及柱塞密封圈。复装时先装入柱塞密封圈及导向套，将钢套螺堵、螺母拧上，在柱塞表面涂润滑脂后，慢慢塞进，复装柱塞与滑块的连接结构，注意在拧紧压紧螺套时应转动联轴器，在柱塞来回运动过程中逐渐拧紧压紧螺套，最后拧紧钢套螺堵及螺母，注意密封圈的松紧度要适当。

（2）柱塞的修复

如果柱塞表面微有拉毛现象，要及时取出进行抛光，否则会影响柱塞密封圈的使用寿命。如果柱塞表面损坏严重，则应及时更换。

（3）更换、装配及使用过程中柱塞密封圈的注意事项

1）密封圈装入高压钢套前，各面应涂上清洁的润滑脂。

2）密封圈装入填料腔时应按顺序逐件装入，三道密封圈的接口位置应相互错开，密封

圈两端装厚垫片，密封圈间装薄垫片钢套螺堵应缓慢进行压紧，至密封圈并圈后要稍退回，螺堵才能配紧柱塞。

3）柱塞装入密封圈前，检查柱塞倒角应无毛刺，以免损坏密封圈的密封性能。柱塞应慢慢装入，然后再压紧钢套螺堵。

4）首次开泵使用达到额定工作压力时，可能出现漏液，运行半分钟后停泵，然后调紧钢套螺钉，即投入正常使用。

5）密封圈在日常工作中允许柱塞带液及微量的漏液，但不能在喷液状态下工作，以免冲坏密封圈，泄漏过量时可调整钢套螺堵。

7. 智能型乳化液泵站的维护

智能型乳化液泵站在运行时，可以从设备外部目视检查运行状况有无异常，通常检查如下：

（1）显示屏中技术数据是否满足要求，如压力、浓度、温度等。如出现异常，可直接深入检查异常项目的相关情况。

（2）显示屏面板显示相关泵组工作内容有无异常情况，如能否工频/变频运行、显示运行后泵组能否正常停止等。

（3）显示屏面板显示自动配液系统是否正常工作，配液过程是否准确、及时等。

（4）是否有异常声音、异常振动、异常气味等问题。

（5）传感器连接线路是否有受力绷紧和折曲。

（6）报警灯是否闪烁报警。

（7）相关的滤清器和乳化液箱是否需要清洗。

8. 乳化液泵站的完好标准

（1）泵体的完好标准

1）密封性能良好，不漏油。

2）运转时无异常振动。

3）油质符合规定，保持清洁。

（2）乳化液箱的完好标准

1）乳化液清洁，无析皂现象，配制浓度为3%~5%。

2）高、低压过滤器性能良好。

3）蓄能器充氮压力符合要求，不大于乳化液泵站安全保护装置0.5 MPa。

（3）仪表的完好标准

1）安全保护装置齐全，动作灵敏可靠。

2）压力表指示准确，每年校验一次。

9. 检修质量标准

（1）齿轮箱、乳化液箱不得有裂纹、开焊和严重损伤。

（2）乳化液泵滚动轴承要符合有关规定，其径向游隙不得超过0.1 mm，曲轴曲拐与轴瓦最大配合间隙应不大于0.2 mm，椭圆度不超过0.02 mm，连杆衬套与滑块销最大配合间隙不大于 0.17 mm，滑块与滑块孔最大配合间隙不大于 0.3 mm，柱塞与导向铜套的最大配合间隙不大于 0.2 mm，进、排液阀芯与阀座的径向间隙不大于 0.2 mm。

（3）齿轮箱内齿轮的齿面不得出现大面积的点蚀，不得有塑性变形。

（4）齿轮的啮合特性符合有关规定。

（5）泵箱内必须清洗干净，不得有油污、铁屑等杂物。

（6）液位保护、温度、高低压保护、润滑油压力保护装置等，必须达到规定值，其误差不得超过原调整值的 10%。

（7）蓄能器充气压力达到原厂规定要求。

（8）在额定压力和流量下，测定高压过滤器两端的压力差，不大于 0.98 MPa。

（9）泵站检修后，经 30 min 空载运行，再经 4 h 额定载荷加载运行后，曲轴箱和齿轮箱温度不得超过规定值。

（10）附有自动配液装置的泵站检修后应恢复性能，满足配液要求。

10. 检查乳化液浓度的方法

乳化液浓度对泵站性能影响很大，浓度过低会降低抗硬水能力、稳定性、防锈性和润滑性，浓度过高则会降低消泡能力和增大对橡胶密封材料的溶胀性，所以必须按规定严格控制乳化液的配制浓度。国产乳化液规定的配制浓度为 5%，使用过程中乳化液箱内的乳化液浓度不得低于 3% 。乳化液的浓度一般用袖珍折光仪进行检测，如图 9—1 所示。

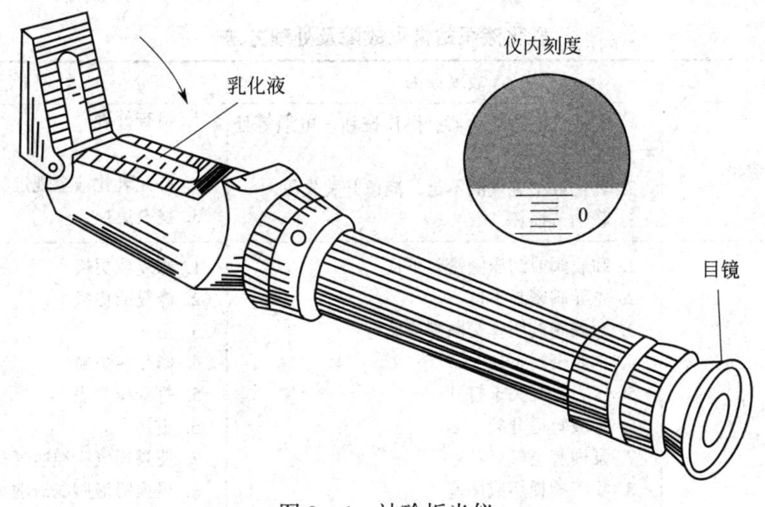

图 9—1　袖珍折光仪

测定时，用手指蘸一点乳化液试样滴到测定镜上，测定镜一端对准光源，人的眼睛对准袖珍折光仪的目镜观察，然后调整目镜焦距，刻度尺上暗色与亮色部分间的隔线的显示值，就是被测定乳化液的浓度。袖珍折光仪每次测定后，要将测定镜用水反复清洗数次（注意不要使水和液体进入主体内部），然后再用软布擦干。不能用高纯度酒精和热的液体擦洗测定镜，否则会影响测定效果。

袖珍折光仪可随身携带，利用矿灯就可作为光源，当操作温度达不到 20 ℃时，袖珍折光仪测定结果需进行温度校正，系数见表 9—1。

表 9—1　袖珍折光仪温度校正系数

温度（℃）	校正系数	温度（℃）	校正系数
13.3~14.8	-0.4	22.3~23.8	+0.2
14.8~16.3	-0.3	23.8~25.3	+0.3
16.3~17.8	-0.2	25.3~26.8	+0.4
17.8~19.3	-0.1	26.8~28.3	+0.5
19.3~20.8	0	28.3~29.8	+0.6
20.8~22.3	+0.1	29.8~31.3	+0.7

第三节　乳化液泵站故障处理

一、乳化液泵站常见故障

乳化液泵站在井下使用的过程中，影响其正常工作的自身因素较多。如果在日常维护和保养方面做得不好，乳化液泵站就会出现故障，直接影响到井下的生产。在对有关生产厂家收集的资料进行统计后，本节对乳化液泵站使用过程中经常发生的故障进行分析，总结出故障处理的措施。

乳化液泵站常见故障及处理方法见表 9—2。

表 9—2　乳化液泵站常见故障及处理方法

故障现象	故障原因	处理方法
泵不能正常启动	1. 电动机电磁起动器、操作按钮、电缆等处有故障 2. 乳化液箱乳化液不足，液位开关失灵 3. 联轴节损坏	1. 检查处理 2. 补充乳化液至规定的液位 3. 检查更换
有流量无压力或压力不足	1. 卸载阀或卸压阀密封不良 2. 先导阀密封不良 3. 卸载阀调压弹簧断裂或疲劳 4. 主阀密封不良 5. 压力表开关未打开 6. 排液管道开裂 7. 泵内有空气 8. 吸液阀损坏或堵塞 9. 柱塞密封漏液 10. 吸入空气 11. 配液口漏液	1. 修复或更换 2. 修复或更换 3. 更换 4. 修复或更换 5. 打开压力表 6. 更换 7. 使泵通气，经通气孔注满乳化液 8. 更换吸液阀或清洗吸液管 9. 拧紧密封 10. 更换距离套 11. 拧紧螺钉或更换密封
工作面无液压流量	1. 泵站或管路漏液 2. 安全阀损坏 3. 截止阀漏液 4. 蓄能器充气压力不足	1. 拧紧接头，更换坏管 2. 更换安全阀 3. 更换截止阀 4. 更换蓄能器或重新充气
乳化液中出现杂质	1. 乳化液箱口未盖严实 2. 过滤器太脏、堵塞 3. 水质和乳化油问题	1. 添液后盖严 2. 清洗过滤器或更换 3. 分析水质，化验乳化油，并更换

续表

故障现象	故障原因	处理方法
液压系统有噪声	1. 泵吸入空气 2. 液箱中没有足够乳化液 3. 安全阀调值太低	1. 密封吸液管、配液器、接口 2. 补充乳化液 3. 重调安全阀
柱塞密封处漏液严重	1. 密封圈损坏 2. 柱塞室中心不准，柱塞表面有严重划伤、撞毛	1. 更换密封圈 2. 注意正确装配工艺
运转噪声大，撞击声严重	1. 曲轴轴拐与轴瓦磨损严重，间隙过大 2. 连杆螺钉松动 3. 泵内有杂物 4. 齿轮加工精度低或齿面损坏 5. 柱塞端部与承压块间隙大 6. 泵体上轴承精度差 7. 联轴器安装同轴度差 8. 连杆衬套与滑块磨损严重 9. 吸液不足	1. 更换或调整间隙 2. 拧紧 3. 清洗 4. 修复或更换 5. 更换 6. 更换 7. 调整 8. 更换 9. 检查并调整吸液系统
润滑油油温升高，发热异常	1. 润滑油不足、过多或太脏，或油质选取不符合要求，黏度低 2. 轴拐和轴瓦拉毛或轴瓦受压面不良，或配合间隙太小 3. 连杆大头侧面与曲轴干涉 4. 两个半联轴器间距过小 5. 超负荷运行时间过长	1. 按用油要求控制油量和型号 2. 更换、调整间隙 3. 检查原因并排除 4. 调整间距 5. 调整负荷
泵压突然升高	1. 泵用安全阀失灵 2. 卸载阀、先导阀或主阀不动作 3. 液压系统故障	1. 修复安全阀 2. 检查并修复或更换 3. 检查原因并排除
滑块处漏油严重	1. 缸壁拉毛 2. 活塞环失效	1. 更换泵体 2. 更换活塞环
支架停止供液时卸载阀动作频繁	1. 支架输液管道渗漏 2. 卸载阀内单向阀密封损坏 3. 卸载阀内顶杆 O 形密封圈损坏 4. 蓄能器压力过高	1. 更换管道 2. 修理或更换 3. 更换 O 形密封圈 4. 放气
乳化液箱前、后液位差过大	过滤网板被污物堵死	清洗
卸载阀压力超调不卸载	1. 主阀与推力活塞停在关闭位置 2. 上节流阀堵堵塞 3. 先导阀芯阀在关闭位置	1. 调整 2. 清洗 3. 调整
卸载阀压力调不到规定值	1. 中节流阀堵或下节流阀堵堵塞 2. 推力活塞密封圈损坏 3. 先导阀密封不良 4. 调压弹簧失效	1. 清洗 2. 更换 3. 更换 4. 更换
卸载阀卸载后不复位	1. 先导阀阀芯停在开启位置 2. 下节流阀堵堵塞 3. 主阀与推力活塞停在开启位置 4. 推力活塞密封损坏	1. 调整 2. 清洗 3. 调整 4. 更换

二、智能型乳化液泵站常见故障分析及处理方法

智能型乳化液泵站常见故障分析及处理方法见表9—3。

表9—3　智能型乳化液泵站常见故障分析及处理方法

部位	故障现象	故障原因	处理方法
配液系统	不自动配液	1. 油箱内油位低于50 mm（观察显示屏） 2. 液箱内液位高度不低于450 mm（观察显示屏） 3. 未接入水源	1. 加乳化油 2. 观察液位低于450 mm后情况 3. 接入水源
	液位显示、油位显示数值与实际不符	1. 传感器损坏 2. 线路不通 3. 模块烧坏	1. 所有传感器均为4~20 mA信号输入，所以可以相互借用测试 2. 在模块上借用显示正常的传感器信号接入液位传感器的通道“D+”，会出现两种结果：显示仍然报错，说明模块损坏，需要更换模块；显示正常，会有两种可能，线路开路或传感器损坏；在液箱接线箱内端子排上“D+”线号接入4~20 mA信号，显示屏液位恢复正常则为原传感器损坏，需更换传感器。如仍然报错则判断为线路开路，需要逐个节点查找线路故障，多为井下潮湿后线路腐蚀所致 3. 更换模块
	电磁阀打不开	1. PLC中没有输出信号 2. 220 V微型断路器掉闸 3. 中间继电器KA2不工作 4. 电磁阀线圈烧坏	1. 查看液位、油位是否在配液条件范围内 2. 从液箱接线箱查看输出至电磁阀的节点上有无AC 220 V电压 3. 检查中间继电器KA2相关的线头有无脱落 4. 更换
	液位正常后液箱继续进水，乳化液溢出（电磁阀无法关闭）	1. 液位显示没有到达自动配液的上液位，系统始终认为配液没有完成 2. 超高液位保护未起作用，浮球未将系统断电 3. 电磁阀前端没有装进水过滤器，导致水中的杂质阻塞阀芯行程，关闭不严 4. 电磁阀芯生锈，动作不灵敏	1. 传感器损坏或传感器信号线开路，检查线路或更换传感器 2. 检查浮球开关是否被卡住不能复位 3. 清洗或增加进水过滤器 4. 拆卸电磁阀阀芯并清洗
	配液油泵、校正油泵不工作	1. 自动补油箱内没有乳化油或油位过低 2. PLC没有输出 3. 断路器跳闸 4. 油泵电动机烧坏 5. 继电器不工作	1. 油位不得低于50 mm 2. 观察浓度是否在控制范围内，是否超高液位保护 3. 检查油泵380 V线路是否有漏电故障，并处理 4. 换电动机 5. 如PLC已经输出，则观察继电器插头是否松动
	配液油泵、校正油泵停不下	1. 乳化油不纯正 2. 浓度传感器检测不准确 3. 水源断开	1. 检查乳化油并更换 2. 检查屏幕显示浓度与实际测量误差 3. 打开水源

续表

部位	故障现象	故障原因	处理方法
配液系统	便携式油泵不工作	1. 变频部分未送电 2. 热继电器热保护动作 3. 开关接触不好	1. 变频送电 2. 检查热继电器 3. 清理氧化层
	屏幕中液位、油位显示数据剧烈波动	1. 电磁干扰 2. 液压冲击	1. 在传感器信号端压 1 000 μF/25 V 电容正极，电容负极接地处理 2. 采取适当防护措施
	液箱内液位过低，但屏幕中显示液位正常	1. 液位传感器损坏 2. 浮球开关没有复位（超高液位保护）	1. 更换液压传感器 2. 将浮球开关复位，并查找未复位的原因
变频恒压部分	乳化液泵组不启动或启动后自动停机	1. 系统参数保护。如液位低于 300 mm 时的泵组吸空保护，乳化液浓度过低时的低浓度保护，泵组油位低于观察窗下限时的油位保护，泵组油温高于 90 ℃时的强制停机保护，泵组开机后 20 s 内润滑油压力低于 1 MPa 时的油压保护，系统压力在正常工作范围内突然降低至 10 MPa 以下时的爆管保护，电动机自身的欠压、过压、短路、过流、过载等保护动作 2. 线路故障 3. 电源故障	1. 具体分析系统出现各项保护的原因，检查是否传感器损坏导致误动作。如果是传感器原因，应及时更换 2. 操作启动按钮后查看相应 PLC 输入端子指示灯是否有输入指示 3. 查看电源模块至各按钮输入端的 DC24 V 是否正常
	变频不能正、反转	1. 线路开路 2. 开关接触不良	1. 查找线路 2. 反复通、断几次开关
	压力跟踪不及时	1. PID 控制器参数调节不合适 2. 压力传感器损坏 3. 信号分离器损坏	1. 调整 PID 控制器，应随时与泵组卸载压力相对应 2. 更换 3. 更换
	2 号泵 1 min 后不自动启动	1. 变频状态才会具备该功能 2. 2 号泵工频控制开关在闭锁状态	1. 检查变频状态 2. 解除闭锁状态
	2 号泵自动启动后不自动停止	1. 系统压力始终不能满足系统要求 2. 系统压力满足要求后需要至少维持 2 s 3. 当前乳化液泵卸载阀卸载压力过低	1. 检查系统窜漏液情况 2. 检查泵组保压情况 3. 调整卸载阀压力值
	屏幕显示泵组开始运行，实际电动机不转	1. 选择开关不在变频状态 2. 变频箱内没有送电或电源接触器损坏 3. 变频外控继电器没有吸合 4. 变频器控制线断路 5. 变频器故障	1. 选择变频运行状态 2. 检查变频主回路，变频液晶屏亮则为正常 3. 检查变频外控继电器是否工作，并做相应处理 4. 检查线路是否正常，并做相应处理 5. 维修或更换
	散热风机不转	1. 变频器参数设置错误 2. 风机板热继电器常闭点故障 3. 风机换向开关故障	1. 检查变频器参数，并做相应处理 2. 检查热继电器触点，并做相应处理 3. 检查开关

续表

部位	故障现象	故障原因	处理方法
变频恒压部分	散热风机工作时有“咔嚓”声	风机轴承损坏	更换轴承或风机电动机
	变频器启动后报过流、过载等故障	1. 电动机电阻在 50 MΩ 以下 2. 乳化液泵工作不正常，导致启动转矩过高 3. 变频器参数不合适 4. 变频器故障	1. 检查电动机，并做相应处理 2. 检查乳化液泵，并做相应处理 3. 检查变频器参数，并做相应处理 4. 维修或更换
	变频器与前级开关相互干扰，产生漏电误动作	1. 变频器与前级开关未可靠接地 2. 前级开关未更换保护器插头	1. 接地必须可靠，且接地线截面积不小于 25 mm^2 2. 更换保护器插头，漏电电流应大于 300 mA
	彩色显示屏幕不亮	1. DC24 V 供电电源故障 2. 屏幕故障	1. 检查供电电源并作相应处理 2. 更换屏幕
自动反冲洗（含手动）	不自动反冲	1. 高压力胶管没有连接 2. 电磁阀总阀没有打开 3. 相关电磁阀未打开	1. 检查彩色显示屏内有无压力显示，如无显示，则表明高压胶管未接入，连接后即可工作 2. 检查电磁阀总阀有无 127 V 供电 3. 检查相关电磁阀或进行清理
	反冲效果不理想	污物回收处堵塞	定期清理
	反冲后排污阀关不住	1. 反冲进液未关闭 2. 手动反冲片阀窜液	1. 调整系统 2. 调整系统
配液与供液通信系统（仅分体式有此项功能）	配液站屏幕看不到供液站液位	无通信或通信程序调用故障	通信正常后即可恢复
	配液站不自动远程供液	液位过低或浓度不在控制范围	修正配液系统
	配液站通信模块“link”“run”或“rx/tx”灯不亮	相应网线接触不良	检查网线接头接触是否良好
	光电转换模块 6 只绿灯没有全部亮	光纤开路或连接不正确	检查是否为单模光纤，熔焊接头是否牢靠

思考练习题

1. 乳化液泵在开泵前应做哪些准备工作？
2. 乳化液泵开泵、停泵的正确顺序是怎样的？
3. 乳化液泵站维护的基本要求是什么？
4. 简述乳化液泵站班检、日检、周检和月检的内容。
5. 乳化液泵站的完好标准是什么？
6. 怎样检查乳化液的浓度？
7. 乳化液泵有流量无压力或压力不足是什么原因？如何处置？
8. 乳化液泵运转噪声大，撞击声严重是什么原因？如何处置？